广西艺术学院学术著作出版资助项目（项目编号：XSZZ202109）

# 广西壮族干栏木构建筑
# 技艺再造价值研究

韦自力　著

中国建筑工业出版社

**图书在版编目（CIP）数据**

广西壮族干栏木构建筑技艺再造价值研究／韦自力
著．—北京：中国建筑工业出版社，2022.9
ISBN 978-7-112-28087-2

Ⅰ.①广… Ⅱ.①韦… Ⅲ.①壮族—民居—干栏—木
结构—民族建筑—建筑文化—研究—广西 Ⅳ.
①TU241.5

中国版本图书馆CIP数据核字（2022）第203730号

壮族干栏木构建筑技艺是壮族干栏木构建筑再造的先决条件，也是壮族干栏木构建筑再造的必然手段。干栏木构建筑是壮族先民们在长期的生活和劳作过程中创造的，并且在长期发展演变中沉淀而形成，是生生不息、世代相传的壮族社会、经济、文化、艺术、价值观念、生活方式的综合反映。本书研究的内容包括了广西壮族传统村落主要分布区域的自然环境和人文环境特点、广西壮族干栏木构建筑的形制、广西壮族干栏木构建筑的发展过程以及广西壮族干栏木构建筑技艺传承与创新等四个部分，从多角度分析壮族传统村落现阶段存在的问题以及未来创新发展的手段和模式。本书可供相关专业高校师生及政府相关职能部门阅读参考。

责任编辑：唐　旭
文字编辑：陈　畅
书籍设计：锋尚设计
责任校对：董　楠

**广西壮族干栏木构建筑技艺再造价值研究**
韦自力　著
\*
中国建筑工业出版社出版、发行（北京海淀三里河路9号）
各地新华书店、建筑书店经销
北京锋尚制版有限公司制版
北京中科印刷有限公司印刷
\*
开本：787毫米×1092毫米　1/16　印张：19¾　字数：416千字
2022年10月第一版　　2022年10月第一次印刷
定价：**69.00**元
ISBN 978-7-112-28087-2
　（39870）

# 目 录

# 绪　论

# 一、研究背景

## （一）大拆大建中的文化迷失

我国改革开放40年来，经济建设取得举世瞩目的进步，在四大文明古国中我国是现代化程度最高的国家，拥有数千年文明的历史。这些成就本来应该使我们拥有足够的自信，应对全球化冲击所带来的影响。然而，我们在新农村建设中经常可以看到，实际的情况并不使人乐观。广西的部分壮族传统村落建设更热衷于大拆大建。把一栋栋干栏木构建筑拆掉，把一片片壮族传统村屯推倒。重新修建起一栋栋"方盒子"混凝土房屋的聚居点，以此加快农村城镇化、城乡一体化建设的进程。用拆毁的办法拆出一个新农村的模式，导致大量的拆毁性建筑，实属建设中的倒退。大拆大建的运动中上演的文化消失与更替，使承载着传统文化与历史记忆的壮族干栏木构建筑被弃之如敝屣。取而代之的是没有多少营养价值的肤浅模仿，使许许多多的壮族传统村落陷入了文化的迷失。广西多地的壮族传统村落的干栏文化资源被破坏，以至于完全丧失了自己的特色。实际上，中央一直以来反对大拆大建的做法，2013年的《中央城镇化工作会议》作出"在促进城乡一体化发展中要注意保留村庄原始风貌，慎砍树、不填湖、少拆房，尽可能在村庄的原有形态上改善民居生活条件"的重要指示。当前许多壮族传统村落依然存在大拆大建的做法，导致传统村落生态建设出现问题。因此在更新再造中保持渐进式的发展规律，既强化传统文化核心的作用，又关注时代发展与新技术的融入。根植传统树立民族文化可识别性的自觉意识，丰富建筑文化的差异性和丰富性是破解目前新农村建设中大拆大建中文化迷失的有效手段之一。

## （二）"同质化"现象呼唤传统技艺再造价值的凸显

目前，"全球化现象"不可避免地进行着，全球化意味着全球的联系在不断地增强，国与国之间在政治、经济、文化上的交流越来越密切，文化的差异性正在逐步减小，可以解释为世界的压缩和视全球为一个整体。随着全球化进程的加速，地区间的交流及文化的传播变得频繁。随着建造技术与钢筋混凝土等新材料的传播，不仅城市变成了"千城一面"，即使是注重地域特色的少数民族村寨也不能在这场人类的进化运动中独善其身。壮族是我国人口最多的少数民族，其发源于以喀斯特地形地貌为主的广西丘陵山地等区域，通过历史上的多次迁移，如今分布于广西的南宁、柳州、桂林、百色、河池、来宾、崇左、防城港、贵港等市，是一个具有悠久历史文化和较多分支的少数民族。壮族的民居干栏文化丰富多样，有纯木结构的干栏木构建筑样式，也有夯土结构与木结构相结合的土木干栏木构建筑样式，随着时代的发展，还出现了混凝土结构与木结构相结合的新干栏建造样式，无论哪一种样式，都蕴含着壮族传统干栏文化的特质，并体现出壮族干栏木构建筑在历久弥新中所追求的创新和发展。广西壮族干栏木构建筑以桂北地区最为精巧，也不乏类似百色那坡黑衣壮族土木干栏木构建筑那样的粗犷，可以说，广西壮族干栏木构建筑是壮族先民在历史发展中适应广西的气候条件、环境特点及经济状况所营造出来的智慧结晶，它承载的不仅是壮族的民风民俗、文化礼仪，作为载体还集中地反映了广西的地域特色，是壮族传统文化的瑰宝。然而随着全球化进程的发展，以壮族为代表的广西各少数民族地区正受到来自"革新"的质疑，全球化的发展促进了交通的便捷，公路的开通以及交流的密切让原本久居于深山中与世隔绝的壮族传统村落获得了新思想的启迪，村民们为了过上更为舒适的现代生活，纷纷摒弃了世代居住的干栏木构建筑，修建起了现代的混凝土民居，村寨的文化特色和历史印记正在渐渐消失。

当前我国的城镇化正在快速进行，城镇化是中国现代化进程的重要内容。但是在全球化和城镇化的进程之中，我国的少数民族传统村落不可避免地面临着"同质化"现象，如原本各具特色的传统村落，变成了"千村一面"的境地。这充分说明了"同质化"造成了传统村落"多样性"和"差异性"减弱，甚至消失。民族文化的独特性和发展的差异性导致了民族文化的多样性，这些丰富多彩的民族文化是构成世界文明的重要组成部分，求同存异共同发展是维护和谐世界的重要前提。人类如何在发展过程中处理好"全球化""城镇化"带来的"同质化"现象，是值得我们研究和解决的问题。

壮族干栏木构建筑作为广西少数民族地区特有的建筑形式之一，蕴含着世代壮族民众的智慧和心血，拥有深厚的文化底蕴和历史内涵，社会价值显著。人们也渐渐意识到干栏木构建筑的保护是多么的重要，这些老祖宗遗留下来的传统技艺的保护与传承意义重大。党的"十八大"以来，习近平总书记就建设美丽乡村、加强农村精神文明建设，提出了一系列富有创见的新思想、新观点、新要求。强调"美丽中国要靠美丽乡村打基础、强调新农村建设一定要充分体现农村特点，注意乡土味道，保留乡村风貌，留得住青山绿水，记得住乡愁"。壮族干栏木构建筑是壮族社会体系中极为重要的组成部分，也是维系整个壮族社会和谐发展的重要纽带。弘扬和发展壮族干栏木构建筑技艺不仅可以在物质上提高壮族人民的生活水平，而且作为精神支柱可以树立壮族人民自信、自强的精神风貌。壮族干栏木构建筑技艺的保护、传承有利于壮族传统村落保护的专项治理，有利于促进和提升民族地区城镇乡村环境的建设，维护壮族干栏木构建筑的健康发展。壮族传统村落的构建离不开世代壮族人民的共同努力，干栏木构建筑是壮民千百年来同自然和谐共生的结晶，对其进行合理的再造建设，有利于壮族社会的长治久安和社会稳定，有利于实现"美丽广西"宜居乡村建设目标。

壮族干栏木构建筑营造技艺以其淳朴自然的特点在中国少数民族建筑中独树一帜，壮民们甚至并不需要使用施工图，一柱一檩凭的是历代相传的经验，在修建房屋的过程中，更是可以领略到一家建房、全村帮忙的互助精神和齐心协力建设家园的高尚品格以及在建设中不断地使审美理念与"真、善、美"统一起来的精神境界。

壮族干栏木构建筑营造技艺是极具特色的地方文化艺术形式，之所以能吸引大量的游客就在于其地方适宜性的特殊张力，这一民族历史文化形式传承了千百年来壮族社会的文化传统，是壮族村落发展的灵魂，这些独具特色的文化在当今混凝土"方盒子"建筑体系的海洋中独树一帜，唤醒人们的民族情怀和坚定的精神信念。广西是一个多民族聚居区，各少数民族在历史演化中逐步形成属于自己的文化特色，这是历史的馈赠，是全人类的宝藏，在这一历史背景中如何将高科技融入村寨生活中，保证少数民族文化特色的延续与传承，让人类历史有迹可循，这是一个值得深思和研究的课题。

壮族干栏木构建筑技艺历史悠久，其独特的神韵吸引了大量中外游客的到来。壮族干栏木构建筑技艺朴素、自然，能有效缓解都市人的精神压力，把他们从喧嚣的都市吸引到乡间村寨中，游客们可以享受自然、阳光，体验民风、民俗，感受壮族干栏木构建筑技艺的魅力，感受颇有野性之美的壮族传统文化，这些物质和非物质文化成果在今天文化大一统的国际化背景下显得弥足珍贵。同时，壮族干栏木构建筑营造技艺借助于中国——东盟博览会的平台，其再生定位可以提升至"国际级"民族时尚高度，基于这样的定位，壮族干栏木构建筑营造技艺就可以在多元文化的交流中，作为窗口向世人展现中华民族文化的精深与博大，彰显其社会效益和经济效益的无穷潜力。

## （三）"社会主义新农村建设""美丽乡村建设"和"乡村振兴战略"的实施

社会主义新农村建设是在社会主义制度下，按照新时代的要求，对农村进行经济、政治、文化和社会等方面的建设，最终实现把农村建设成为经济繁荣、设施完善、环境优美、文明和谐的社会主义新农村的目标。而美丽乡村建设则是中国共产党第十六届五中全会提出的建设社会主义新农村重大历史任务中关于"生产发展、生活宽裕、乡风文明、村容整洁、管理民主"的具体要求。新农村建设是在我国总体上进入以工促农、以城带乡的发展新阶段后面临的崭新课题，是时代发展和构建和谐社会的必然要求。

新农村建设强调因地制宜、特色发展，不能简单地把新农村建设理解为工程项目建设，农村建设有着不同于城市建设的地方，因此也不能简单地把城市建设的经验套比到农村建设中。第一，要因地制宜，立足于当地的自然条件、经济发展、生活习俗等开展村落整治，凡是能用的或者经改造后可以使用的房屋和设施，都要加以充分利用。农民急需的除了配套道路、供水、排水等设施外，还需要村容村貌的改变和提升；第二，新农村建设要量力而行，政府财力有限，尽管不断加大新农村建设力度，但短期内不可能无限度地投入，因此解决农村发展中急需解决的紧迫问题还需立足已有的基础。第三，新农村建设要突出特色，在改善农村人居环境的同时，要把是否能尽量保留原有房屋、原有风格、原有绿化，突出自身特色，作为一项基本要求。农村若是失去了特色，只会变成一个个微型城市，很难吸引适合的投资者与寻求差异化的城市游客前来。

近年来，乡村旅游为新农村建设注入了新的活力，带来了新的历史机遇，在增加农民收入的同时，在改善农村产业结构等方面也发挥了至关重要的作用。大量的外来文化和先进思想的融入可以迅速提高农民的文化水平，使农民接受新思想，实现思想转变，实现"乡风文明"的目标。随着乡村旅游的开展，大大推动农村村容的改变，推动卫生条件的改善，推动环境治理，推动村落整体建设的发展。村落的个性化、特色化、原生态文化基础是打破目前新农村建设中"千村一面"的最佳条件。可以说，发展乡村旅游，有利于乡村乃至全国加快建设资源节约型、环境友好型社会，有利于保护资源和环境，促进农村基础设施建设，实现"村容整洁"的目标。

"乡村振兴战略"是继"新农村建设""美丽乡村建设"之后我国又一重要的乡村发展战略，以习近平总书记关于"三农"工作的重要论述为指导，按照产业兴旺、生态宜居、乡风文明、治理有效、生活富裕的总要求，对实施乡村振兴战略作出阶段性谋划，分别明确至2020年全面建成小康社会和2022年召开党的二十大时的目标任务，细化实化工作重点和政策措施，部署重大工程、重大计划、重大行动，确保乡村振兴战略落实落地，是指导各地区各部门分类有序推进乡村振兴的重要依据。乡村振兴战略对于乡村建设的五个要求分别是：第一，产业兴旺。产业兴旺不仅仅指的是农业兴旺，而是要求一、二、三产业融合发展的兴旺，依托当地的自然资源、人文资源开发旅游业，以互联网+的思维创建新的城乡共建的乡居模式。第二，生态宜居。生态宜居环境营造则要求人们与自然环境的和谐共处，顺应自然，尊重自然，保护自然环境，合理地进行旅游开发，并且改善乡村的人居环境，提升人们的生活质量。第三，乡风文明。文明的面貌要求保护传统村落遗产空间的真实性，保护传统文化的延续性，保护传统村落历史格局的完整性，同时在保护的基础上进行合理的开发利用和有机更新，从而弘扬优秀的传统文化。此外，还要培养村民自身的文化认同感，提高村民的综合素养；第四，治理有效。要求传统村落要构建健全的治理体系，如政府主导、农民参与、社会协同等。第五，生活富裕。富裕的生活一方面要完善公共设施、提升人居环境、提高经济收入等物质层面，另一方面要增强农民的获得感、幸福感的精神层面。

一系列政策的出台，表明了我国政府把农村生态文明建设放在突出地位，不断提高村民在乡村产业发展过程中的参与度和受益面，确保当地群众长期稳定增加收入、安居乐业的决心。

## （四）传统村落保护状况

传统村落是现存村落中那些历史久远、资源丰富、选址考究、格局完整、风貌优良的具有一定历史、文化、科学、艺术、社会、经济价值的古村落。2012年在传统村落发展和改革委员会第一次会议上将"古村落"改为"传统村落"，2012年12月19日由住房和城乡建设部、文旅部、财政部三部门联合公布了第一批入选中国传统村落名录的名单，至今已陆续发布了五批入选中国传统村落名录的名单，共有6819个村落上榜，其中第一批646个，第二批915个，第三批994个，第四批1598个，第五批2666个。从以上数据我们可以看出中国传统村落名录各批次的数量呈连续上升状，这充分说明了国家和有关部门对传统村落的高度重视。同时，到目前为止广西入选中国传统村落名录的村落数量为280个，村落数量占全国比重的4%，并且在省、自治区、直辖市中排第十名，传统村落资源丰富，传统村落保护状况较好。

传统村落保留着丰富多样的物质文化遗产和非物质文化遗产，是人类物质文明和精神文明的重要载体；传统村落蕴含着丰富多彩的民族文化，是研究我国民族文化的重要途径；传统村落承载着中华文化的精髓，是彰显文化自信的重要力量；传统村落凝聚着中华民族的精神，是维系各民族团结的重要纽带。

保护传统文化的多样性，促进人类社会共同进步的基础性工作之一，是增进民族文化交流、维护国家统一、建立和谐社会的重要工作。2005年12月国务院决定从2006年起，每年6月的第二个星期六为中国的"文化遗产日"。文化遗产是经过长时间的积淀而形成的优秀文化成果，具有不可再生的属性。受经济全球化趋势的影响，我国很多地区的文化遗产破坏严重，由于过度的开发和不合理利用使得不少名城、名镇、名村的历史建筑和整体风貌遭到破坏，许多文化遗产逐步消失。作为少数民族重要聚集地的广西，由于生活环境和生活条件的变化，少数民族特色村落和特色建筑消失加快，广西西部的河池地区、百色地区原来分布密集，成群、成片的壮族干栏木构建筑，一夜间消失殆尽，取而代之的是钢筋混凝土"方盒子"的建筑群，干栏木构建筑作为壮族传统文化代表，甚至无法被当地民众和某些建设管理部门所认同，成为人们眼中贫穷、落后的代名词，人们生活在水泥与瓷砖拼贴的"方盒子"里迷失了自己，传统村落也面临着物质与精神的双重贫瘠的现实状况。

## （五）时代发展需要地域性

对于干栏木构建筑的研究有助于凝练广西的地域文化。随着时代的发展，人类的文明走向了前所未有的高度，人类文明的轨迹是历史文化的印证，而建筑作为人类文明的一个重要组成部分，承担着展现人类文明的任务，因此建筑必须展现其地域性特点。广西作为北回归线贯穿中部的自治区，南靠北部湾，朝向东南亚，西南部分与越南相邻，东近粤港澳，北靠华中，背向西南与贵州、湖南、云南、广东省接壤，自2004年东盟博览会永久落户南宁后，广西成为中国与东南亚各国进行交流往来的平台，广西也因其独特的地理位置成为中国与东盟各国之间仅有的既有陆地接壤又具备海上道路的地区，其独特的区位优势使广西拥有众多与东南亚国家相似的文化，例如在饮食方面和居住方面，传统的广西少数民族文化与东南亚各国的文化之间都可以发现共同点，这样的地域相似性所带来的亲切感对中国与东盟国家之间的经贸往来以及文化交流有着相当大的助力，特别是干栏木构建筑在东南亚地区分布广泛，其在人类文明的发展中扮演了重要角色，也是东南亚地区最常见的建筑形式，虽然不同地区的干栏木构建筑有着不一样的营造特点和营建方法，可见其以木而建、以柱支撑的构造特征与东南亚地区的建筑是相似的，这使得其深受来自东南亚各国的展商和游客的欢迎，亲切性是建立信任的重要基础，坚持广西少数民族文化的多元化、层次化、原生态化是维系我国与东南亚各国区域合作的纽带。在时代发展的过程中，保持地域文化的鲜明与多样性有助于人类文明的延续，可以推动文化的交流，发展和创新人类文化的系统。在全球化潮流来袭的当下，广西的传统地域文化正在受到猛烈的冲击，区域合作带来了文化的融合以及人类思维方式的改变，这样的改变正影响着广西城市建设逐步走向无特点、无文化的状态。地域特色与文化是相辅相成的，无地域特色的文化是没有根源可循的。因此，广西作为中国与东南亚各国交往合作的平台，意味着其必须在时代发展的背景下，坚持自身的民族文化特色，这是新时代发展赋予广西的重要使命，也是激励乡土建筑领域、民族文化领域相关的学者和专家们做进一步探索和研究的动力。

# 二、选题意义及关键点

## （一）选题意义

壮族干栏木构建筑技艺是壮族干栏木构建筑再造的先决条件，也是壮族干栏木构建筑再造的必然手段。干栏木构建筑是壮族先民们在长期的生活和劳作过程中创造的，并且在长期发展演变中沉淀而形成，是生生不息、世代相传的壮族社会、经济、文化、艺术、价值观念、生活方式的综合反映。客观地讲，在传统的干栏木构建筑营造技艺中，其综合性功能布局与地形地貌特点高度吻合的结构形态，当地材料当地使用、当地技术当地营造的地域性特点都是科学的、合理的，也给壮族人民建立了良好的物质环境和文化环境基础。这些兼具实用性和文化性于一体的优良传统在未来的升级发展中仍将是推动干栏木构建筑发展的积极因素，推动干栏文化的可持续发展。

首先，干栏木构建筑在发展过程中由于诸多局限性因素存在使得自身还残存着一些与当代生活格格不入的现象，如神鬼迷信思想和木构建筑年久失修产生的倾斜现象、人畜混居造成的空气混浊现象、木构建筑内部光线昏暗现象等，不利于人们的身心健康。这些落后和消极的因素阻碍了干栏木构建筑的健康发展，是现阶段干栏木构建筑需要改善的主要因素，这些因素的存在使得我们必须回过头来，对干栏木构建筑技艺进行重新地审视和研究，使之得以升级并符合"社会主义新农村建设""美丽乡村建设"和"乡村振兴战略"的需要。

其次，壮族干栏木构建筑技艺再造的研究也是壮族干栏文化传承与创新的要求，文化的创新必然建立在文化传承的基础之上，干栏文化作为壮族文化的灵魂和血脉，是壮族文化的精粹，传承壮族干栏文化不是一成不变的承袭，而是取其精华去其糟粕的过程，传承与创新是事物发展的两个方面，干栏文化在传承的基础上创新，在创新的过程中传承。一方面，我们不可能脱离壮族的传统干栏文化去谈创新；另一方面，壮族传统干栏文化的创新要体现时代精神，再优秀的文化传统也要适应时代要求。进入21世纪以来，面对全球化的冲击，壮族传统干栏文化的发展也为人们所重视并投以关注的目光，在这场文化的激烈碰撞中，传统干栏文化能否抱着自信、宽容的心态面对困难，在坚持优秀文化传统的同时吸收现代文明成果，包括干栏木构建筑的材料、结构、物理性能等方面的养分，从而实现壮族干栏民居文化的创造性转变，是个非常值得研究的课题。

此外，壮族干栏木构建筑技艺再造的研究是发展壮族传统村落特色旅游，实现经济转型发展的需要。随着"社会主义新农村建设""美丽乡村建设"推进，尤其是"乡村振兴战略"的实施，许多有条件的壮族传统村落纷纷利用其美丽的田园风光和浓郁的干栏文化吸引游客的到来，广西很多地区尤其是桂北的龙胜地区壮族传统村落的特色旅游开发火热，现代游客的到来对壮族干栏木构建筑的民居环境提出了新的更高的要求。利用壮族干栏木构建筑营造技艺升级改造民宿空间层出不穷，成为融入壮族村落民居建筑的新类型。火热的特色旅游业发展不仅是解决农村问题的重要举措，也是保护和传承民族文化的重要举措，壮族传统村落特色旅游在促进民族文化传承，带动本区域经济发展和促进民族文化发展等方面起积极的作用。

## （二）关键点

### 1."传统"与"现代"、"传承"与"创新"关系的辩证统一

广西位于中国与东南亚板块的结合部，是中国与东盟各国间交流的纽带。广西也是百越文化的主要发源地，属于岭南文化的范畴，佛教、儒家、伊斯兰教三大文化圈在此相互交流碰撞，从而形成了古老悠久的多元文化系统，目前居住在广西的瑶族、侗族、苗族、仫佬族、毛南族、回族、京族、彝族、水族、仡佬族以及壮族等少数民族在与中原文化以及外来文化的碰撞和交融中逐步形成了属于本民族的传统文化，创造了广西丰富的少数民族文化形态，成为中国传统民族文化的重要组成部分。随着时代的发展，如今的少数民族地区正在逐步汉化，少数民族文化由传统的主导地位正慢慢地边缘化，文化的趋同体现在生活方式、民风民俗上，尤其是体现在建筑上。城市化的不可逆转地带来了建筑文化的趋同，广西传统的干栏木构建筑正在逐步被钢筋混凝土建筑所取代，其纯朴的干栏木构建筑技艺正在流失，相关的干栏木构建筑在时代变迁中逐年减少，这样的现象是形成广西地域文化缺失的开始。因此，本书从"传统"与"现代"、"传承"与"创新"两个角度对濒临文化危机的广西壮族干栏木构建筑进行探究，寻找它们之间关系的辩证统一和平衡发展，让广西干栏木构建筑在新时代焕发新的光彩，维持广西干栏文化特色的同时以创新的姿态对广西干栏木构建筑的构造形式、营造技艺以及时代意义进行探讨，寻找适合当下全球化背景中广西壮族干栏木构建筑发展的新模式。

### 2. 探索广西壮族干栏木构建筑技艺新模式

在发展中找到广西壮族干栏木构建筑新与旧之间的平衡点，更新传统民居建筑室内空间中不适宜的居住缺点，使广西壮族干栏木构建筑历久弥新。本书从木构建筑传承人的培养以及根据村落发展的不同定位进行技术的把控和选择两方面探讨如何创新广西壮族干栏木构建筑技艺问题。这不仅仅是单纯的新技术研究，局限性地将新的结构技术和新的材料技术引入干栏木构建筑，而没有认真思考如何重视和培养木构营造技艺传承人的问题，这种做法的结果是缺乏系统性和全局性。因此，应从"授之以鱼不如授之以渔"的角度出发，在深入挖掘壮族干栏木构建筑营造技艺潜力的同时，培养和创新适合

当下发展需要的干栏木构建筑营造技艺和手段，从而达到干栏木构建筑营造人才的培养与干栏文化传承的双重目的。

### 3. 为广西壮族干栏木构建筑的保护与传承发展提供建议和意见

传统少数民族地区的经济来源主要是农耕生产，形式单一而局限，居民生活处于低水平状态。近年来，随着第三产业的蓬勃发展，给广西少数民族村落经济发展注入了新的活力，作为广西少数民族传统村落最火热的发展模式之一，旅游业的发展在壮族地区的传统村落中也屡见不鲜。本书结合我国乡村振兴战略实施背景剖析广西壮族传统村落的发展模式，结合目前干栏木构建筑的"异化"现象进行文化的再造还原实践，从壮族干栏文化创新等方面对壮族传统村落的人居生活环境提升进行探索和研究，尽可能地为广西壮族干栏木构建筑的保护和传承发展提供有效的建议和意见。

### 4. 探索广西壮族干栏木构建筑技艺融入城市化建设的途径

全球化进程导致广西地域文化特色的缺失，少数民族文化逐步处于边缘化状态，这样的现象在广西城市的建设过程中尤为明显，在"千城一面"的城市环境中，壮族干栏木构建筑技艺的价值微不足道。本书从自然环境及文化环境两方面入手，对当今的城市风貌进行研究，结合当地的生态自然资源以及传统文化特点，将干栏木构建筑技艺与城市文脉融合，挖掘广西干栏文化的潜力，体现出特有的地域性文化理念，凝练为广西干栏文化的新符号，为广西城市基础建设服务。

# 三、研究内容

本书研究的内容包括了广西壮族传统村落主要分布区域的自然环境和人文环境特点、广西壮族干栏木构建筑的形制、广西壮族干栏木构建筑的发展过程以及广西壮族干栏木构建筑技艺传承与创新等四个部分，多角度分析壮族传统村落现阶段存在的问题以及未来创新发展的手段和模式。

## （一）广西壮族干栏木构建筑所在地区的自然环境和人文环境特点

首先，从自然环境来看，壮族人口分布广泛，占据了广西的南宁、百色、河池、崇左、柳州、来宾、桂林、防城港、贵港等市，壮族传统村落多建于独特的喀斯特地形地貌以及亚热带季风性气候区域，生态原始的自然气息浓郁。历史上壮族先民为了躲避战乱，多居住于大山深处，喀斯特地区山峦叠嶂、丘谷山壑众多，为了适应山地地形以及湿热的气候，因此"因地制宜""就地取材""就地营建"的方式使干栏建筑成为必然的营建模式。

其次，广西壮族干栏木构建筑的诞生离不开人文因素的作用。干栏在《辞海》中的解释为"我国古代流行于长江流域及其以南地区的一种原始形式的住宅，即用竖立的木桩构成底架，建成高出地面的一种房屋，今西南、岭南地区的某些区域还在使用。"干栏木构建筑具有悠久的建造历史和发展过程，它不仅是壮族历史文化的瑰宝，也是长江流域以南地区少数民族创建和发展起来的居住形式。干栏木构建筑发源于古老的年代，据考古发现许多类似于河姆渡遗址以及湖南黔阳高庙遗址的干栏式高塔纹样，浙江海盐仙坛庙遗址的干栏式建筑图案，长沙南沱大塘遗址的干栏式建筑纹样，江西清江营盘里新石器时代遗址的陶制干栏模型，广西合浦黄泥岗、母猪岭遗址的汉代干栏式陶屋、陶仓等器物出土，这些出土的文物充分显示了干栏文化在我国具有悠久的历史，其丰富的史料也显示了在不同的民族之间，对于干栏文化的创造也不尽相同，这说明干栏木构建筑的形成是人类文明发展的结果，故广西壮族干栏木构建筑的发展离不开壮族文化的大背景。

## （二）广西壮族干栏木构建筑的基本构成

村落是指大的聚落或多个聚落形成的群体，常用作现代意义上的人口集中分布的区域，是居住空间的宏观形态，而民居建筑作为最基本的村落构成要素，则从其微观的视角近距离的展现壮民们食、住、行的生活形态。

首先，"依山傍水""临田而居""依形就势"是壮族传统村落择基建宅的基本条件，通过村落选址，对地形、水文等要素进行选择，表达了壮族先民对于宗族兴旺，财源茂盛的追求与希望，不仅考虑了场地限制和合理利用问题，还从生态的角度考虑村落与自然环境的关系问题。其次，壮族干栏木构建筑的特点可以概括为"依形而建""就地取材""底层架空""下畜上人""前堂后寝""顶层置粮"等，"依形而建""就地取材"很好地诠释了干栏木构建筑与自然环境的适应性关系。"底层架空""下畜上人"则是合理地分配空间，使人的生活顺应自然，以最小代价从自然环境中争取到利于生活的空间条件。"前堂后寝""顶层置粮"从人文的角度解释壮族先民生活、起居、会客等功能布局的合理性。高高在上的粮仓很好地诠释了壮族"那"文化对稻作的崇拜之情。

## （三）广西壮族干栏木构建筑的现代演变与发展

目前，乡村旅游越来越受到民众的喜爱和欢迎，作为把城市和乡村联系在一起的纽带，乡村旅游吸引了数以亿计的城市游客到村落里、田野间享受悠然自得的惬意生活。从近几年旅游业的发展趋势来看，人们对旅游有了更高层次的需求，绮丽的自然风光、原始古朴并具地域特色的民族文化更受人们的青睐。广西作为我国人口最多的少数民族地区，拥有神奇的喀斯特地貌和神秘的民族文化，正好符合现代旅游的需求，占据了旅游资源的优势。壮族文化经过了历史长河的沉淀而客观存在，它凝结着壮族先民们的汗水和智慧，具有很高的历史价值、文化价值、社会价值以及艺术价值等。旅游业的兴起推动了人们对壮族传统文化的重视，那些原本几乎消失的民族文化遗产随着旅游业的发展而获得了新的生命，成为壮族地区独具特色的旅游资源。

建筑文化是民族文化的重要组成部分，广西壮族干栏文化是壮族文化中的载体和重要组成部分，旅游业的发展使得越来越多的人认识了壮族干栏文化。近年来国家高度重视文化遗产的保护和利用价值，壮族干栏文化已成为文化遗产的一部分。随着经济社会的不断发展，许多地方已经出现了以文化遗产为主题的旅游，这种新型的旅游业态表明了文化遗产与旅游业之间是互相作用的关系，在开发旅游的同时，如何对文化遗产进行合理地开发和利用、传承与保护是需要我们研究的重要课题。

近年来，国家高度重视文化遗产的保护和开发利用，壮族干栏文化已作为文化遗产的重要内容备受关注。随着经济社会的不断发展，许多地方已经出现了以文化遗产为主题的旅游，这种新型的旅游业态表明了文化遗产与旅游业之间是互相作用的关系。随着大量现代游客的涌入，给壮族传统村落发展带来了新的发展契机，不仅拓宽农民增收渠道、吸收农村剩余劳动力、提高农业附加值、促进城乡精神文明对接，还有利于改善农村环境、保护村落原生态文化。同时也对壮族传统村落人居环境的改善，特别是对干栏木构建筑的人畜混居，厨房和卫生间设施原始、简陋，防火、防水渗漏性能差，木构建筑噪声大、隐私没有保障，年久失修易发生倾斜，陈年建筑室内昏暗、视线差，防火设施严重缺失等一系列问题的改善提出了更高的要求。

## （四）广西壮族干栏木构建筑技艺的再造与创新

壮族干栏木构建筑营造技艺独具特色，其无需铁钉、无需图纸便可建成，是少数民族智慧的结晶。在新的历史时期，随着外来文化的冲击和人们观念的转变，越来越多的壮族村民选择以钢筋混凝土为材料，用现代营建方式建造自己的房屋。壮族干栏木构建筑营造工匠越来越少，随着相关技术人才的减少，干栏木构建筑的营造技艺面临失传险境，因此必须建立健全的干栏木构建筑人才培养机制，通过各种渠道培养干栏木构建筑的技术人才，如开设木构建筑传承人培训班，吸收木构建筑传承人进课堂、提高传统木构建筑传承人创新能力等方式。为拯救濒临消失的干栏木构建筑技艺做出努力。另外要注意合理运用广西本土的自然资源和文化资源，尤其是将现代科学技术与传统干栏文化相融合的再造和创新，新干栏木构建筑在形制和结构特征上要体现广西干栏文化特色，既不是简单、粗暴地使用木材进行建筑表皮式包裹，也不是单纯的壮族文化元素在建筑空间上的装饰性运用。干栏木构建筑的形制特点以及营造技艺都是壮族干栏木构建筑最为耀眼的本质特征，具有生态的属性，是最为值得再现和延续的地方，而创新干栏木构建筑的营造技艺，是使其成为适应当下发展状况的重要途径。唯有通过再造与革新，才能让广西壮族干栏文化迎来发展的新阶段。

# 四、研究现状综述

## （一）国外学者对传统干栏民居文化的研究

干栏木构建筑不仅是广西的专属，世界许多地方都有干栏木构建筑。包括东南亚、东太平洋岛屿、南美洲的北海岸和西海岸、非洲马达加斯加以及欧洲地区，均有干栏木构建筑的存在，其中以东南亚及中国的西南地区最为集中。对于干栏木构建筑的源起，有许多相关研究。国内学者对"干栏""麻栏"这两个词语的来源进行考察，认为这些建筑名称来自于原始侗台语分化前"房子"的汉字记音，而最早的翻译则来自僚人语言的结果。也有学者认为：古老时期的瑞士所称的"lake dwelling"，爱尔兰古称的"crannog"，均是"干栏木构建筑"的称呼，是西方国家在接受中国"干栏"一词时，因为语言习惯及文化差异而形成的外来词汇。[①]我国学者也普遍认为干栏民居来自于巢居，这个观点与德国学者Heinrich Schurtz的看法一致。相对于欧美研究者对于干栏民居文化研究的局限性，日本的干栏民居文化研究非常典型，日本通过比较与研究中国、日本和东南亚地区文化以及它们之间的关系，如从华南地区早期的青铜器干栏房屋、大量的干栏现象留存、陶器房屋以及它们与日本及东南亚地区的干栏民居建筑的相似性比较中，获得了亲缘关系的论点。

## （二）国内学者对传统干栏民居文化的研究

国内学者最初对传统村落的研究起步于民居建筑，中国传统民居建筑的研究最早是从20世纪30年代开始的，1930年2月古建筑学家朱启钤创办营造学社，梁思成、刘敦桢、刘致平等一批专家学者加入中国营造学社，开始对古建筑进行实地调研和测绘，随

---

① 石拓.《中国南方干栏及其变迁研究》[M]. 广州：华南理工大学出版社，2016.

后出版了一系列相关的学术论文和专著，为我国古建筑研究做出了巨大的贡献。20世纪30年代，龙庆忠教授赴陕西、河南、山西等地进行考察调研，撰写了《穴居杂考》一文，成为国内第一个关注民居建筑的学者。20世纪40年代，刘敦桢对西南地区的云南、四川等地进行了大量的古建筑和民居建筑调查研究，撰写了《西南古建筑调查概况》的学术论文，这是国内首次将民居建筑作为一种古建筑类型进行研究。同一时期，刘致平对云南地区的民居建筑进行了调查研究，撰写了《云南一颗印》的学术论文，随后又对四川地区的民居建筑进行了调查研究，撰写了《四川住宅建筑》等论著。

1957年刘敦桢的《中国住宅概说》出版，较为全面地从平面功能分类来阐述中国各地区的传统民居，由于过去人们通常侧重于研究宫殿、庙宇之类的大型公共建筑，而较少的研究村落的民居建筑，该书全面地论述了各具特色的民居建筑，把民居建筑的研究推向了高潮，引起了国内专家学者对民居建筑的重视。

20世纪60年代至20世纪80年代，大量的学者和建筑从业人员通过对民居建筑的测绘和分析，归纳出现存民居建筑的结构和特征这一时期的民居建筑研究具有普遍性和准确性特点，普遍性特点主要表现在地区的普遍，研究涵盖了全国大部分省、市以及少数民族地区的民居建筑（如北京四合院、广府民居、徽派建筑群、客家围楼、黄土高原窑洞、西南木构建筑等）；同时还具有准确性的特点，研究内容包含了建筑构造、建筑结构、建筑布局，以及建筑装饰、建筑造型、建筑材料等，图纸、照片俱全。此类研究在全国覆盖面广泛，细节准确，为后来各地的民居建筑研究提供了翔实的基础材料。这一时期的研究成果众多，其中以中国建筑科学研究院编写的《浙江民居调查》为代表，这一著作较为全面地归纳总结了浙江民居建筑的类型、特征、材料和形式等，同时还作为优秀研究成果在北京国际学术会议上进行了展示和宣读，这是第一次把传统民居建筑研究的成果推向国际。

20世纪80年代至今，中国文物学会传统建筑园林委员会传统民居学术委员会和中国建筑学会建筑史学分会民居专业学术委员会相继成立，华南理工大学建筑学院教授陆元鼎担任这两个学会的主任委员，中国民居建筑的研究开始走向了有组织、有计划、有目的新时期。这一时期有着大量的学术活动，三十年来已成功举办了24届中国民居学术会议，记载着大量的会议记录和论文，涵盖民居建筑的历史、文化、聚落和搭建等诸多方面，此外还有大量研究生研究论文，资料多种多样，对民居建筑的研究逐渐丰富起来，民居研究也已经从单学科研究到多学科、多领域交叉的综合研究，更多的学者和研究员开始从民俗特征、建筑美学和历史文脉等多重角度开始对民居建筑进行研究，同时大量的高校师生和设计研究院投身到民居建筑的设计实践项目中，对民居建筑和传统村落进行保护修缮和有机更新，并且在城市建筑设计中巧妙地对地域性民居建筑元素进行再利用实践。

## （三）广西传统干栏民居文化的研究

1980年，由广西建设委员会和广西土木建筑学会组织的200余专家、学者深入广西各民族地区，对广西壮族自治区内的壮、侗、苗、瑶、汉等民族的民居、园林、庙宇、祠堂等具有代表性的建筑行了翔实的考察、测绘、拍照等资料收集和研究，并汇总编著成《广西民族传统建筑实录》一书，该书系统地介绍和全面地展示了广西地区具有代表性的传统村落建筑风貌；1990年，李长杰的《桂北民间建筑》出版，较为全面地论述了桂北地区的村落、民居、鼓楼、风雨桥等建筑；21世纪初期，由广西民族研究所的覃乃昌、覃彩銮研究员，广西博物馆的郑超雄研究员，广西社科院的潘其旭教授，广西日报社记者，广西城乡规划设计院、广西建筑综合设计院、南宁规划管理局、南宁市建筑设计院的工程师以及广西大学土木工程学院的老师等共同组成的广西壮侗建筑文化的考察团队，在张声震（广西壮族自治区副主席，壮学丛书总编）的牵头、覃彩銮的带队下，开始了对广西地区具有代表性的传统村落进行实地考察、测绘、拍照、记录，历时两个多月的调研和五年的编辑整理，最终由覃彩銮等人汇集编著于《壮侗民族建筑文化》一书，从文化学、民族学、民俗学、历史学、考古学、建筑学等相关学科对壮侗民族建筑文化进行研究，纵向上揭示了壮侗民族建筑文化的产生、发展、演变的过程，横向上阐述了壮侗民族村落的分布规律、建筑结构、装饰特征等，立体地揭示了壮侗民族建筑文化的内涵和特征并对壮侗建筑文化优良传统的保护和利用进行了可行性的论述；2009年，雷翔的《广西民居》出版发行，该书对广西民居进行多角度、多层次的研究，从民居建筑和聚落两个层次进行深入的探讨，详细地分析了民居的聚落形态、空间意向和建筑特征，并且还将广西民居建筑的保护与利用列入书中，对传统村落的传承与创新提供了理论和实践依据；2013年，熊伟的《广西传统乡土建筑文化研究》运用文化地理学、历史地理学和人文社会科学等多学科相关的知识，对广西传统乡土建筑文化的生成、区划、特征进行了系统的分析，并对广西当代建筑巧妙地运用地域性元素进行了分析。

总体看来，在过去数几十年中，几代学者在传统民居建筑的研究上取得了不少成就，现有关于传统村落和少数民族民居建筑的著作和论文在研究的广泛性和深度性上都取得不少成果，为后续的保护传承和设计再造提供了基础。民居建筑的研究开始从单一的平面、梁柱构造或装饰等方面逐渐转化成多角度、系统性的综合考察研究。研究方向逐渐拓展成四个方面：一是研究传统民居建筑的营造和设计相结合；二是考究现存传统民居建筑与现代社会的关系；三是分析与传统民居建筑有关的当地社会形态（包括历史文化、宗教信仰、习俗观念）；四是思考传统村落的保护、更新与乡村旅游的关系。

# 五、研究方法及技术路线

## （一）研究方法

1. 文献法：查阅相关文献书籍，了解广西壮族文化的历史、类别、演变和趋势，对现有的广西壮族传统村落及其典型的干栏木构建筑进行资料整理和模型制作，翻阅相关文献、地方志、壮族文化研究、聚落研究等资料并对收集的资料进行整理和补充。

2. 田野调查法：赴广西各地壮族传统村落进行实地考察，深入了解壮族百姓的生活方式及生活习性，考察记录壮族传统村落形态及其干栏木构建筑现状，收集现有的民族特色元素、如材料、工艺等，为再造创新实践积累丰富的素材，采用实地考察、建筑测绘、干栏木构建筑代表性传承人采访等形式完成各地干栏木构建筑营造的相关信息收集，建筑营造的相关信息收集。

3. 访问法：对部分少数民族村民及普通民众采用阶段性访问法，聆听群众的真实想法，发现问题，并征求部分群众意见。

4. 理论分析与对比研究：整理并深入探究文献资料，通过对比研究广西各地壮族传统村落及干栏民居建筑的实际案例，分析壮族干栏木构建筑与村落环境的关系，总结相关规律，在此基础上，系统分析壮族传统民居建筑的结构形制、平面布局、人文特点、装饰艺术、营造技艺等要素，并进行壮族干栏木构建筑技艺再造创新的研究。

## （二）技术路线

本书从广西壮族自治区特有的地形地貌及气候条件、人文历史资料收集开始，通过航拍、测绘、模型制作、项目实践、数据整理、撰写论文、著作等方式方法对广西壮族干栏木构建筑进行系统化分析，通过壮族干栏木构建筑的形制特点、平面布局、结构特征、价值取向以及营造技艺等内容的研究，融合当下时代发展的背景，尤其是在"社会主义新农村建设""乡村振兴战略"的大环境中，探索壮族传统村落依托自身特色资源进行旅游开发的发展模式，针对目前壮族干栏木构建筑存在的问题，提出分类发展、有机更新的思路，通过大量的实际案例研究，寻找适宜的广西壮族干栏木构建筑技艺再造的手段和方法，以此达到传承与创新传统文化、服务地方经济建设、维护和谐发展、社会稳定的目标。

# 六、概念思辨——不同角度诠释"干栏"

"干栏"不仅是一个名词，它还具备实质性的含义，作为分布广泛的木构建筑类型，干栏木构建筑与其他的文化领域有着密不可分的联系，它的内涵丰富，存在意义特殊。

从建筑学的角度来分析"干栏"，可以看到干栏木构建筑与树居、巢居、栅居、楼居、水居等居住形式有着密切的关系，但是不能将干栏木构建筑简单地认作巢居、树居、水居或楼居，因此部分学者在研究干栏木构建筑时分别以居住功能和其他功能的干栏木构建筑样式进行多层次研究。"干栏"的建造形式较为宽泛，其所在地理环境的特殊性也造就了其不一样的建筑形式，所以"干栏"这个词从居住形式上说是丰富多样的。

从考古学的角度挖掘"干栏"这个词语的内涵，可以追溯其发展的历史性。从史前文明的挖掘中就可以感知干栏木构建筑的历史之久远，文化之深沉，是中国最原始的干栏木构建筑样式。从汉代的考古文献及实物看来，不少的文物具备干栏木构建筑的造型，例如，广州出土的汉代干栏陶屋、广西合浦出土的汉代干栏陶屋和陶仓、湖南长沙出土的东汉陶屋等都体现了汉代以来中国的地方建筑具有干栏文化的成分。随着中央集权的进一步加强，大部分的干栏木构建筑在历史发展中逐步地被院落式或地居式建筑所替代，汉代以后的历史文献大多将"干栏"列入少数民族建筑类型，干栏木构建筑至此成为了"蛮夷"民族的居所了。虽然干栏木构建筑无法成为中国木构建筑体系的核心部分，但是作为长江以南分布广泛的建筑类型之一的干栏木构建筑，如今依然保持着特殊的地位。干栏木构建筑体系是中国木构建筑体系成长的摇篮，从考古角度来说，具有深刻的研究价值。

时代的发展造就了干栏木构建筑，干栏木构建筑的发展也影响着时代的进步，从时代发展的角度来看，干栏木构建筑历久弥新，在全球化发展的大背景下，干栏木构建筑不仅仅是体现传统的媒介，还是创造新文明的载体，其发展应顺应潮流、与时俱进。

第一章

广西壮族传统干栏人居文化的
起源及历史发展

广西壮族传统干栏人居文化历史悠久，其历史演变是一部波澜壮阔的时空史诗，在这个时间和空间的长河里，壮族传统干栏人居文化经历了原始—低级—简单—复杂—高级的演变过程。

# 一、广西壮族传统干栏人居文化的起源

"干栏"指的是人们利用木头或其他辅助材料构成建筑的基本形态（图1～图5），这种房屋形态为上实下虚、高出地面几米到十多米之间。壮族人民对于干栏的称谓也有好几个，例如最早的"干兰""干阑""干栏""阁栏""麻栏"等。"干兰"一词最早出现于《魏书·獠传》，其曰："依树积木，以居其上，名曰'干兰'，干兰大小，随其家

图1　干栏式陶仓，1986年4广西合浦县风门岭M10出土。面宽34.58厘米，进深31.5厘米，通高32.8厘米，东汉晚期。（来源：合浦县博物馆提供）

图2　干栏式陶仓，2008年广西合浦县寮尾M10出土。面宽23厘米，进深19.5厘米，通高26.3厘米。（来源：合浦县博物馆提供）

图3　悬山顶干栏式铜仓，1990年6月广西合浦黄泥岗M1出土。面宽58厘米，进深42厘米，通高54（厘米），东汉早期。（来源：合浦县博物馆提供）

图4 曲尺形干栏式陶屋，1988年10月广西合浦县母猪岭M1出土。面宽29厘米，进深30厘米，通高29.5厘米，东汉早期。（来源：合浦县博物馆提供）

图5 悬山顶带圈陶屋，1984年10月广西合浦县凸鬼岭饲料公司M2出土。面宽26.5厘米，进深21厘米，通高30.5厘米，汉。（来源：合浦县博物馆提供）

口之数。"这是最早对于干栏木构建筑下定义的史料，将其定义为利用树木建造成上实下虚的房屋。在《北史·獠传》中干栏被称为"干阑"，到了《旧唐书·西南蛮传·南平獠》才被称作"干栏"："人并楼居，登梯而上，号为'干栏'。"宋乐史《太平寰宇记》（公元976年～983年）也有对"干栏"一词的描述："廣州昭州风俗，悉以高栏而居，号曰'干栏'"，这个里面的"廣州"指的是现今广东宜州，昭州指的是现今的广西平乐县。在《新唐书·南蛮传下·南平獠》有曰："山有毒草、沙虱、蝮蛇，人楼居，梯而上，名为干栏。"而在宋乐史《太平寰宇记》第八卷中"干栏"被称之为"阁栏"："无夏风，有獠风，悉住丛篱，悬虚构屋，号曰'阁栏'。"在宋人周云非所作《岭外代答》中亦被称之为"麻栏"，曰："民编苫茅为两重，上以自处，下居鸡豚，谓之麻栏。"

据史料记载，壮族干栏木构建筑最早始于新石器时代，而"干栏"一词，本源于壮族人民对于其高脚楼式木质建筑的称呼，特指用竹子或者木头搭建而成的栈台上的房屋。最早记载"干栏"的文献是战国中期《庄子》："古禽兽多而人民少，于是民皆巢居以避之。"战国末期的汉文史籍《韩非子·五蠹》，曰："上古之世，人民少而禽兽众，人民不胜禽兽虫蛇，有圣人作，构木为巢，以避群害，而民悦之，使王天下，号曰'有巢氏'。"这个应该就是干栏木构建筑的最初雏形：在远古时期，人类的力量很渺小，生产工具与武器都很匮乏，而相对的，野兽不仅凶猛而且众多。当时的人们为了躲避凶猛的蛇虫猛兽的攻击，在大树干之上制作类似鸟巢的房屋，而这些能够居住在树木构架出的房屋的人们，被称为有巢穴的人。这就是发明且第一批入住干栏木构建筑的人们，这是传统干栏人居文化的起源。自此之后，壮族先民的房屋形式确立为干栏木构建筑居住方式。这个时期的干栏木构建筑，房屋结构稳定性不高，主要的功能单一——躲避凶猛的野兽。

# 二、广西壮族传统干栏人居文化的历史发展

干栏木构建筑这种原始形式的住宅，是为了适应岭南和西南地区高低错落的山体地形、温热潮湿的天气以及猛兽横行的自然环境而发明的，是一种具有地域文化特色与风格的建筑形式。其基本形态确立之后，一直为壮族历史文化史料所记载，干栏形态从出现以来经历了从简单到复杂、从低级到高级、从巢居、栅居到干栏的发展阶段（图6）。

## （一）巢居

根据史料记载，最早的壮族干栏木构建筑形态应该是巢居式，并且这种巢居的干栏

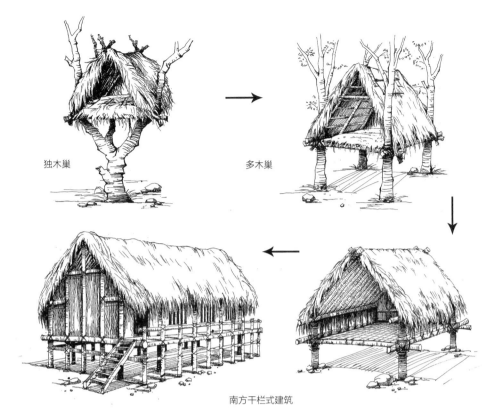

独木巢　　多木巢

南方干栏式建筑

图6　巢居的演变（来源：李晓童 绘）

形态从远古一直存在，直至西晋时期。这个时期的壮族先民也许是在遭受猛兽侵害之时，受到了鸟类栖息于树枝之上、不受其害的启发，创造出来的一种巢居式干栏构筑物，利用天然树枝支撑或者捆扎的方式，建构巢居建筑骨架，在其上居住。这种传统的干栏木构建筑结构不完善，支架与支架间不够紧密，从而导致居所不稳定，难以保持持久居住。

公元4世纪末～6世纪中叶，北魏的断代史书《魏书·獠传》曾曰："依树积木。以居其上，名曰'干兰'，干兰大小，随其家口之数。"西晋张华（公元232年～公元300年）所作的《博物志》也曾写道："南越巢居，北朔穴居，避寒暑也。"这个时期的原始干栏形态为鸟巢之状，建于原生态的树木之上，依附粗壮树干或者树枝为支撑点，搭建起类似窝棚的庇护所，且是通过攀援树枝才能上下巢居之所。此时的原始干栏木构建筑也比较简单，其人居文化是独立杂居，巢居之所只有睡觉的地点，没有厕所、厨房等基本生活设施，巢居的大小也是按照其所依附的树木大小与坚固程度而决定。

巢居时期的原始干栏木构建筑空间狭小、可容纳的人数不多，其所处的自然环境多为山林之间、坡地之上，交通与用水都不是很便利。其功能也仅限于躲避猛兽、雨水灾害和森林的瘴气。

随着巢居建筑的营造技术慢慢成熟，也有一些地区出现了多木巢居，即利用几株向阳、邻近的树木为共同支撑点制造而成的巢居之所，其目的是扩大居住空间的同时，增强住所的稳固性。当时人们的居住条件比较恶劣，常与猛兽、洪涝等自然灾害相伴，居住在山野之中。这时的壮族人被称为"獠"，同时还受到了秦汉王朝的镇压与迫害，遭受到战火的纷扰，因而生活条件很是艰苦的。

巢居干栏木构建筑时期的壮族人民的图腾崇拜主要是蛙图腾，同时还有对于太阳图腾、牛图腾、狗图腾、蛇图腾等的崇拜。如可以追溯到战国至东汉时期的广西宁明花山岩画，其上模仿蛙类姿势动作跳舞的蛙神，也就是民族保护神——"雷王公子"，就是壮族祖先对于蛙图腾崇拜的最好例子。同时，壮族先民在这个时候已经有了稻作文化。1995年在曾隶属广西的道县出土了兼具野生稻特征的栽培稻炭化稻粒，经过国家文物局的仔细勘察和认证，其被鉴定为18000年到22000年前的栽培稻（见《人民日报》海外版）。而在1998年的时候，著名的壮学家梁庭望，就道县寿雁镇的考古成果中的民族成分写了《栽培稻起源研究新证》（刊《广西民族研究》1998年第二期），提出壮族是我国乃至世界上最早发明水稻人工种植的民族，因而我们可以得出，当时的壮族先民就凭借着聪慧的头脑，将野生稻作为庄稼进行栽培，由此获取粮食。

## （二）棚居

随着石器工具的发展，劳作工具与营造技术得到提升，原本依附于原生态树木建造而成的巢居之所，大大限制了人们的活动。人们渴望获得更大的生存与居住空间，这就推动了原始居住形式进入棚居时代。

棚居出现时间为新石器时代，其具有代表性质的是河姆渡文化、吴兴县钱山漾遗址、毛家嘴西周前遗址、崇安县城村西汉城遗址等。由于社会生产力得到了提升，人的生产方式从采集和渔猎转变为原始农业，从而需要将居住之所建立于农耕之处以便于耕作劳动和管理农作物，因此先民不能在大树或森林中继续巢居生活，这就产生了棚居之所。此时的壮族先民利用埋桩绑扎造屋的方法，通过工具伐取木头或竹子，首先将木桩嵌入坚实的泥土之中（栽桩）填实，保持木桩的稳定性，之后再在木桩上架构檩条，而两柱之间的相交之处使用藤绳捆扎或者用杈口互相架设的方法连结起来，构成上层的平层居住房屋。这样的住房结构不仅有效地避免了蛇虫猛兽的侵扰，还使得上层屋棚高于地面、避免瘴气湿气毒害，有效地使室内空气得到流通。

棚居是干栏木构建筑成型的低级建筑形态，虽然棚居的干栏木构建筑没有具体的文字史料记载，但是在广西邕宁顶蛳山贝丘遗址里，发掘有成排、近圆形的柱洞20余个，初步可以认定为当时的长方形干栏木构建筑遗留下来的痕迹，且已经有明确的功能分区。位于遗址的东北部是居住区，中部是墓葬区，边缘是垃圾区。此外，相关发现还有钦州独料、资源晓锦以及灌阳等地的新石器时代遗址，都发现了数量不等的柱洞痕迹，这些都应该是与棚居之所建造有关的遗迹。

此时棚居之所的大小开始由人们的意志而发生改变，人们的居所空间更大、更理想，一家人的饮食起居都处于居所之上。同时，由于木材与营造工具方便移动，因而棚居之所的选择开始呈现出多样性特点，而不是单一建造于森林、树木之间，也可以移动至河边、庄稼田地边等，便利性得到了提高。这个时候的人们由于住所建造的便利性，开始了村落聚居的方式，从单个的巢居演变成几个或者几十个棚居聚集而存。壮族先民们开始在同一个场地之间生活，利用集体的力量与凶猛的野兽、无情的自然灾害对抗，形成了集体意识。

## （三）干栏

随着社会生产力与科学技术的进步，人们对于居住的需求在不断提高。到了奴隶制的青铜时代，干栏木构建筑的营造技艺经过长时间的磨练越发成熟，先民们改造自然的能力逐步提高，特别是榫卯穿斗的建筑技艺越发成熟，这就为干栏木构建筑的成型做好了基础准备。出于对棚居之所固定性与稳定性的追求，壮族先民们将之前棚居营造时所需的栽桩，演变成利用地面的稳定性并加入垫石立柱与榫卯穿斗技术结合，用木料打造出完整的干栏木构建筑形式，构建起"上实下虚"的干栏木构建筑空间。干栏木构建筑形态基本确立，至今在部分壮族传统聚居地仍然保存着这一古老的建筑形态。

干栏木构建筑改良栽桩为垫石立柱的形式，很好地克服了丘陵和山地等坡度较大，地形不利于建房的缺点，使得木桩离开地面、免于受潮，提高了建筑的使用期限，同时使得居所地点的选择性更多、更灵活、更稳固。将榫卯技艺运用到干栏木构建筑之后，使得建筑的整体木构架紧密稳固、造型美观。建筑的格局可以根据居住需要进行调整，增加居室的高度与宽度，让居住的空间扩大化。还可以增加门窗、楼梯、护栏、门廊等配套设施，使得居所变得美观实用，让干栏木构建筑空间趋于完整与规范。甚至有些干栏木构建筑会在居室旁边设置半边阁楼，用以存放实物、日常工具，使其远离地面、防止受潮。这是干栏木构建筑形态成熟的标志，也是干栏木构建筑技术走向成熟的重要节点。

关于这个时期广西壮族人居文化的史料有很多，有描述整体村落的，也有描述居所松散、无聚落形式的。例如晋开运二年（公元945年）成书的《旧唐书·西南蛮传·南平獠》中的相关记载："土气受瘴疠，山有毒草及沙虱、蝮蛇，人并楼居，登梯而上，号为'干栏'。"此时的干栏木构建筑形态发生了变化，先民们居住在楼上，下层架空圈养牲畜的同时，可以防潮、防瘴气、防猛兽灾害。这样的下畜上人结构，既保证了居民的人身安全，又合理利用空间，使得居室通风良好、日照充足。同时其在原有的棚居的基础上，为了上下居室便利，在棚居一层虚空处建造了楼梯，方便居住成员上下居室。又例如明朝邝露所撰写的《赤雅》所书："辑茅索绹，伐木架楹，人栖其上，牛羊犬豕畜其下，谓之麻栏。"由这段史料得知当时干栏木构建筑又被称为"麻栏"，不仅将干栏木构建筑的制作方法记录下来，还将干栏木构建筑"下畜上人"的使用习惯表现出来。此时的人居文化变为群居，缺乏独立的私人空间，而人居的自然环境依旧是瘴气缭绕不绝，山林毒蛇、猛兽、毒草、虫蚁非常多，山地潮湿、阳光充足等。其居住的地点由所居住者的意愿决定，但大多数的人们选择居住在一起，形成聚落、村寨的形式。

但是在桂北地区、特别是桂林地区还是有散居的干栏木构建筑。例如宋人范成大所作关于广西土民俗的著作《桂海虞衡志》（公元1175～1193年间）中详细地描写了广西壮族地区的人居环境："獠在右江溪洞之外、俗谓之山。獠依山林而居，无酋长、版籍。蛮之荒，忽无常者也以射生食动而活。虫豸能蠕动者，皆取食""广惟桂林无之自是，而南皆瘴乡矣。瘴者山岚水毒与草荐，气郁勃蒸薰之所为也，其中人如疟状。"[①]文献中的獠是广西壮族人的旧称，说的是古代的广西壮族先民依靠山脉、树林居住，没有村长也没有划分土地范围。在蛮荒之地生存的壮族先民生存方式多为弓箭射猎动物，只要是能够蠕动的动物，包括虫类，都可以拿来食用。而且壮族先民居住在瘴气缭绕的山林之间，山上的草木大多有毒或者身有利甲，所见之处都是雾气森森的湿气，山林里面的湿热使人如同患了疟疾一般。

---

① [唐]莫休符. [南宋]范成大. [南宋]周去非. 潘琦编.《桂学文库·广西历代文献集成——桂林风土记、桂海虞衡志、岭外代答》[M]. 南宁：广西师范大学出版社. 2014.

# 第二章

广西壮族干栏木构建筑的自然环境与人文环境

广西壮族干栏木构建筑分布区域广，按照其地域聚居的地区可以大致分为桂西、桂南、桂中、桂北、桂东地区（图7），壮族人口主要是居住在桂西、桂南与桂中地区，主要集中在百色市、河池市、南宁市、崇左市、来宾市、柳州、桂林市等市县。

图7　桂北地区的壮族干栏木构建筑（来源：黄荣川 摄）

# 一、广西壮族干栏木构建筑的自然环境

## （一）气候概况

广西的地理位置位于北纬20°54′～26°20′、东经104°30′～112°02′。广西境内自然跨度较大，气候特点较为复杂，呈现出处多样性的"立体气候"特征。一般分为中亚热带、南亚热带和北亚热带气候（图8）。冬短夏长，雨量充沛，年平均降雨量约在1000～2800毫米。降雨量由北向南逐渐增多，最多的防城港降雨量达到2882.7毫米，而最少的田阳县仅为1100毫米。全年中4～9月是降雨量最多的年份，有利于水稻等农

图8　广西冬短夏长、雨量充沛的气候特点有利于农作物的生长（来源：黄荣川 摄）

作物生长。

　　由于广西长期受季风性气候的影响，旱涝灾害与台风性天气频发。由于雨季时间集中，造成桂南沿海地区及融江流域洪涝灾害常年发生。而桂西桂东地区则旱灾频发，春秋季由于受到北方冷空气影响，出现的台风天气对晚稻的抽穗、开花影响较大。

　　广西年平均气温约在20℃左右，冬季气温约在5.5℃～15.2℃，气温由河谷地带向丘陵逐渐减低，由北向南逐渐升高。21℃的年平均温度大致与桂东南地区的北回归线一致。以此线为分界点，南侧为南亚热带气候区，年平均气温大于22℃，而北侧为中亚热带气候区，年温度大约为21℃。≥10℃日平均气温时间天数的分布特点也与年平均气温类似，即南长北短，西长东短，河谷平原长，丘陵山区短。其中桂南的合浦时间比桂北桂林市长77天，桂西百色比桂东的梧州长44天。广西境内无霜期的差异也较明显，其中钦州、玉林、南宁和河池地区西南部、百色地区东南部等地一年中长达340天以上均为无霜期，其中玉林、钦州、都安等地无霜期更是达到全年基本无霜，无明显冬季感。而像桂林市的兴安县、百色市的乐业县无霜期较短约为300天。

　　广西太阳辐射较强，但日照时间相对偏少，年日照时间大约在1170～2219小时，分布特点为南多北少，平原多于丘陵。其中，涠洲岛日照时间最长，全年月2219小时，而金秀时间最短。太阳辐射时间长，辐射量由桂南、桂东向桂西递减桂北地区由于受冬春季降雨量较多，广西平均总辐射量约90千卡/平方厘米～130千卡/平方厘米，最少的南丹、融安不足90千卡/平方厘米。辐射时间较长，不利于农作物的生长。

桂北地区降雨日数年平均在180天左右，其中大雨数量占总数量的10%～18%，暴雨数量占2%～8%，降水季节多集中在夏季，占全年总降雨量的75%，这种季节性的降雨会导致洪涝灾害的发生。春秋两季会发生旱灾，如百色地区与钦州附近春旱几率约85%，而百色与田阳地区春寒十年有十次。

## （二）各主要区域的地形地貌与河流

广西西靠云贵高原，北临南岭山地，河流纵横，其整体地形为层峦叠嶂的喀斯特地貌，其中山地面积达到39.8%，山石地区面积达到19.7%，丘陵面积达到10.3%，台地面积达到6.3%。平原地区为20.6%，水域面积占3.3%。广西的山脉、河流众多，主要有三大弧形山脉构成：第一组弧形山脉广西盆地南面由六韶山、大青山、公母山组成，呈西北——东西走向；第二组弧形山脉是广西盆地东侧自东向西走势的山脉，由都庞岭、海洋山、架桥山、大瑶山、莲花山、镇龙山组成；第三组弧形山脉由九万大山与大苗山等组成。

### 1. 桂西地区地形、地貌与河流

桂西地区位于云贵高原的东南边缘，处于云桂黔交界处，是两广地区的丘陵西部，南面是北部湾海洋。整体的地势自西北向东南倾斜，西北高、东南低，海拔在1300～1500米之间，主要的山体有金钟山、岑王老山等。地貌多为石灰岩岩溶山地（图9、图10），高山居多、连绵不断，且山体比较庞大，山石间多洼地与谷地，有"右江谷地"之称。桂西地区中间的右江是该地区壮族人民聚居居住的中心地带，右江流域面积达到4万平方千米。此外，右江还在邕宁区与左江汇合成为邕江的干流，左江的长度为345千米，这两条江河流便是壮族人民生活、交通的主要干道。

图9　那坡县石灰岩岩溶山地景观（来源：自摄）　　图10　岑王老山风景区（来源：刘彦铭 摄）

### 2. 桂南地区地形、地貌与河流

桂南地区主要是山地为主，主要山体有大容山、十万大山、六万大山、云开大山等，它的东面、西面是山崖连绵的山体、丘陵地形，南面、北面是北部湾海域，包括钦州市、防城港市、北海市，是我国西部唯一的沿海地区。这片地区有两种地形，第一种是东西面的属于丘陵、平原和山地地形，丘陵占桂南地区总面积比例为21%，平原的比例为19%，山地的比例为17%，第二种是临海的台地地形，占重比较大，大约是桂南地区总面积的43%。桂南地区的江河也是非常丰富的，其中重要的经济河流有郁江、清水河、右江、邕江、武鸣江、钦江、茅岭江、南流江等。众多河流将桂南地区的水网连接起来，是桂南地区壮族人民生存的必需之所（图11、图12）。桂南地区的丘陵地带土地多为红壤，分为赤红壤与砖红壤，山地地带多为黄壤。

图11 龙州县左江花山岩画遗产区文化景观
（来源：刘彦铭 摄）

图12 扶绥县山圩镇白头叶猴国家自然保护区景观
（来源：刘彦铭 摄）

### 3. 桂中地区地形、地貌与河流

桂中地区面积为32028平方公里，其连接桂东、桂西、桂南以及桂北地区，属于中心地带。其东部为东北——西南走向的架桥岭、大瑶山和莲花山；西边为西北——东南方向的都阳山与大明山；东西两侧在镇龙山接壤构成弧形山脉。山脉的中部是以柳州为中心的桂中盆地，地形较为平坦，地势主要是北高南低，东、西、北三面环山，地貌主要是山地丘陵为主的熔岩地貌，属于天然盆地类型，是壮族人民的主要聚居区（图13）。桂中地区的主要河流有柳江河、红水河、清水河、黔江，其中柳江河达444.4公里，贯穿柳州市全境；而红水河从来宾市中心穿过，境内河段达307公里。这两条河流是桂中地区的主要河流干道。

### 4. 桂北地区地形、地貌与河流

从地形上来看，桂北地区处于丘陵地带，东、西、北三侧地势较高、中部地势低，地处南岭山系西南部，平均海拔为154米，具有喀斯特地貌、丘陵地貌与台地地形相结合的自然地理环境特征（图14）。在桂北地区，特别是桂林与柳州北部，山脉延绵不

图13　融安县熔岩地貌（来源：自摄）

图14　龙胜各族自治县龙脊景区地形地貌（来源：自摄）

断，无论是郊区还是市中心，抬头便可以见到200米左右的山岭，丘陵地形尤为突出。桂北地区境内流经的河流有五条江，分别是漓江、湘江、洛清江、浔江与资江，由于雨水充足，各大江河的源头集结于此，因而大小湖泊数量众多。桂北地区的壮族干栏木构建筑多位于山地、陡坡，风景秀丽，森林资源和水资源丰富，这些得天独厚的地理条件让壮族干栏木构建筑得以保存下来。

### 5. 桂东地区地形、地貌与河流

桂东地区多为山地地形，东南向是云开大山；西边为大瑶山；北侧为都庞岭（图15、图16），外缘则是右江、郁江、浔江流经的百色盆地、南宁盆地、郁江平原与浔江平原，是该地区壮族人民聚居的中心区域。地区内河流众多，有贵港的珠江支流西江；贺州的桂江、贺江；梧州的浔江、西江、黔江；玉林的郁江、九洲江、北流河、榕江河、米玛河等，水网丰富。

图15 云开大山山脉（来源：刘彦铭 摄）　　图16 都庞岭山脉（来源：韦汉强 摄）

# 二、广西壮族干栏木构建筑的人文环境

## （一）壮族人口分布

广西作为我国人口最多的少数民族自治区，人口总量达到5159万人，壮族人口超过1658.6万人，占总人口数量比例的32.1%。广西壮族自治区共有14个地级市，下属县、市、辖区人口数量与壮族人口数量之间的比例关系如表1。

壮族人口分布情况　　　　　　　　表1

| 名称 | 总人口（万人） | 壮族人口（万人） | 壮族人口比重（%） |
|---|---|---|---|
| 南宁市 | 686.5 | 385.1 | 56.1 |
| 柳州市 | 355.4 | 125.8 | 35.4 |
| 桂林市 | 498.8 | 22.9 | 4.6 |
| 梧州市 | 327.3 | 2.4 | 0.7 |
| 北海市 | 161.7 | 1.6 | 1.0 |
| 防城港市 | 86.0 | 33.0 | 38.4 |
| 钦州市 | 379.1 | 38.1 | 10.1 |
| 贵港市 | 503.3 | 69.5 | 13.8 |
| 玉林市 | 671.2 | 3.0 | 0.4 |
| 百色市 | 382.6 | 303.0 | 79.2 |
| 贺州市 | 223.2 | 9.2 | 4.1 |
| 河池市 | 399.2 | 269.8 | 67.6 |
| 来宾市 | 249.8 | 185.2 | 74.1 |
| 崇左市 | 234.8 | 210.0 | 89.4 |
| **总计** | **5159** | **1658.6** | **32.1** |

（表1来源：根据广西壮族自治区统计局，广西壮族自治区人口普查办公室. 广西壮族自治区2010年人口普查资料[M]. 北京：中国统计出版社，2012. 整理）

## 1. 桂西地区壮族人口分布

桂西地区包括百色市和河池市，主要的壮族聚居地有：靖西县、都安瑶族自治县、宜州区、平果县、德保县、田东县、大化瑶族自治县、田阳县、环江毛南族自治县、东兰县、百色市右江区、河池市金城江区、隆林各族自治县、那坡县、南丹县、天峨县、凤山县等。该地区的壮族人口数量超过572.8万人，其中百色市的壮族人口超过303万人，河池市壮族人口超过269.8万人，占广西地区壮族人口总数的34.53％，是壮族人口分布最密集的地区之一。

## 2. 桂南地区壮族人口分布

桂南地区包括南宁市、崇左市、钦州市、防城港市、北海市，主要的壮族聚居地有：邕宁区、武鸣区、南宁市辖区、横县、天等县、马山县、上林县、隆安县、大新县、扶绥县、钦州市辖区、宁明县、崇左市、龙州县、上思县、宾阳县、防城港市辖区、灵山县等。该地区的壮族人口超过667.8万人，南宁市的壮族人口超过385.1万人，崇左市的壮族人口超过210万人，钦州市的壮族人口超过38.1万人，防城港市的壮族人口超过33万人，占广西地区壮族人口总数的40.26％，是壮族人口数量最大的地区之一。

## 3. 桂中地区壮族人口分布

桂中地区包括柳州市和来宾市，主要的壮族聚居地有：来宾市辖区、柳江区、忻城县、武宣县、象州县、柳城县、柳州市辖区、融安县、金秀瑶族自治县、融水苗族自治县、三江侗族自治县等。该地区的壮族人口超过311万人，柳州市的壮族人口超过125.8万人，来宾市的壮族人口超过185.2万人，占广西地区壮族人口总数的18.75％。

## 4. 桂北地区壮族人口分布

桂北地区主要是桂林市，主要的壮族聚居地有：荔浦县、阳朔县、龙胜各族自治县、永福县、乐平县、桂林市辖区、临桂区等。该地区的壮族人口较少，大约在22.9万人左右。比较集中分布在靠近柳州市交界处，而桂北地区的最北面几乎没有壮族人口居住

## 5. 桂东地区壮族人口分布

桂东地区包括贵港市、贺州市、玉林市、梧州市，主要的壮族聚居地有：贵港市辖区、桂平市、贺州市辖区、钟山县、兴业县、平南县、昭平县、蒙山县、博白县等。该地区的壮族人口超过84.1万人，贵港市的壮族人口超过69.5万人，贺州市的壮族人口超过9.2万人，玉林市的壮族人口超过3万人，梧州市的壮族人口超过2.4万人，占广西地

区壮族人口总数的5.07％。其中，壮族人口主要分布在桂东地区的南部，北部基本没有壮族人口居住，是广西壮族人口分布最稀疏的地区之一。

## （二）"那"文化

"那"是壮族文化的根，意为"田"和"峒"，是指土地或田地。壮族地区由于受自然环境及气候条件的影响，是最早种植与培育稻谷的地方之一，是稻作文化的发源地。在壮族语系中稻田称为"那"，指周围有山的一片田，后来便泛指田地或土地。"那文化"指的是稻作文化，以及与此相关联的文化。随着壮族文化研究的进一步发现，"那文化"还泛指壮族地区稻作生产引发出来的社会生活、民俗事象。壮族人认为田地能够满足温饱、养家糊口，是极为重要的生存场地。所以，在壮族人眼中，田地有着专门的文化活动。"那文化"还包括因稻作耕种而产生的民间生活和习俗。有着据"那"而作，依"那"而居，以"那"为本的传统。远在新石器时代，壮族先民就留下了许多"那"文化习俗和各式各样的文化遗产。

壮族的村落多数是依山傍水，背靠着山，面对着田地。以田地"那"标识取地名听起来方便并且顺理成章。大至县市乡镇，如那坡、那陈、那马，小至村屯弄场，如那雷、那王、那绍、那左。据不完全统计，广西含"那"字的地名多达1100多处，以"那"为首字为这些地方命名的人，是最先开垦这些荒地的壮族先民，早期的壮族村寨命名都遵循这一法则。

壮族先民最早种植的作物不是水稻类作物，而是芋薯类根块作物。因为自然环境和气候条件适合这类植物的生长，根块植物生殖和适应能力强、对土壤和水分的要求不高、易于种植、产量高和食用方便。直到现在，壮族地区都还一直种植芋薯类根块作物作为主要食物及地方特产。随着种植经验的不断积累，种植面积的不断开垦，稻作农业在人类生活中的比重也越来越大，这是壮族先民认识自然、顺应自然规律和开发利用自然资源的结果。人们开始过上了定居生活，傍水依田而居，发明了与稻作生产相适应的农具，以及制陶技术与家畜饲养技术，同时还创造了与稻作农业相关的语言、文学艺术等。从此开创了具有鲜明地方民族特色的以"那文化"为核心的壮族传统文化的先河，稻作农业的产生和发展，引起了壮族古代社会和古代文化的重大变化。

同样，干栏木构建筑的演变与发展是伴随壮族"那文化"的发展而来的。最初由长江中下游向西南地区、华南地区传播开来。稻作文化是干栏文化的重要支撑与载体。在农耕文明时期，人们的生活相对于游牧时期有了更稳定的居所，对居所的要求也变得更高，人们开始注重建筑技术的探索，人们在择基建宅中为了适应地形变化的要求促使传统技艺不断提高（图17、图18）。

图17　龙脊梯田（来源：陈秋裕 摄）　　　　图18　德保县那雷屯稻作文化
（来源：刘彦铭 摄）

### （三）文化意向

#### 1.《布洛陀诗经》

壮族人民十分信奉布洛陀，特别是流传于百色田阳的《布洛陀诗经》，它是广西壮族的民族珍宝，是壮族巫教口口相传而盛行的经文。《布洛陀诗经》的经文总体分为三大部分：壮族神话故事、宗教信仰、民风民俗。经文主要歌颂壮族的祖神布洛陀创造天地万物，同时还将人间伦理道德进行了系统化地规范，还有一部分传颂宗教忌讳，具有较高的学术价值。经文不但让人们祈祷还愿、消灾祛难，而且还让人们努力追求幸福生活。《布洛陀诗经》以歌颂壮族布洛陀神的伟大功绩为线索，将壮族先民从尚未开智的蒙昧时代到农耕时代的历史脉络记录下来，是一部记录壮族人民的发展史书，是一种对于祖先开辟功业的追忆。

《布洛陀诗经》一直在壮族中口口相传，壮族麼教的经文也是从《布洛陀》中选取而来的，《布洛陀》经书全书以古壮语书写，诗中融合了壮族神话、民俗、信仰等内容，字句工整，富有神韵。

传颂布洛陀文化，是在满足壮族人民对于族群的心理认同感的同时，提高民族自豪感和民族凝聚力。这部经诗贯穿着自然崇拜、祖先崇拜的原始宗教意识，将壮族的古壮语、宗教语保留了下来。桂西壮族人民每年的三月初八都要进行祭祀布洛陀的大型活动，主要是在田阳县以及周边的各镇举行，没有特别的负责人进行活动组织，而是一种惯性的传统，是壮民自行自愿参与的活动。布洛陀祭祀活动规模盛大、参会人数众多，除了上香、叩拜布洛陀之外，还有一些其他生活性的活动，如中年及老年人以山歌会友的对歌活动，未婚青年用唱山歌的形式结交异性伙伴、寻找终身伴侣的活动等。由此也发展成了壮乡的敢壮山歌圩节（图19）。

图19 布罗陀民俗节庆（来源：www.baidu.com）

### 2. 祖先崇拜

祖先崇拜是从远古到现在一直传承的信仰，壮族社会进入父系社会后，人们认为生前具有强大实力的人死后灵魂也具有神力，起到保护村落、驱邪避祸的作用。祖先崇拜是将部落中有突出贡献的人进行神化，并作为保护神及祖先神供奉于神龛中。

现在的壮族人民居室中还供奉着神龛，祈求祖先保佑后人（图20）的日子过得风调雨顺。特别是在每年的春节时分，神龛前必须时刻有祭品进行祭祀，家中有节日或者杀鸡、杀鸭、杀牛、杀猪等吃大肉时，都要先用酒和肉食供奉祖先。壮族人民主要的祖先崇拜有广福大王、莫一大王、岑逊王等（图21），其祭祀的时间也有所不同。

### 3. 图腾崇拜

壮族地区的信仰基本上是由越巫文化演变过来的（图22），主要是对图腾、祖先、鬼神的崇拜，还有一些是对宗教的信仰。在图腾崇拜中，主要是蛙图腾和牛图腾。传统的蚂拐节与铜鼓上的蛙形象，都是壮族人民对于蛙图腾崇拜的象征（图23）。壮族人民认为蛙是掌管风雨的"雷王公子"，蛙鸣似春雷响彻田野，因此壮族人民祭祀蛙图腾以祈求风雨。相关的文物有恭城出土的蛇蛙纹铜尊，铜尊的装饰以蛙图腾与蛇图腾为主要纹样。此外的图腾崇拜还有牛图腾，牛图腾崇拜是源于牛对壮族先民农耕与日常生活的帮助，并将其发展为传说，将牛比作是天上的"牛神"，下界是为了帮助人们进行农耕活动从而获得更好的收成。因此，壮族人们将每年的五月

图20 壮族传统干栏民居建筑中的神龛（来源：自摄） 图21 龙脊壮寨中的"莫一大王"图腾（来源：自摄）

图22 左江花山岩画遗产区中骆越人巫术活动的遗迹（来源：自摄）

初五设为"牛皇诞"，也就是牛的生辰。"牛皇诞"当天不能驱牛劳作，同时要在牛栏边上烧纸祭牛神，并要喂牛一团有色糯米饭，若是黄牛，则用黄色，若是水牛，则用黑色。某些壮族地区在喂有色糯米饭之后，还用菖蒲雄黄酒灌牛。在忙完春耕之后还要举行"收牛魂"仪式，称为"牛魂节"。当天，壮家人将鸡、鱼、肉、五色糯米饭制作成祭品篮，放置于牛栏或野外放牧处，聚集家人共同喂牛吃祭品，用以招引牛的神魂。此外还有蛇图腾、鸟图腾等。

图23　铜鼓上的蛙图腾崇拜（来源：自摄于广西铜鼓博物馆）

### 4. 乡约惯法

　　壮族人民的法律法规是口头相传的乡约与惯法。壮族人民无论大小事件、疾病、天灾人祸都喜欢找寻巫师和道公帮助，虽然从科学性方面来说，这属于宗教迷行活动，但是从心理学角度来说，巫师和道公的作用如同现今的心理医生，可以给予受灾者予以心理安慰和积极向上的暗示，从心理上使其获得重整雄风的自信，满足人的主观精神需求。

　　除道公与巫师外，"长老统治"也是壮族地区维持社会秩序的重要力量，虽然自中华人民共和国成立后，国家力量开始进行村落秩序的控制，这一乡村宗族的活力就此沉寂，但是在村民自治政策实施后，寨老这一传统宗族管理秩序重新散发出新的活力。如古壮寨除设立党支书与村长外，另设立寨老这一职位，寨老由各自村寨进行选举，代表村寨本身的利益关系，处理本村寨的内部及对外事务问题（图24）。龙脊古壮寨的廖、侯、潘三族中常年联姻、通婚及过继子嗣，并且三族有认"老庚"的习俗，就是通过认

**清乾隆年间至1949年大寨老12次决事**
The Twelve Significant Village Meetings from Qing Dynasty till 1949

| 序号 | 时间 | 主持人 | 内容 |
|---|---|---|---|
| 1 | 乾隆七年（1724年） | 廖海蛟祖父 | 斩鸡头、喝血酒、筹集经费、联名上书广西布政供司。要求脱离龙胜厅，复归兴安管辖 |
| 2 | 嘉庆四年（1799年） | 廖锦盛祖父 | 编制团甲组织 |
| 3 | 道光二年（1822年） | | 订立"龙胜永禁盗贼碑"，召开十三寨户长大会，焚香祭神，贯彻乡规民约条令 |
| 4 | 道光二十七年（1847年） | 大寨老潘金龙、潘文便潘元秀等人 | 建立"盛世河碑"，划分十三寨各寨与黄乐（瑶族）寨捕鱼河段范围 |
| 5 | 道光二十九年（1849年） | | 增订"严防贼盗禁令碑"，并公布贯彻 |
| 6 | 光绪年间 | 大寨老潘元秀等人 | 召开一户一成年人的十三寨群众大会，判处大惯偷、大匪犯潘仁星以"活埋" |
| 7 | 光绪年间 | 大寨老廖承翰、潘定璠、廖益宝 | 召集户长参加十三寨群众大会，判处赌徒、屡教不改惯偷潘日昌以"沉塘"极刑 |
| 8 | 民国四年（1915年） | 大寨老廖锦盛、潘大保等人 | 召开十三寨群众大会，斩鸡头、喝血酒，联名上书广西当局，要求脱离龙胜厅复归兴安县管辖（第二次） |
| 9 | 民国二十二年（1933年） | 分团总、大寨老廖绍光和青年领袖陈岱等人 | 召开十三寨（包括黄乐瑶寨）壮、瑶群众大会，杀猪祭旗、喝血酒，推举廖绍光、陈岱为总指挥，宣誓加入桂北瑶民义军 |
| 10 | 民国二十四年（1935年） | 分团局长、大寨老潘元方等人 | 召开十三寨（包括黄乐瑶寨）壮、瑶群众大会，宣布撤销团局建制，停止寨老组织活动（不再选新的寨老头人）编订乡村保甲组织，推荐部分寨老担任乡村甲长理政职权 |
| 11 | 民国二十四年（1935年） | 大寨老、村长潘祖安、侯会廷等人 | 奉命召开十三寨群众大会，宣布"龙胜县改良风俗委员会禁令"，强迫壮、瑶群众改装易俗，会议遭到与会者抵制 |
| 12 | 民国三十八年（1949年）九月 | 龙脊六姓壮族自然领袖陈绍熙、蒙其裕和瑶族头人潘荣廷等 | 以大寨老组织名义，召开十三寨大小领袖人物联席会议（出席者二十一人，地方游击队亦派共产党周大治及起义人员国民党龙胜县党支部书记长陈远坤和伪县政府科长贲超文参加），做脱离民国党地方政府和支持游击队解放斗争的决议，并推举进步青年廖康英、潘焕章、潘新富（瑶族）等十四人为通讯联络员，负责传递信息、筹集粮饷，以及召开十三寨群众大会，（因形势急剧变化，群众大会未能举行）的决议 |

图24  清乾隆年间至1949年，龙脊古壮寨大寨老12次重大决事（来源：自摄于龙脊壮族生态博物馆）

"老庚"来确定一种兄弟姐妹的情谊关系，这些内部的血脉联系将三寨变得紧密，也对协调三寨的紧张关系起到了积极作用。

### 5. 民居文化交融

民居文化是随着社会生产力的不断发展而发展，是经过长期的摸索与实践中不断总结积累而形成的，是民族传统文化中的重要组成部分。不同的区域由于所处的自然环境、经济水平、生活习俗、宗教信仰等因素的不同造就了建筑文化的地区差异性，这些文化是一个地区的生产方式、经济水平、文化状况与审美状况的综合体现。但是随着中原统一，各民族之间的文化相互借鉴与学习，民居建筑的形式与样式也发生着变化，呈现出一种趋同性。这显示了人们对于先进技术及文化成果的认同与吸收，这种融合促进了民族之间文化的进步与发展（图25、图26）。广西是一个多民族混居的地区，这些民族的建筑形式具有很多相似之处。各民族虽然风俗习惯不同、语言不同、但由于长期和谐共存、相互渗透、相互借鉴，最终形成自己的特色。

民族文化是一个民族在长期的社会活动与生产实践中不断摸索、吸收逐渐完善形成的，具有可渗透性与自我优化功能，不同的文化相互碰撞、渗透与借鉴，进而取长补

图25　技艺精湛的程阳风雨桥（来源：自摄）

图26　气势磅礴的朗梓村古建筑群集南北建筑特点于一体，呈现出广府式民居建筑布局特征（来源：自摄）

短、自我优化，逐步完善并丰富本民族的文化内涵，从而使民族充满活力，不断地发展与进步。

干栏木构建筑最早是由于壮族先民为适应当地气候炎热、潮湿、蛇虫蚁兽横行的坡地环境而创造出来的一种居住形式。干栏木构建筑初期由于受到生产力水平的限制，房屋多显简陋，虽可以抵挡风雨、猛兽，但建筑结构既不美观也不牢靠，建筑空间狭小，营造技艺也比较原始粗俗，自汉族南迁影响以及先进的营造技艺的传入，传统的干栏营造技艺有了很大的改进与发展，壮族先民通过对汉族民居的营造技艺、建筑工具、建筑布局等方面的不断学习，从而对本民族干栏木构建筑的结构形式、空间布局不断地完善优化，吸收汉族文化中科学合理的成分，并且融入到自身的建筑文化中，如以下方面：

（1）建筑工具的影响

随着秦朝统一后，汉族的铁器及冶炼技术传入广西境内，其铁制的斧、插、锌、凿类等工具的使用使建筑的砌筑技术有了明显的提高。后来的墨斗线、曲尺等工具的出现，使建筑工具形成了一套完整的体系（图27），而且其中的种类也逐渐细致与专业化。这套工具体制是根据汉族的木工体制演变而来的，精细的工具分工使材料的加工更加精细，结构更加稳固。

图27　木作工具体制受汉族影响较大（来源：自摄）

（2）**建筑材料的影响**

在汉式建筑技术未传入前，传统的干栏木构建筑顶部由茅草、竹子等材料覆盖，墙体由木板拼接而成，建筑密闭性较差。随着汉族营造技术的传入，如汉式的小青瓦顶、土质泥砖或烧制土砖等，汉式地居建筑比干栏木构建筑本身更加稳固、持久耐用，且防潮防火性更好。壮族工匠在认识到汉式建筑材料的优势后，开始逐渐在本地区进行推广，如目前干栏木构建筑多为青瓦顶，许多地方将悬山式与干栏式形制巧妙结合，山墙使用夯土或泥砖砌筑，内部结构则沿用木构干栏形式，这些建筑方法的变化是受到汉族建筑影响的结果。

（3）**建筑布局的影响**

干栏木构建筑流行的内部结构形式为前堂后寝的三开间、五开间形式，大门正对位置一般也是建筑的中轴线，这个位置主要用来放置神龛，堂屋居中，因为其神龛位置而成为主要的祭祀与活动空间，左右两边为卧室，男左女右居住形式反映了男尊女卑及祖先至上的观念，这些都是受到汉族文化影响的结果（图28）。

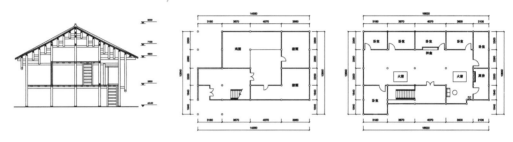

图28　壮族干栏木构建筑的平面空间和立面空间（来源：覃保翔 绘）

（4）**建筑结构的影响**

早期的壮族干栏木构建筑结构与现代干栏木构建筑的结构和材料不同，早期是使用搭建房屋木架之后采用绑扎法进行固定，用藤条固定木梁和立柱，或直接架在主要结构上，这是最简单的搭建方式。随着斧、凿等建筑工具的产生和发明，人们开始思考怎么将建筑做得更为稳固，于是就有了早期的"榫铆构造法"，也就是现在说的"榫卯工艺"。时下保存下来的干栏木构建筑大多是采用穿斗木构架的形式，即由不同高度的柱子直接承托檩条，形成"一柱一檩"的建筑结构形式，这种方法使建筑构件受力均匀，使梁架可以均匀合理地承受建筑的拉力，起到稳定的效果。另外，壮族干栏木构建筑外设前廊，是室内外空间的过渡区域，在结构上多设置一层挑手，是屋檐的延伸部分，这样做可以对建筑物的墙体起到保护作用，避免雨水和光照的直接照射。这些建筑结构明显是壮族工匠向汉式建筑的斗栱技艺学习并对干栏木构建筑改造的结果。

（5）**建筑装饰的影响**

壮族地区的建筑装饰常见的图案有金钱、葫芦、南瓜、莲花、八卦等。这些建筑图案多应用在建筑的屋脊、檐口、檐墙、挑手、柱头、石础等地方。这些图案源于壮族地区的图腾崇拜，有的则是受到了汉族文化的影响，对汉族图案背后的象征意义予以肯定并加以消化吸收，呈现出具有壮汉交融文化内涵的少数民族装饰艺术。

壮族干栏木构建筑对广西其他少数民族民居文化有着深远的影响，唐宋后出现的瑶、苗、侗、京等少数民族一部分是由贵州云南等地迁移而来，另一部分是从本地壮族族群分化而来，形成了多民族混居、文化融合之地。壮族干栏木构建筑形式通过借鉴汉式建筑不断改进，在居住环境、通风条件等方面都具有良好的地区适应性，适合山地居住的瑶、苗等少数民族的需要，因此这些少数民族多以壮族干栏木构建筑为原型，聘请壮族工匠来修建本民族的建筑。广西境内其他少数民族干栏木构建筑虽然在结构形式上与壮族干栏木构建筑大同小异，但具体的建筑装饰特征和装饰风格却又具有本民族独特的风俗文化。

多民族建筑文化之间的相互借鉴与吸收，形成了具有统一性建筑外观、多样性建筑样式的建筑景观，这不仅促进了各民族之间的文化交融，而且促进了各民族之间的共同进步与发展，体现了各民族间相互依存、相互借鉴、取长补短、兼容并蓄的精神风貌。

第三章

广西壮族干栏木构建筑的社会功能与民俗文化

壮族干栏木构建筑在壮族社会生活中除了居住功能外，还具有交通功能、祭祀功能、商业功能等实际用途，这些不同功能的干栏木构建筑反映了壮族社会的价值取向和民俗文化特征。

# 一、居住功能建筑

## （一）干栏木构建筑类型

干栏是南方少数民族住宅常见的建筑形式之一。传统的干栏民居建筑共两层半，一般用木材作为房屋构架、楼板以及墙体的材料，也有用砖、石、泥等材料从地面砌筑墙体。屋顶为"人"字形，覆盖以瓦片。上层住人，底层架空，架空的底层用于圈养家畜或置放农具。这类建筑主要分布在气候潮湿的南方地区，可防蛇、虫、洪水、湿气等侵害。壮族干栏经过千百年的不断发展和改造能够适应各种复杂的地形条件。目前，壮族传统民居结构有全干栏、半干栏、地居干栏等主要类型。不同类型根据不同地区的自然环境、地形地貌分布。各类型建筑外部造型、平面布局和附属结构等各方面存在差异。

### 1. 全干栏

"干栏"是壮语的译音，"干"是上面的意思，"栏"是房屋，连在一起就是"上面的房屋"，全干栏木构建筑整体构架以木为主要材料，底层饲养牲畜。其结构超越了坡地、缓坡等不平整场地的约束，通过前后或左右不同的架空方式调整和争取二层的生活空间，比较具有代表性的全干栏木构建筑有龙胜各族自治县龙脊镇龙脊古壮寨的干栏民居建筑、西林县马蚌乡那岩屯的干栏民居建筑（图29～图32）。近年来，壮民们多在架空层用砖砌筑墙体进行围合，客观上起到分隔空间及加固干栏木构建筑的作用。

### 2. 半干栏

干栏的实质是"楼居"的意思，底层架空，人生活在二层的"楼面"而不是地面，但半干栏的结构打破了这一结构规律，人的生活空间由单一的"楼面"变成了"楼面"与"地面"的结合，半干栏的结构形式使建筑选址更为灵活，非常方便在陡坡辟地而

图29 将二层的生活空间全部架空，超越坡地地形限制的全干栏木构建筑（之一）（来源：自摄）

图30 将二层的生活空间全部架空，超越坡地地形限制的全干栏木构建筑（之二）（来源：自摄）

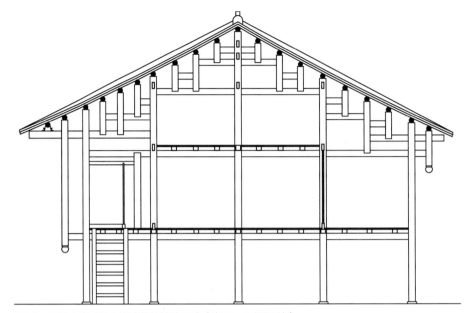

图31 平地上全干栏木构建筑的接地形式（来源：覃保翔 绘）

劈坡接地类型    垒台接地类型    劈坡+垒台接地类型

图32 几种"劈坡垒台"的接地类型（来源：覃保翔 绘）

建，因而半干栏木构建筑在坡地地形中的使用非常普遍（图33～图38）。也有一些平地地形使用人工填土的方式营建半干栏民居建筑的情况，如大新县陇江村陇鉴屯古壮寨的民居建筑。半干栏民居建筑底层为半地下空间，圈养牲口，外置晒排，扩大使用面积，二层为半楼半地面空间，屋堂根据入口方向设置在靠山面，卧室设在背山面，顶层屯粮。半干栏木构建筑具有很强的适应性、高度的灵活性和亲民的经济性，半干栏木构建筑不受限于木材料的建造，也常见其他材料的混合使用，如砖墙与木构架混合搭建的砖木干栏，夯土墙、土坯墙与木构架混合搭建的土木干栏的做法在广西许多地方颇为常见。

图33　部分架空、部分落于地面的半干栏木构建筑形制，巧妙地利用地形、地貌特点营造房屋（来源：自摄）

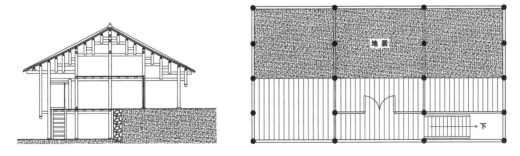

图34　以中柱为边界的半干栏木构建筑（来源：覃保翔 绘）

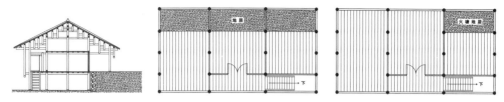

图35 后金柱至后檐柱为边界的半干栏木构建筑以及仅火塘处为填土构造的半干栏木构建筑（来源：覃保翔 绘）

图36 正面架空的半干栏木构建筑（来源：覃保翔 绘）

图37 多层高楼式半干栏木构建筑（来源：覃保翔 绘）

图38 侧面架空的半干栏木构建筑（来源：覃保翔 绘）

### 3. 地居干栏

地居干栏的建筑构架、平面格局及建筑立面保留干栏木构建筑的明显特征。其建造特点是在开辟平整的地面上"立枋穿斗架梁""搁檩铺椽盖瓦"，墙面有木隔墙、砖墙、夯土墙、土坯墙等，顶部为悬山顶，内部用木墙或砖墙分割空间，与其他类型的干栏木构建筑不一样的是，地居干栏一层住人，二层阁楼放置粮食及杂物（图39～图42）。地居干栏是受汉族硬山搁檩的地居建筑影响，从全干栏向地居式建筑发展的过度类型。地居干栏主要分布在桂中的融水县和桂北的阳朔县等壮族村寨。

图39 "一明两暗"式地居干栏木构建筑（来源：自摄）

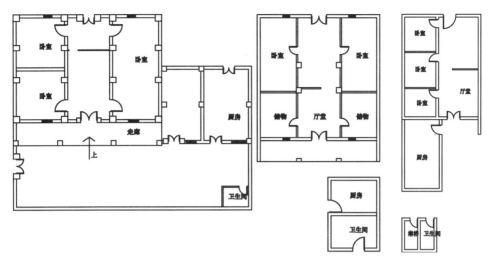

图40 "一明两暗"式地居干栏木构建筑平面图（来源：宋梦如 绘）

图41 两开间的地居
干栏木构建筑平面图
（来源：宋梦如 绘）

图42 龙州县上金乡卷蓬村白雪屯地居干栏木构建筑（来源：自摄）

## （二）干栏式建筑构架

壮族村落的干栏式平面结构呈长方形，通常使用穿斗构造法，根据双斜坡悬山顶或歇山顶的屋顶样式在主要立柱上凿开卯眼，穿入枋木，柱顶承托"人"字形梁木，最后上盖瓦片。干栏木构建筑结构主要分架空层、生活层和顶层阁楼，生活层与地面距离约2.5米，底部用石柱架空，因结构而搭建的木桩之间形成的空间用木板分成室内布局，如堂屋、卧室等。室内铺设木质地板，用木、竹编或草拌泥糊作墙壁，利于室内通风。横梁、檩条、椽子等使用木料制作房屋结构部件，如有损坏能够直接取材替换，且不影响房屋结构，使得房屋容易修理，延长使用寿命。

### 1. 穿斗式构架

穿斗式建筑结构的主要特点是房屋的整体结构高度完整，沿房屋进深的方向按檩数立一排柱，每柱上架一檩，檩上布椽，屋顶面的瓦片和风雨等载重直接由檩传至柱。每排柱子靠穿透柱身的穿枋横向贯穿起来，成一榀构架。每两榀架构之间使用斗枋和纤子连在一起，形成一间空间构架（图43）。这种建造方式可以灵活地适应地势，广西壮族地区多为山地和丘陵，建造房屋的方式与平原地区不同，所以使用穿斗式木构建筑可以很好地应对高低落差较大的地形。此外，这种方式十分节约木料，成本低廉，因此经济条件并不富裕的壮族民众多使用这种建造方式建筑房屋。

图43　穿斗式干栏木构建筑（来源：自摄）

### 2. 穿斗结合斜梁式构架

穿斗式构架是用枋木以榫卯的方式把柱子串联起来，形成一榀榀固定结构的屋架，屋顶面荷载直接由檩条传导至立柱。斜梁式架构指的是屋架部分有两根顺着屋顶坡度斜向交叉的梁，呈"人"字形。部分壮族地区使用的是穿斗结合斜梁式构架，即斜梁下部为穿斗式结构，由于斜梁本身就有承重构件的存在，斜梁上檩条也可以任意放置，顶面架构不用严格地对齐柱子顶端，不需要像穿斗式结构一样制作房架（图44）。这种组合的房屋结构降低了对建造工艺的要求，也降低了对木料的要求，普通人家也可以自己建造房屋，是比较原始的构架方式。

## （三）壮族干栏木构建筑中的传统语素

语言是文化的代表，它承载着认知和交际的功能，语素是语言系统里的最小个体，是构成语言的必要因素，它决定着语言的形式和整体。在建筑学领域里，地区独有的建筑风格就是当地代表性的建筑语言，其表达由建筑材料、结构和形式以及建筑环境构

图44　穿斗式结合斜梁式干栏木构建筑（来源：自摄）

成。建筑独特的部件构成了基本的建筑语素，加上辨别建筑结构方式的建筑语法共同构成建筑语言系统，是我们认识建筑的主要途径。在壮族传统干栏式建筑中，同样也有他们独特的传统语素。

### 1. 建筑取材

广西壮族先民繁衍生息在山区，大山中的气温和湿度十分适合杉树、椿树、松树及桦树等常绿树木生长，尤其是树干笔直、生长迅速、自带防腐属性的杉木和椿木是山区建筑的主要材料。屋内柱、梁等主要结构用大粗木制作，墙、门和窗主要使用木板和竹编制作。此外，山区也有丰富的石材，山上采的石材通常垫在干栏木柱下，防湿防虫，保护柱基，延长房屋的使用寿命。就地取用建筑材料的方式既节省成本，又方便修缮。壮族干栏木构建筑形制与当地的地形地貌等自然因素相适应，是得天独厚的自然条件的客观反映，做到建筑物与山区环境的和谐统一，这种和谐统一是自然与艺术的结合，也是干栏木构建筑与自然相依相融的民间智慧（图45）。

### 2. 柱础

干栏木构建筑没有驻土的地基，为了保证房屋的稳定性，防止木屋下沉，在山上采的石材通常削打成石础，埋在地里作柱垫，这是早期的柱础。后来由于气候原因，靠近地面的柱基很容易潮湿腐烂，影响居住，于是把位于地里的石块拔高到地面，形成了提升的柱础（图46），桂西壮族地区的石柱础相对其他地区干栏木构建筑高出许多，有些甚至高出1.2米（图47）。柱础高位的设计在木构建筑中具有防湿、防虫，保护柱基和延长房屋使用寿命的作用。

### 3. 墙体

干栏木构建筑墙面材料因所在区域的自然条件不同而显现出明显差异性。桂北龙胜

图45　各地以泥土、石块、木材为主要材料的干栏木构建筑（来源：自摄）

图46　桂北、桂南壮族地区干栏木构建筑的石柱础（来源：自摄）

图47 桂西地区高拔的石柱础（来源：自摄）

地区、桂西北隆林、西林地区的干栏木构建筑的墙面基本使用木板搭建，营造出通体纯木构造的干栏木构建筑（图48）。桂西地区树木稀少，木材昂贵，壮族百姓使用模具夯实的泥土来建造木骨泥墙、竹骨泥墙和夯土墙。先用木条或竹篾编制成墙面的骨架，固定在房屋的柱子上，再加入草料和泥浆混合夯实在骨架上，形成木骨泥墙、竹骨泥墙和夯土墙（图49）。这种混合了泥土和草木制成的泥墙有着良好的保温和隔热效果，可以防火，在房屋整体建造中可以节约木料的使用。其缺点是防水性能较弱，需15年左右翻修一次。有些地区盛产石料，则将石头打磨成块状，

图48 桂北地区壮族干栏木构建筑的木墙体
（来源：自摄）

利用石块结合土坯砖搭建墙体，节约经济成本（图50）。壮族是一个十分懂得利用自然资源的民族，不同地区的干栏木构建筑都有着因地制宜的特点，墙面搭建也体现出壮族民间的智慧。

### 4. 火塘

火塘是传统壮族建筑中最基本的建筑语素之一，也是房屋中非常重要的部分。火塘在壮族人心中是多种神灵的象征，壮族人敬火塘神，认为火塘的神灵能对生计和繁育有庇佑作用，所以每家每户房屋内必有火塘。火塘通常占屋内1米见方的面积，边上围有凸起的石头方便煮饭，燃烧木材，通常终年有火，白日做饭，晚上烤火（图51）。大部

图49　桂西黑衣壮地区干栏木构建筑的木骨泥墙（来源：自摄）　　　图50　土坯砖结合石块的墙体
　　　　　　　　　　　　　　　　　　　　　　　　　　　　　　　　　（来源：自摄）

图51　火塘是壮族传统民居生活的中心（来源：自摄）

分壮族民居建筑中只有一个火塘，少部分地区中也有一屋分"男火塘"和"女火塘"两
个火塘的现象。

## 5. 神龛

在壮族干栏木构建筑中的神龛，是家中放置神仙的塑像和祖宗灵牌的小阁，装饰雕
花要由宅屋主人亲自决定，住宅入堂处通常就是神龛的位置。壮族神龛通常供奉同族姓
氏的祖先，龛下有类似案台的供桌，设有象征灵位的香炉，方便烧香祭拜（图52）。传
统壮族人家时常烧香祭拜祖宗，他们认为只要有酒肉大菜就应该烧香祭拜祖先后再享
用，所以神龛在壮族人的日常生活中基本香火不断，是最简单用于提醒后代追念故祖、
正本清源、维护血缘关系的方式。

图52　高高在上的神龛凸显壮族祖宗崇拜的习俗（来源：自摄）

### 6. 望楼、挑楼

壮族干栏木构建筑中，有一些利用悬挑争取空间的方式，望楼就是其中之一。望楼是一个半封闭的矩形空间，形似现代建筑中的阳台，面积大约在3～8平方米，通常设在建筑前部的墙面上，突出的两个角上有高约1.5米的悬柱，壮族人将此类悬柱称为垂柱，垂柱下的柱头上雕刻成灯笼形、绣球形、瓜菱形和宝瓶形等各种形状作祈福作用的装饰，称为"吊瓜"；挑楼是利用出挑的方式在建筑四周获得小面积过道空间，设有小座板可倚靠眺望，增加房屋的休憩空间。望楼和挑楼是壮族干栏木构建筑的特色之一，这种向空中发展的方式不仅增加了空间利用率，而且使得简单的长方形建筑变得更加丰富（图53）。

### 7. 晒排、平台

晒排是壮族干栏民居建筑的配套设施，用于晾晒谷物、辣椒、玉米等农作物。壮族干栏木构建筑多位于山地和丘陵地区，平地较少，能满足晾晒需要的大场地更少。为了保证生活需要，壮族先民在建筑向阳面设有用木构形式搭建的露天大平台，面积大约在15～20平方米，铺设竹篾、竹席防止谷物下漏，晒排没有栏杆也没有顶盖，但有廊道与门楼连接，增加了室内外空间的连通，并且拓展了房屋的实用面积（图54）。

图53　悬挑的结构成为联系干栏木构建筑内外部环境的灰空间（来源．自摄）

### 8. 架空层

壮族干栏木构建筑中的底层架空结构在山区生活中非常适用，具有独特的地区适应性特点。架空层首先保证房屋结构在起伏地形中的完整性，房屋方正，居住舒适；其次，南方多雨，密林中草木易腐败，日照后产生瘴气，加上山林毒蛇猛兽偶扰，架空层设计可以保证人类免受瘴气侵扰和野兽攻击；另外，架空层不是完全闲置的空间，它可以用来圈养牲畜和存放农具，满足农务生产的需要。可以说，架空层因地制宜的结构方式，起到通风、防潮和方便管理的作用（图55）。

### 9. 楼梯

作为连通楼层的主要过道，楼梯是壮族干栏木构建筑中不可缺少的结构。干栏木构建筑中常见的楼梯形式有外延式和外搭式等类型，外延式一般指二楼连通地面的楼梯，通常为单数台阶，没有顶棚遮盖（图56）；外搭式是建筑出挑型阶梯，通常带顶棚和栏杆（图57）。

图54　壮族干栏木构建筑的晒排实用性强（来源：自摄）

图55　架空的底层主要用于饲养牲畜、放置柴草（来源：自摄）

图56　正面直上式楼梯（来源：自摄）

图57　正面侧上式楼梯（来源：自摄）

### 10. 披厦、披檐

壮族干栏木构建筑中，主要建筑旁边还有附加的个体，如披厦和披檐。披厦又称为偏厦或偏沙，是主屋旁边的小开间，设在迎风方向，增加主要建筑的抗风能力，同时它的存在对干栏木构建筑主体有保护作用，避免阳光和雨水对建筑主体木质结构的破坏，一般作为次卧或辅助空间使用（图58）；在建筑的前后檐下增设1~2层披檐，相当于带顶盖的走廊，起到遮雨遮阳的作用，方便日常活动（图59）。披厦和披檐设计，使得"一"字形的干栏木构建筑在外观上有了独有的变化，民族特色十足。

### 11. 房屋布局

壮族干栏木构建筑中，室内使用区域划分十分合理。传统干栏式建筑戏称"综合楼"，即一楼"畜牧局"，二楼"人事局"，三楼"粮食局"。由此看出干栏木构建筑基本的空间布局特点。由于地形、地貌原因，干栏木构建筑都设计成一楼一底，下畜上人，大门设在中间，进门堂中间的板壁上设有供奉祖先的神龛和神台，神台下设有神案，陈放香炉和祭品。屋左侧为火塘间，是屋子的客厅、餐厅，中部设有火塘，是用来生火煮饭、就餐、取暖和接待来客的地方，后一进间和左、右前一进间用木板沿立柱隔成居室（图60）。顶层阁楼空间受屋顶倾斜角度影响，不适合居住，通常用来存放玉

图58 山墙向的披厦（来源：自摄）

图59 建筑前廊的披檐（来源：自摄）

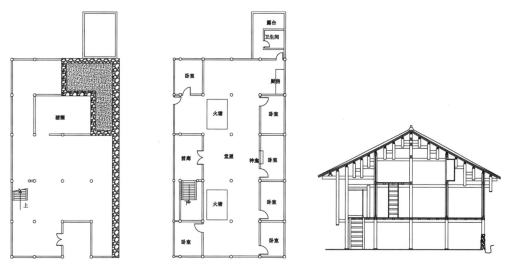

图60 "底层架空""下畜上人"的壮族干栏木构建筑布局（来源：覃保翔 绘）

米、稻谷等粮食及杂物。一些地势平缓的屋前设有小院，可以种植果蔬，有的还利用竹栅做成天然的院子围墙和围挡，散养鸡鸭，自然气息浓郁，十分和谐。

## 12. 粮仓谷仓

壮族村落中的谷仓形式多样，容积大小不一，但结构还是以干栏式结构为主，底层架空，上面是谷仓。壮族民间粮食储存的方式主要有两种：一是存放在自家阁楼，方便取用（图61），极少数壮族地区是存放在屋内中神龛位置的墙后，当地人认为神龛后的空间不能住人，以免冲撞神灵，因此被利用来储藏谷物；二是在主屋外设置独立的谷仓，有栈桥连接到主屋，这种设置方式是保证主屋在遭遇火患之后还有粮食储备，还有一些谷仓设置在屋边的水塘上，防火防鼠，由此可以看出壮族先民在防火保粮方面已有独特见解。更有部分建筑考究的地区，还在独立的谷仓大门装饰一些雕花木刻，体现谷仓在壮族人们心中的重要价值。

图61 "顶层置粮"的空间布局（来源：自摄）

# 二、交通功能建筑

## （一）风雨桥

　　风雨桥是建筑与通道的有机结合，村落中的交通建筑是相对于村落而言的，此类建筑相当于一个带顶的街道（图62）。"风雨桥"又称"凉桥"，有着乘凉、聊天、休憩和交易的作用，设有神龛，镇水镇桥，供村民祭拜。在广西少数民族地区，侗族风雨桥数量较多，体量庞大且建造技术高超，而壮族风雨桥多以实用为主，没有侗族风雨桥那么精湛华丽。壮族风雨桥造型质朴，数量较少，基本分布在桂北的龙胜各族自治县龙脊镇。龙脊壮族村落与侗族村落相邻，异族文化的交融使得龙胜壮族工匠有借鉴侗族风雨桥建造工艺的机会，风雨桥在其他地区的壮族村落并未见到。

图62　龙脊镇金竹壮寨风雨桥（来源：自摄）

### 1. 风雨桥选址

　　从壮族骆越文化中的风水角度来说，村落依水而居，水是维系村落的生命之源，壮族人信奉的"有水生财"讲究水源和水流方向的重要性，水源的位置和方向预示着财源滚滚和人丁兴旺，所以风雨桥通常设在水的入口和出口处，取"来财锁财"的寓意。风雨桥通常建在村头和寨尾，连接各个村寨，方便出入山林，主要功能是方便劳作归来的村民在桥上歇脚聊天。如遇大型活动或礼待重要客人，风雨桥都是主要迎宾送客的地方，有迎宾接客的功能，是一个承载重要活动的区域（图63）。风雨桥设在村头寨尾，形成了村寨中的地标，同时也无形地成为村落的边界，对外出劳作或工作归来的人们有"见桥如见家"之感，可以满足村民的归属感，让其能够在寨子中繁衍生息。风雨桥不仅在风水上被给予美好愿望，还有为壮族百姓在田间劳作的空隙提供休息的功能。

图63　龙脊镇金竹壮寨风雨桥设在村头，方便民众出入时休憩（来源：自摄）

### 2. 风雨桥的结构

　　受干栏木构民居的影响，风雨桥与干栏木构建筑一样多为木质主体，浸泡在水中的部分是体积很大的石墩。从结构上来说，风雨桥通常由桥基、桥跨、桥廊三部分组成，呈上、中、下结构，桥基分为桥台和桥墩两部分，桥台是桥的基座，受两岸地形的影响，桥台处会设石板保护桥基。桥墩则通常为六棱形柱体，柱内填满石料稳固根基，柱面用青石砌成，迎水处有角度切面减少河水的冲击力；桥跨是主要支撑结构，同样也是木构组成，从相邻的桥台和桥墩双向层层出挑，共同承托桥体；桥廊一般分为廊与亭两部分，宽约4米，两侧设有栏杆，柱间设有长座凳，供路人休息、乘凉、聊天（图64）。

　　小型的风雨桥则不需要桥墩，直接加固在两岸即可。壮族风雨桥通常是小型风雨桥，在工艺上没有侗族风雨桥那么讲究华丽和精美，桥身短，跨度窄，不需要桥墩，充分利用了木材的抗弯特性，直接从两边的桥台处层层出挑木梁，会合到河流中部就可以支撑主要桥体。壮族风雨桥在功能上与侗族风雨桥相似，但数量较少，规模较小，结构和装饰上没有形成完整的建造工艺体系，所以更强调实用功能（图65）。

## （二）凉亭

　　生活在广西山区的壮族人民上下山十分辛苦，因此可看到零星散落在村落环境中的凉亭。壮族人民认为从善谦和、尊老爱幼是优良的传统美德，所以修建凉亭被认为是积德尊老、热心公益的表现，还有村寨团结、家族兴旺的意义。壮族地区的凉亭基本是子

图64　龙脊镇平安寨风雨桥的主要结构分别为桥基、桥跨、桥廊等三个主要构件（来源：自摄）

图65　龙脊镇廖家寨的小型风雨桥（来源：自摄）

女为家中老人消灾祈福、保佑长命百岁而捐建的，凉亭的搭建在个体上预示冲喜纳福，但在公共环境中则是村落福利。作为一个有寓意的村寨建筑，它在建造时选址方位、开工落成日期和仪式都十分讲究。通常建在村中或村旁，还有在交叉路口边，方便临时挡雨和休息聊天。凉亭平面多为方形，面积大小不一，由双数的对称立柱搭成，四面开敞，内设座凳连接立柱，顶面铺设瓦片。正中的横梁上注明修建年月和捐款修建人的姓名（图66、图67）。

图66 凉亭多见于桂北山区保存完好的传统村落中（来源：自摄）

图67 桂北山区壮族传统村落中的亭廊建筑（来源：自摄）

## （三）寨门

在壮族传统村寨的入口处，设有寨门作为村寨的标志。虽然它的类型和规模没有牌坊、门楼、戏楼那么多、那么大，装饰装修没那么讲究，但它同样是历史的载体，同样记载了壮族地区的政治、经济与文化，反映了壮族村寨民众的物质生活和精神生活。寨门的修建选用当地的自然材料，用当地传统的技艺营建出适应本区地理环境，符合当地百姓使用的寨门，因此这些建筑在形态上极具特色，丰富多彩。壮寨的寨门较为简朴，基本以石料搭建成门框，装饰性的雕刻较少。最初的寨门是由栅栏或土垒围筑的简单造型，它作为村寨防卫的重点，可防御外敌入侵，还可防止家禽家畜外出损害庄稼。而且寨门作为出入口的重要标志，还是迎宾送客的场所。随着岁月的流逝，寨门的防御意义逐渐消失，村寨的标志及地域性边界、节点的作用取而代之成为主要功能。寨门作为边界，划分着壮族民众共同生活范围的最大区域，由于它的出现，使村寨进一步奠定了自身的意义（图68、图69）。

图68　吞力屯用石灰岩垒砌而成的寨门（来源：韦汉强 摄）　　图69　汉化较为明显的壮寨寨门
（来源：自摄）

此外，寨门作为村寨建筑群的一个延续空间和穿行空间，不但体现出门的通行功能，还进一步体现了壮族百姓的精神寄托，传统村寨中的寨门作为壮族的公共建筑便于村民的过往通行，遮风挡雨、乘凉歇息。在某种意义上，也有护寨的功能。每年过新年，村民会在寨门外用芭茅草扎一草标，插在地上或是将祭品端至寨门外祭祀，标志着不吉祥的事物不会进寨。寨门是壮族文化的中心载体，是民族精神文化的象征，在古代风水学中寨门有贯龙脉、通气通音的作用。壮族建筑最讲究的是"坎宅巽门"："宅基坐北，门开东南，便朝阳，纳吉气"。再者，壮家寨门更重要的是它的仪式功能，更进一步激发壮族人民的归属感和自豪感。对于壮寨而言，寨门是一个公共性的文化建筑。村寨中各种大型交往活动的开始和结束都是要通过寨门。因此，它不仅仅是作为一个划分区域的界标，更是礼仪之门。向人们展现着壮族建筑的特色，弘扬壮族历史文化和精神（图70～图73）。

图70 龙脊镇廖家寨的万年门（来源：自摄）

图71 龙脊镇金竹壮寨石寨门（来源：自摄）

图72 龙脊镇金竹壮寨寨门（来源：自摄）

图73 桂北地区的古壮寨寨门（来源：自摄）

# 三、祭祀功能建筑

　　壮族地区信奉骆越文化，十分讲究宗族传承，宗族礼节在壮族人民的生活中起到凝聚和纽带的作用，这种传承的方式对外通常体现在村落中各处大小不一的宗教建筑上，对内通常体现在各家门户入堂的神龛位上。逢年过节，村中都会在宗祠和土地庙上置办大型的祭祀活动；家有丧喜，壮族人民总是在自家神龛位烧香祈福，祭祀活动传达着他们的精神寄托和向往。

## （一）宗室祠堂

壮族传统村落中必有祠堂和土地神位。壮族祠堂规模大小不一，功能上都是供奉祖先，一些是供奉同姓氏族人，一些是供奉村中德高望重的元老先人，占地面积20~1000平方米不等。在壮族的观念中，祖先之灵是一个宗族最亲近、最尽职的保护神，既可保佑宗族人丁的兴旺，也可为宗族祈福消灾，因此建立祠堂的目的是为了得到祖先的庇护。祠堂大小和祭祀规模有时是决定家族兴旺的标志，所以壮族百姓逢年过节会集体到祠堂祭祖，近代壮族正是通过祭祀来增强宗族成员的认同感，维系和增进宗族内部的关系，团结和巩固宗族的凝聚力（图74）。

图74　阳朔县朗梓村的覃氏祠堂（来源：自摄）

## （二）土地庙

壮族百姓认为土地神是一方之主，是主理水旱虫灾及人畜瘟疫的神灵。逢祭祀大节日或家中遇到重大危难事件，壮民除了拜家中神龛、族中祠堂外，还一定要到土地庙跪拜。壮族传统村落中，凡有人居住的地方就有祀奉土地神的现象存在，几乎每个村落都建有一座或几座土地庙。这些土地庙造型十分简单，仅为木构或砖砌的坡屋顶单间小棚，低矮狭小，庙中没有供神像，用红纸写"土地神位"字样贴在形状比较规整的石头或墙面上，村中任何人都可以祭拜。其选址没有祠堂那么讲究，占地面积也不大，有些甚至没有专门的空间和遮挡，直接设在生长百年的大树下，所谓"大树底下好乘凉"，壮族人认为将土地庙设在大树下寓意给土地神安置稳定、闲适的环境，这样在参拜土地神时所求事情有所依托，万事如意。礼节和供物多少都随着祈求事件大小来定。除了有事相求性质的祭拜，壮族百姓还会在与农耕有关的重要季节上对土地神祭拜：春季作

图75　汉化程度较高地区的壮族村落土地庙（来源：自摄）

"春祈"，祈求土地公保佑整年风调雨顺、无灾难、人畜平安；秋季作"还祈"，感谢土地公维护一方水土，农田丰收（图75）。

# 四、商业功能建筑

广西有着秀丽的山水和保存完好的壮族文化，但由于山区交通不便，壮族村落内的产业结构单一，某些村落多年来家庭人均纯收入不足400元。为了发展当地的旅游业，促进壮族社会经济的进步，壮族干栏木构建筑群"借天不借地"的形式作为地方建筑特色被优先作为旅游卖点吸引游客。因此，古村落类型的乡村旅游业发展成为广西少数民族地区发展的重要目标，古村落风情游除了欣赏广西秀美的自然风光之外，最吸引人的就是壮族传统村落干栏民居建筑形式，传统文脉的特殊性决定了它在可持续发展中的独特性。

在传统村落旅游开发资源中，吸引游客的项目除了民俗文化性质的文艺表演之外，干栏木构建筑体验也成为壮乡旅游的特色之一，其营建手法多样，满足不同的需求，简便且丰富多彩。干栏木构建筑几千年来的立面特征、独特的院落空间形态及装饰细部特点，融汇着深厚的建筑艺术文化底蕴。在保留原有民居建筑形态的基础上，通过改造使其适应现代生活，从而达到传承文化和提升壮族传统村落人居环境质量的目的。

传统村落旅游业的发展，使一部分传统的干栏木构建筑逐渐改变了原先单一性的居住功能，在保证建筑外观不受影响的情况下，通过商业性改造，转变为具有商业功能的民宿、饭店、商铺、小超市等商业性建筑。如村落中交通便利、保存完好的沿街建筑把架空层改造为商铺作纪念品商店经营；还有利用出挑的建筑方式增加建筑采光和通风的面积。屋内重新隔间和增设卫浴，将房屋改造成具有民族特色的体验式民宿，通过适用性改造，在不破坏少数民族生活方式的同时实现人居生活质量的提升，壮族干栏木构建筑强调围合感和向心性，一切活动都是以堂屋为中心，但是火塘用于取暖做饭已经不能满足现代生活的需求，于是当地人民对火塘区域进行结构改造，在堂屋空间增设了厨房和卫生间，将民宅堂屋做成农家乐餐厅。功能的改变为干栏木构建筑的传承与发展提供了更多的机会（图76）。

# 五、文化功能建筑

文化性建筑是指具备文化宣传、教化及普及性质的功能性建筑，在传统村落内的文化功能建筑主要有校舍及博物馆。

## （一）校舍

壮族传统村落的校舍建筑结构形式主要有两种类型，一类为真实的干栏结构类型，其结构形式与民居建筑相似，是在民居建筑形式基础上衍生出来的建筑类型，建筑层层出挑，在纵向上呈现节奏感，如龙胜各族自治县龙脊镇平安寨小学校舍（图77）。干栏木构建筑作为壮族物质文化遗产，在壮族社会的发展史上具有举足轻重的作用。以干栏木构建筑作为校舍建筑，可以协调村寨的总体风貌，有利于增加学生对于民族文化的认同感，培养他们的民族使命感；另一类则采用砖混或混凝土框架结构类型，在建筑外立面包裹上木板，将其装饰为当地民居建筑式样，这类校舍建筑更适合人数较多的情况下使用，安全系数相对全木结构的建筑性能更佳，如那坡县城厢镇吞力屯小学校舍建筑，采用了砖木混合的建筑结构形式，顶层修建木构架斜屋顶，通过这种营建手法使之与周围的传统建筑在材料肌理、结构形式上取得某种统一（图78）。

## （二）博物馆

博物馆是指典藏、陈列、研究人类文化遗产的场所，通过资料的整理和分类进行展示的建筑物或地点。壮族的博物馆共分为三种类型。第一类是历史性建筑博物馆，主要通过对保留完好的建筑群进行保护性利用，向人们展示建筑背后的文化内涵，如忻城县土司衙署。土司制度是元、明、清时期设立的少数民族自治的制度。忻城莫氏土司自明朝开始到清朝废除，共世袭了二十二代，统治长达五百年。莫氏土司衙署是全国保存规

图76　乡村旅游经济发展较好的龙脊镇平安寨民宿、酒店、商铺等商业性建筑随处可见（来源：自摄）

图77 由壮族干栏民居建筑衍生而来的龙脊镇平安寨小学校舍
（来源：自摄）

图78 砖木混合砌筑的吞力屯小
学校舍建筑（来源：韦汉强 摄）

模最大、最为完好的土司建筑，被称为"壮乡故宫"。土司衙署展示了莫氏土司文化的
文物及民俗物品，通过对其进行梳理，向人们展示了土司文化民俗文物及其艺术成就
（图79）。

图79 忻城县莫氏土司衙署（来源：自摄）

第二类是壮族生态博物馆，通过对壮族传统文化进行系统化的整理保护，向外宣扬与展示悠久的壮族历史文化资源，对内为村民提供文化学习、民俗表演展示、会议学习娱乐的场所（图80、图81），如龙胜各族自治县龙脊壮族生态博物馆。龙脊壮族生态博物馆坐落于龙胜各族自治县龙脊镇龙脊村，是由广西壮族自治区文化厅及县级人民政府共同主导建设的生态博物馆。在生态博物馆建设中村民积极参与，体现了较高的文化自觉性，群众基础好，增加了民族团结。因而，该生态博物馆的发展具有良好的文化认同感和可传承性。龙脊壮族生态博物馆于2011年被评为"全国首批生态（社区）博物馆示范点"称号，也体现了国家对于壮族传统文化保护工作的重视。

图80 龙脊壮族生态博物馆（来源：自摄）

图81 广西那坡黑衣壮族生态博物馆（来源：自摄）

第三类是壮族文化示范户，文化示范户展示了村民日常生活和习俗的真实性，是壮族文化活态的展示方式。如龙胜龙脊古壮寨"百年老屋"。按照相关规定：设立"民族文化示范户"（简称文化示范户）是广西每个民族生态博物馆建设的重要内容之一，"应选择若干户民族特色鲜明、在相应条件上具有代表性的村民家庭作为'民族文化示范户'"。[1]百年老屋传承时间久远，有可能传承六、七代人，房屋保护完好，经百年而不毁。示范户内的所有展示物品，均以户主自身的习惯和习俗进行摆放，因此也体现了原汁原味的"民风民俗"（图82、图83）。

图82 龙脊镇古壮寨"百年老屋"被作为民族文化示范户加以保护（之一）（来源：自摄）

---

① 《广西民族生态博物馆管理暂行办法》，第八条。2005年8月19日。

图83  龙脊镇古壮寨"百年老屋"被作为民族文化示范户加以保护（之二）（来源：自摄）

第四章

壮族传统村落类型及特点

壮族传统村落与周边自然环境之间有着密切的关系，择水而居是人类选择村落地址的第一先决条件。水是生命之源，可以滋润万物，孕育人类，也孕育了人类的文明。壮族传统村落周边高山上的涵养林对于调节山坡的径流、地下径流，防止水土流失，改善水文状况，调节区域间的水分循环等具有重要意义。因此，壮族先民们在千百年来的生活劳作过程中传承了"天人合一"的思想观念，壮族干栏木构建筑也自然而然地体现出这一思想的精髓。干栏木构建筑表现了其自身与自然环境相适应的形制体系，其造型轻盈，层层叠级，形态整体而富于变化。泥土烧制的小青瓦、砖块和夯实泥墙，经过岁月的洗礼呈现出斑斑驳驳的视觉效果，干栏木构建筑的材料就地选取，砍伐种植相得益彰，木材的色泽纹理，使建筑与自然环境融为一体，如同从地里长出来一般。

# 一、壮族传统村落类型及分布

壮族传统村落形态根据其所处的自然条件、地理环境的不同呈现出差异性的形态特点。广西北部及西北部以山地地形为主，山体连绵不绝，在用地相对较为紧张的坡地建屋立寨，其形态较广西南部及西南部丘陵地带的村寨要紧密得多，而广西中部、西南部地区则以平地型的地居干栏为主，其村落布局较为松散。

## （一）坡地型传统村落

坡地型壮族传统村落，主要分布在桂北的龙胜、三江、融安、融水等地区，以及西部的隆林、西林地区，村址距平地在50～1000米的山腰上，房屋依山而建、依形就势。广西北部及西部地区海拔较高，群山连绵，山下沟壑纵横，河水顺流而下，因地处亚热带季风气候带，平时日照强、雨水丰沛，水汽在地形的抬升作用下向上蒸腾，大量的水汽附着于高山的林木、植被之上，逐渐渗入土中，使这些地区成为众多江河的源头。良好的自然条件使该地区林木旺盛，盛产树形挺拔高直的树种——杉树，杉树一般15～20年成材，对以消耗杉木材料为主要的木干栏构建筑有较好的承载能力。因此，该地区传统村落中的民居建筑基本都以全干栏的形制营造，山地多为陡峭地形，民居的选址一般考虑在相对较为平缓的坡地上，顺应山势，按照山势的等高线平行布局，因为

图84 龙脊镇古壮寨位于桂北海拔较高的群山连绵、沟壑纵横的山地中（来源：自摄）

图85 龙脊镇平安寨位于桂北海拔较高的群山连绵、沟壑纵横的山地中（来源：自摄）

高差较大，用地紧张的原因，村落的房屋密集度高，与民居间隙小，村落形态层层叠叠、错落有致，村落规模一般较大（图84、图85）。

## （二）丘陵型传统村落

广西西部及南部的山地丘陵遍布，属于喀斯特地形地貌，洞穴景观形态奇特，山水秀丽。由于喀斯特地形的阻碍，使山区的交通不便，与外界联系较少，经济水平和生活状态滞后，因而居住在这些地区的壮族村落在民族风情、风俗习惯等方面保持较为完整。自然资源和民族资源具有原生态的气息，在德保、靖西、那坡、大新、崇左、龙州、宁明等处于中越边界线附近、北回归线左右的大石山区中。村落基本都选址在山丘斜坡之上，依坡而建，为了争取日照和就近取水，传统村落多选址于向阳面，并靠近水源的坡面。村落中民居间距较大，单位面积内的民居内部较小，由于缺乏水源，居住在这些地区的壮族人口不多，村落规模小而分散。森林植被较桂北的山区稀疏，可以利用修建传统干栏民居建筑用的大树也缺乏，民居建筑的选材在木制构架的基础上增加了石块、泥土，呈现出独具特色的土木干栏建筑样式，远处眺望古朴深沉的传统聚落与周边连绵的黑山石融为一体，自然而淳朴（图86）。

图86　德保县足荣镇那雷屯旧址位于山丘斜坡之上（来源：韦汉强 摄）

### （三）平地型传统村落

平地型传统村落主要集中在广西中部、西南部，由于交通条件好，信息交流频繁，汉化程度高，属汉化较重的区域。这一类型的传统村落，主要分布在都安、马山、大化、田东、田阳、百色等县市。在这里受广西东部汉化地区的影响，村落中民居建筑的形式由木构干栏演变为土木干栏、砖木干栏，村落多选址在丘陵与丘陵的平地间和平原河谷地带，村后无山无岭可依，向阳一侧或地形平缓开阔地带，为了避免洪水期自然灾害的侵袭，村落房屋皆选择在水田的高一级台地上，村落民居建筑的选址限制较少，有较为宽松的自然条件，因此房屋在朝向上较为统一。此外，受汉化地区的影响，民居建筑在构造上属于改良后的低脚干栏或地居干栏建筑形式，这种类型的村落，规模大小不一，小则30~40户，大则200~300户（图87）。

图87　龙州县上金乡卷蓬村白雪屯传统村落位于水田的高一级台地上（来源：刘彦铭 摄）

# 二、壮族传统村落的形态

广西壮族传统村落的形态归纳起来可以分为散点式村落形态、线性式村落形态和组团式村落形态。

## （一）散点式村落形态

散点式村落形态多见于丛山峻岭的村落，地形复杂多变，可使用于建造民居的平地不多，因此一般村落的规模不大，形态分散稀疏，聚落内连接民居的坡道和步道依形就势、蜿蜒曲折。生活在这类形态村落中的居民一般是从高密度型村落中外迁的住户，或者从其他村落中迁移过来的居民。与同宗同族、以宗族为主体构成的村落不同的是，他们缺乏共同的精神信仰和生活习俗。村落中的居民生活在同一个场地，赖以生存的田地旁，却没有形成村落空间的共同点和秩序性，他们的民居建筑朝向没有共同规律，分散零星。村落形态较为原始，村落内民居建筑布局随意、散乱，内在联系不强，凝聚力弱（图88）。

图88　大新县硕龙镇陇鉴屯空间聚落形态分散、凌乱，无明显规律（来源：陈秋裕 摄）

## （二）线性式村落形态

壮族村落"依形就势"的形态反映出受自然条件约束的特征明显，山地型和丘陵型村落的民居建筑因受到山地条件的制约，立村安寨，往往选择相对较为平缓的坡道，平行于等高线，密集分布。这一规律可以明显地感受到山地型和丘陵型壮族传统村落中的线性特征，他们既遵循于山地等高线的秩序性，又有自由、灵活、随机的布局特点，充分适应地势条件，顺应山势层层跌落，改善居住环境，形成自然衍生的跌落式村落特征（图89）。

人类择水而居，广西高山地区是许多江河的发源地，其山麓有着较为丰富的水资源，平地型村落最为常见的是平行于河道布局，其房屋道路平行于河岸线，通常可以看到民居建筑的线性式连续组合和巧妙的穿插，使聚落与水的关系更为密切。再者是沿着主要交通干道布局，主要是看重圩日经商的便利条件。

图89　西林县马蚌乡那岩屯民居建筑分布呈明显的线性式布局（来源：刘彦铭 摄）

## （三）组团式聚落形态

随着壮族人口的增加和传统村落的进一步扩张，村落从一条主要通道衍生出两侧的小道，从线性式的村落空间向四周发散，构成立体化的组团式空间环境。在这种组团式村落空间中，并不仅仅是单体民居的简单聚合和叠加，而是呈现出"树形结构"通道和自由"网状结构"通道的常见形式，总体而言，组团式村落的发展仍旧是"依形就势""泽水而居"，在有机与随机之间有序而平衡地发展。

"树形结构"通道是由一条主要的通道连接内外空间，是村落中最主要的交通要

图90　龙脊镇金竹壮寨组团区域分明，交通主干道把聚落分割开来，对村落防火起积极的作用
（来源：刘彦铭 摄）

道和集会场所，联系各家各户的次通道由主
通道向两侧延伸，当村寨规模发展到一定程
度以后，各次通道又进一步衍生出入户道。
"树形结构"的通道层次清楚，村落的各区
域主次分明，主通道和次通道一起把村落分
割成各个不同的街坊，主次通道与各出入户
道构成了壮族传统村落的树形结构空间，而
依次布局在主通道、次通道两旁的建筑与各
出入户道相连的民居，就像树干上的叶子一
样密集，共同构成壮族传统村落的结构形态
（图90、图91）。

　　"网状结构"通道形态是"树形结构"通
道形态的反复和叠加，是村落发展到一定程
度的具体表现，村落内各主通道和次通道相
互交织，把村落分割为不同区域，网状的通

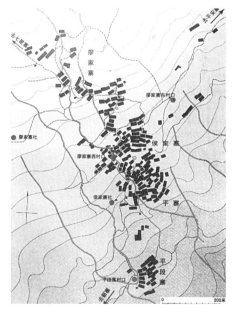

图91　龙脊镇古壮寨中的廖家寨、侯家寨、平
寨、平段等组团聚落形态清晰（来源：摄于龙
脊壮族生态博物馆）

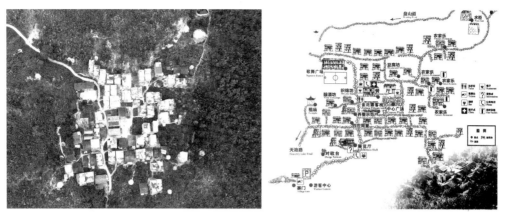

图92　那坡县城厢镇吞力屯的网状通道形态（来源：韦汉强 摄）

道结构形态可以使村落中各目的地有多个路径的选择，方便生活在村落里的居民。由于平地型壮族村寨地势平坦，不受地形、地貌条件的限制，因此网状通道的结构形态比较多见（图92）。

# 三、壮族村落空间内部形态

## （一）壮族村落通道的平面空间形态

壮族传统村落的内部空间由民居建筑相互围合以及地势条件分割而成，其作为虚体的属性是在适应了人们生活劳作所需而发展起来的空间形式，村寨有了民居建筑就自然而然地产生了联系人们来往的通道。受多种原因的影响形成了独特的通道空间形态，而通道空间的形成和发展又进一步完善了村落平面空间的发展。

## （二）通道空间与自然条件的关系

壮族传统村落的通道空间，从不同的地形特征来看与自然环境的关系密切，一方面主要体现在其布局与山地、水体的关系上，通道空间与山地的关系可以在入户道平行于山地等高线布局中呈现，公共的主干道则是垂直于等高线布局，或者交错于等高线延伸等；另一方面，在平地型村落则体现在通道与水体的关系上，分别有通道空间平行于水体布局、垂直于水体布局等，平行于水体布局又可以表现为直线式的平行延伸和曲线式的平行延伸，顺沿河面的形态，垂直于水体布局的表现形式主要是桥、汀步等穿越河流的媒介。

## （三）开放性的通道空间体系

壮族传统村落开放性的通道体系由村落中的主通道、次通道、中心广场、风雨桥、寨门、凉亭等开放性元素组成，由于社会治安稳定，壮族村落的公共性空间体系都是公共开放的，因此也造就了壮寨开放性的空间体系。山地型和丘陵型传统村落，由于地形条件限制的原因，民居建筑用地少有平整的情况，形成了"底层架空""依形就势"而建的干栏木构建筑。聚族而居的习俗使传统壮族村落的居住规模成大聚居状态，少则几十户，大则上百户，过千人，大型化的居住规模和地形地貌的限制，使村落的生活、劳作都渴望具备开放性公共活动空间。由于壮族村落的居民都有火塘交友的生活习惯，社交基本上都是在家里进行，加上受汉族文化影响的原因，壮寨中基本上没有宗族作为聚会用的大型公共建筑，为了满足壮民们唱歌、跳舞、节庆等活动的需求，他们挖坡、垒台开辟出公共性的开放空间。村落中聚众议事商讨重要事情、村民的节庆习俗、民族歌舞等都需要大型的开放性空间，因此村落中地形比较平缓的区域、宽阔的主要通道、大树下的空地等，往往成为壮族村落聚会的主要场所和文化中心，用于举办各种活动聚会等。平地型壮族传统村落，由于用地条件比较宽裕，因而村落通道空间与民俗文化结合更为密切，经常举行各种节庆仪式和民俗活动，更具有开放性特点。

## （四）壮族传统村落通道的界面

壮族传统村落通道一般情况而言由地面及通道两侧的建筑墙面三个界面围合而成，某些情况下也可以是地面及一侧墙面的两个界面组成。无论其以何种形式出现，通道空间的特征一定由空间围合的界面决定，山地型村落起伏的地面特征以及地面铺装等因素构成了通道的地面状况。而墙面不仅是通道空间的围合界面，同时也是室内外空间的边界。壮族村落的边界上民居建筑与周边自然环境的临界状态是一种自然的咬合状态，村落中民居建筑结合地形延伸到自然环境中，而周边环境中的自然因素也结合村落的绿地、瓜藤、苗木等自然而然地生长到村落里（图93、图94），这种自然衍生的村落边界的界面是惟妙惟肖的。壮族村落的通道地面基本上都是就地取材，选用周边山地的青石板材料铺装，选用的石板大小不一，铺装时缝隙大小也不一致，这反倒更有山野的情趣（图95）。壮族传统村落的干栏木构建筑最大特点是二层以上的悬挑结构，这一构造造成民居建筑外立面呈现明显的凹凸特征，凹陷部分为一层，民居建筑尤其是主通道建筑的一层大多为商铺，凸出的二层、三层才是居住空间，建筑的斗枋和凹凸特征又使建筑具备水平向的特点，建筑的檐柱、吊柱和瓜柱等与外墙的木制隔板方向一致，呈垂直方向排列，使建筑呈现明显的垂直向特征。这些横向和纵向的线条使干栏民居建筑充满了节奏感。排列而建的干栏民居建筑因地形变化而变化，很少出现绝对连续不变的状态。

图93 大新县硕龙镇陇鉴屯内外环境融为一体
（来源：陈秋裕 摄）

图94 天等县福新镇苗村布念屯的树木、竹
林自然而然地在村落内生长（来源：自摄）

图95 龙脊镇古壮寨、金竹壮寨干栏木构建筑规律性强，使村落内部空间节奏感十足（来源：自摄）

排列中的民居建筑立面本身就存在高低错落的情况，使横向延伸连续的线条不时地会出现上下起伏的状态，这些变化中的因素在山地型村落中表现得更为突出，拾级而上的阶梯与逐级分布的民居建筑错落有致，别有韵味。

# 四、壮族村落的选址

对于传统村落而言，它们所处的地理位置、内部空间要素相对独立，是不可复制的资源。因而，对传统村落选址的空间状态和信息进行研究具有重要的意义，可以从侧面对传统村落的更新及文化传承进行解读。

广西总体地势为四周高、中间低，山地多、平地少的地形特点。少数民族地区由于受汉族统治时间较久，汉族文化中的风水观念也在村落的选址中被吸收和采用，成为各族间择基建宅的基本法则。通过村落选址，对地形、水文等要素进行选择，表达了人们对于宗族兴旺、财源茂盛的追求与希望。

壮族先民将人丁兴旺、衣食富足作为他们的愿望与目标，他们认为住宅风水位置的选择非常重要，甚至认为风水位置的选择决定了他们日后的成就大小。所以，在选择时往往会请相师来进行相位。壮族的相宅择基的必备条件是有山有水，选址注重后有主山，且山平没有缺口，意为枕山，主山之后有少祖山与祖山，是一村的根基。左右皆有护山，左山是青龙山，右山是白虎山，若左山比右山高，有说法叫作"青龙抱白虎，代代出官府"，若是右山比左山高，则是"白虎抱青龙，代代都贫穷的说法"。村落前方山脉称为朱雀山，中间位置称为"明堂"，选址前有水流经过，水流最好是自左向右流，意为"左入右出，顺理成章，入多出少，积聚得财"。最终形成这种山山相连、水系蜿蜒的"藏风纳气"之地。除此之外，壮族地区特有的择基方法是先探明基地土质是否干爽。方法是将鸡蛋或一撮稻谷埋藏于选址土地之下，一周后取出，敲开鸡蛋查看鸡蛋内部是否有血丝，若有则说明可以孵化出小鸡，可保人畜兴旺；若挖出的谷物没有腐烂，则证明谷物可以发芽，是五谷丰盛的象征，证明地基是吉地。

选址同样也体现了壮族民众期望达到一种人、村落、自然环境三者之间的和谐关系。选取位置多为"负阴抱阳"，即山南面日照时间长、温度高、地势高的地方称为阳面；山的北面地势较低，日照时间短的位置称为阴面。选址位置较为平缓，既可以接受夏日的东南风，又可以抵挡冬日的冷空气。前方有河流经过，方便水上交通和人们的日常所需，且山势前高后低，利于排水。由于日照时间长，有利于农作物的生长。这种选址环境不仅起到了心理上纳福子孙的作用，更暗含了村民与自然和谐的相处之道。

村落实际是由很多住宅建筑组合而成的，壮族村落的选址除了注重自然地形的选择之外，同时也重视单体住宅之间的位置关系。这也体现了壮族受到汉族文化影响，即"中庸之道"在村落建筑中的体现，通过一系列风水条件的约束，达到壮族建筑住宅朝向的总体一致，追求一种邻里关系之间的和谐相处。

由于长期受到风水思想的影响，壮族对于择地建基形成了一套系统化的模式。通过对地形与环境的判断，选择出有利于生活与发展的位置，使人们可以在地理环境舒适的地方生活与居住，达到身心的轻松与愉快，激发人们的创造力与对生活的热忱（图96）。虽然良好的居住环境会为人们生活带来便利条件，但是通过人们的主观努力去奋斗才是真正实现美好富足生活的主要原因。

图96　壮族村落的选址体现了人、村落、自然三者之间的和谐关系（来源：自摄）

第五章

壮族干栏木构建筑考释

壮族干栏木构建筑是壮族传统村落构成的最小细胞，也是影响壮族传统村落发展的重要因素，干栏木构建筑就地取材，就地使用，二层住人的结构形式很好地避免了山洪暴发、毒蛇野兽的侵袭。一方面，壮族干栏木构建筑的形成得益于当地的自然资源，崎岖不平的山地条件造就了干栏木构建筑的独特形态，这两个基本条件是干栏木构建筑存在的基础，同时也是干栏木构建筑回应地区自然状况、气候条件的有力证据。另一方面，干栏木构建筑内部空间的布局也反映了壮族传统社会的人文特点，譬如，房屋空间布局上的"下畜上人""顶层置粮"，充分反映了壮族先民们在有限的条件下顺应自然、合理利用自然、创造美好生活的聪明才智。二层起居空间的布局则是壮族社会交往以及居住观念和家庭伦理等民俗习惯、社会风尚在干栏文化上的融合现象。总之，壮族干栏木构建筑的形态特征与其存在的环境是分不开的，失去的壮族地区特有的自然环境与人文环境，干栏木构建筑也就失去了赖以生存的土壤。因此，探索壮族干栏木构建筑特色就必须围绕这两点展开，具体地说，就是从壮族干栏木构建筑空间的布局特点、材料特点、构架的技术特点等方面综合地探讨不同区域和类型的壮族传统民居文化。

# 一、桂北、桂西北山地型干栏木构建筑

桂北、桂西北的山地型干栏民居建筑呈现出选址灵活多变的特点，由于用地紧张，民居建筑顺应山势、平行于等高线分布，底层架空，便于通风采光，对流的空气使房屋干爽、透气性能好，应对山区潮湿环境有独到之处。架空层高度多在2~2.5米，底层放置农具，饲养牲畜，也有部分民居底层用砖块、石块垒砌成封闭状态。入户楼梯主要在民居的正面与侧面的结构方式设置，如果是半干栏木构建筑，民居的后方或侧方有门直接与地面相接。建筑形制与地形、地貌结合紧密，屋顶以悬山顶或歇山顶居多，坡形屋顶结构出挑较深，便于排水和遮阳，建筑周围设置有排水沟，避免山洪对干栏民居建筑产生破坏，民居建筑通常为五进，而开间数量由地形条件、住户人口和经济情况决定，二层空间的最大特点是"前堂后寝"，堂屋作为整个住宅空间的中心，是家庭成员起居的主要活动区域，正对入户大门设置的堂屋中心有向后凹陷的神龛，神龛下摆设案几座椅，此区域是家庭中的庄严空间，逢年过节、红白喜事等仪式都在此举行。火堂间是家庭另外一个主要活动区域，一家老小围绕着火堂生活，来了客人也在火堂边打油茶、闲聊，是平时的交际空间。火堂里的火常年不熄，象征人丁兴旺、世代繁衍，壮族传统民居每家每户都有火堂。一个火堂代表一个家庭，家里的小孩长大后结婚成家则另辟新址修建房屋；如果原址条件允许的话，也有紧挨原址增建相同制式的房屋，新旧房屋共用一个堂屋，拥有各自的火堂和卧室，共用一个前廊和楼梯，达到"分屋不分家"的目的。堂屋的后方为卧室，人口多的家庭把卧室前置，让家里年轻的后辈居住，卧室一般都不大，在6～8平方米，二层的顶部为阁楼，阁楼上通风干爽，是储存粮食的地方，同时也搁置修建房屋时剩下的木料，以便今后修缮房屋时使用。

桂北地区属于亚热带季风气候区，阳光充足，雨量丰沛，非常适合杉木的生长，杉木生长周期为15～20年，成材率高，加上当地居民很重视砍伐与种植相结合，因此村落修建干栏民居建筑所用木材充足，桂北地区壮族干栏木构建筑用料以木材为主，不仅房屋的构架是木的，房屋的围护结构也是木的，门、窗、地板也是木的。因为干栏民居建在陡坡上，地形凹凸不平，建筑的地基平台使用当地山区颇具特色的青石板垒砌而成，或顺应山势使用大石块作为柱础，一方面可以调整干栏木构架的平整度，另一方面有利于防止落地柱受雨水浸泡而腐烂，延长干栏木构建筑寿命。建筑的瓦建是使用当地泥土烧制而成的，桂北壮族干栏木构建筑的材料基本都是就地取材，就地使用，降低了当地民居建筑的经济成本，这也是壮族干栏木构建筑得以延续和发展的主要原因。

桂北壮族干栏木构建筑营造技艺是整个广西壮族自治区干栏木构建筑技艺最为精湛的代表，尤其是龙胜各族自治县龙脊镇古壮寨的传统民居建筑更是如此。由于桂北地区是少数民族大杂居地区，少数民族如侗族、瑶族、苗族的干栏木构建筑各具自身特点，营建技艺出众，少数民族工匠在共同劳作和交流中取长补短，使壮族民居建筑的营建技艺不断发展，在很多方面领先于其他区域的壮族村寨，尤其是木制构架上的工艺更为突出，其木制框架属穿斗木构架的做法为"一柱一檩"。首先在各立柱中开凿榫眼，用方条连接，形成一榀框架，每榀框架的落地柱从中心向两侧对称排列，依次是中柱、金柱、檐柱，各柱之间设有瓜柱与穿枋相连，柱上承檩，以解决屋顶的承重问题，再用斗枋从水平向把各榀框架连接起来，形成立体框架结构。这种框架结构减少了瓜柱与穿枋的长度，节约了木材，也使穿斗木构架看起来更简洁、精致，显示出高超的干栏木构建筑技艺特点。柱上的檩条直径大约为10～15厘米，用榫卯结构固定在柱头上，檩条上平行铺设椽子，椽子宽10厘米，间距10厘米，上盖小青瓦，以"压七露三"的方式铺设（图97、图98）。

图97　桂北"一柱一檩"的穿斗木构架建筑是传统壮族干栏民居建筑中技艺最为精
湛的代表（之一）（来源：自摄）

图98　桂北"一柱一檩"的穿斗木构架建筑是传统壮族干栏民居建筑中技艺最为精
湛的代表（之二）（来源：自摄）

# 二、桂西、桂西南丘陵型干栏木构建筑

桂西、桂西南丘陵型干栏木构建筑与桂北山地型干栏木构建筑一样顺应地势，底层架空，下畜上人，底层前半部分饲养家禽、放置杂物，后半部分圈养牲畜，干栏民居建筑前的平地用石块就地形垒筑矮墙或局部用竹木编制格栅围隔出小庭院，院内种植蔬菜瓜果和树木，树木可以遮阴避阳，使民居建筑充分融入自然环境，与自然和谐统一。入户门正面设置有石阶或木梯与之相连，类型分别有垂直于正面的直上直入和平行于正面的侧上转入两种，屋顶基本上选择悬山结构，为了遮挡雨水对干栏木构建筑的木墙或泥墙的侵蚀破坏，屋檐一般出挑较深，二层居住层的平面空间组合特点为"前堂后寝"格局，多采用四楷三开间、六柱式或四楷三开间、七柱式空间组合布局，入口明间为堂屋，堂屋正对入口的是神龛，祖宗的牌位安放于此，因此，重要的祭祀礼仪活动都在堂屋进行，是家庭空间中最为庄严的区域，火堂间位于堂屋一侧，作为家庭的象征存在。民居建筑随着功能需求的增加，有些住户在一侧加建披厦的空间多为厕所和厨房，而人口多的家庭也有在入口一侧加建卧室，以适应居住的需求。堂屋两侧的次间高1.7～2米，上方为阁楼，平时放置谷物粮食或储存木料，有时也住人。为了方便使用，在明间和次间的梁架上做断方处理，并通过简易木梯上下。桂西及桂西南丘陵型干栏民居建筑以高拨的石柱础、竹、木骨泥墙为主要材料，他们的建筑材料就地取材，选择当地丰富的泥土和石料作为辅料，搭配干栏的主要材料营造特色鲜明的土木干栏、石木干栏（图99）。

大石山区的壮民们在山脚选用石块垒台，垒砌房屋的地基和墙基，并用磨制有榫孔结构的长形石块作为民居落地柱的柱础，柱础高1.2米以上，高拨的柱础可以防水防潮，解决落地柱直接接触地面泥土容易腐烂的问题。起到保护民居建筑构架，延长房屋使用寿命的目的，此外，夯土泥墙和竹木骨泥墙也是桂西及桂西南地区壮族干栏建筑的特色之一，也是桂西、桂西南壮族干栏建筑区别于其他少数民族民居建筑的因素之一。泥墙对环境、温度有延迟的恒温作用，可以调节昼夜间温度，在冬天保持室内的温暖，而夏天也不至于使内部过于炎热不堪，有些壮族传统民居建筑在两侧的泥墙上有意识地留出最顶的部分不做处理，留出竹木编制的骨架作室内的通风和采光之用，这使得房屋外墙的立面特点更加突出。自然材料的选用不仅降低房屋的建造成本，使其更符合当地百姓的经济条件，而且使建筑外墙肌理与周边自然环境和谐相生，彰显古朴自然、天地合一的美感。

如果说高拨的石柱础和泥墙是桂西、桂西南地区传统壮族民居建筑两大特征的话，木制的建筑构架就是干栏木构建筑的魂，壮族干栏民居最主要的材料就是木材，木作工艺相对于其他材料而言在技术上更为成熟，其梁架结构主要采用穿斗式结合斜屋架形式在高拨的石柱础上立柱，用穿枋纵向连接中柱、金柱及檐柱，结合斜屋架构

图99 桂西黑衣壮地区的干栏民居建筑大多使用穿斗式结合斜梁式的木构体系，结构牢固稳定（来源：自摄）

成各榀梁架结构，再用斗枋穿越柱身拉结成为整体，各檩条按60厘米距离安置在斜梁上，用穿榫固定防止其向下滑动，檩条上固定好椽皮，架上瓦建，形成斜屋顶，斜梁由各柱顶部支撑，整个屋架的负荷由立柱传于地面。由于斜梁承重省去每柱一檩、立柱瓜柱必须与檩条相对应的做法因而制作工艺变得较为简单，所以对木构架的技术要求也比桂北和桂西北干栏木构建筑"一柱一檩"的木构架做法简单些（图100、图101）。整个构架的梁柱、穿枋、斗枋、檩条、椽子等构建之间都是采用榫卯结合或木钉、竹顶固定，整个构架没有使用一颗铁钉，框架所使用的柱径一般为20～30

图100　德保县足荣镇那雷屯联排并置的低脚干栏木构建筑，其木构体系远没有"一柱一檩"的穿斗木构架结构体系标准高（来源：自摄）

正立面图

剖立面图

平面图

图101　德保县足荣镇那雷屯民居建筑的平面图、立面图和剖面图（来源：覃保翔 绘）

厘米，因为柱距不大，分布较为密集，因此落地柱柱径要求也不大，经济成本较低。穿枋、斗枋宽6厘米，高18厘米，斜屋架上的檩条直径为10~15厘米。木制构架通过榫卯连接在一起，成为一个完整的立体构架，前后左右结构均衡，非常牢固。

# 三、桂中、桂南、桂东平地型干栏木构建筑

平地型干栏木构建筑，顾名思义就是在平地中修建的干栏木构建筑。全干栏和半干栏的结构形式与场地中的地形地貌特点相适应，利用架空的结构化解了各种山地、坡地带来的不利影响，具有很强的适应性特点，是干栏木构建筑在山地环境的必然发展趋势。与前两种干栏木构建筑不同的是平地型干栏木构建筑存在的区域为平原地带，坡地少、场地平整，因而干栏木构建筑的结构发展进程中逐渐向汉族地居建筑的结构方向转变。

第一种转变是低脚干栏的出现。干栏木构建筑架空的高度从2.5米降至1.5米左右，甚至1米的高度。架空层可以养鸡、养猪等，也可以空置不用，增加房屋的通风透气性能，架空部分的地面用木板铺设。人居其上，干栏的木构架以大斜梁的构造方式营建，穿斗构架置上梁檩椽而建成悬山式。屋内为三开间，一般为2~5柱不等，也有7柱的情况。四周房基用石块垒砌成型，左右两个山墙面用木板墙或夯土墙、木骨泥墙围隔，也有建筑的四面墙体用土砖和石块混合砌筑。屋内也使用土砖墙分割空间，虽然建筑四周以砖石围合，但其架空层却保留了典型的壮族干栏木构建筑传统模式，直入式的石阶为常见入户方式。在桂西的天等和德保等地区的一些壮族传统村落，也存在由低脚干栏木构建筑联排并置而成的干栏民居建筑，多是由家中的几个儿子分家修建的扩展形式，房屋联排并置、前廊贯通，方便各家联系，建造时既节约材料，还增加了房屋的稳定性。

第二种转变的结果是地居干栏建筑的逐渐成形，平原地区交通情况好，壮汉民众交流频繁，受汉族地居建筑文化的影响，壮族干栏木构建筑也逐渐形成了与汉族地居建筑流行的三开间模式相似的地居干栏模式，建筑分上下两层，人居其下，地居式干栏建筑的梁架结构与全干栏、半干栏、低脚干栏基本一致，最大的不同之处在于直接以地面为居住面，随之改变的是牲畜饲养安置于地居干栏民居的侧面，但前廊仍保留了传统干栏的风格特点。地居干栏和低脚干栏的建筑面积和高度较全干栏木构建筑、半干栏木构建筑要小一些和矮一些，常见的地居干栏面阔13米，进深10米左右，建造的技术也远没有"一柱一檩"的全干栏要求高，因而其建筑造价较低（图102、图103）。

壮族干栏木构建筑在发展中经历了全干栏向地居干栏转变的过程，这种从高向低的

转型反映了壮族传统村落的地理位置和选址的变化，从全干栏、半干栏民居所处的深山中搬迁至交通较为方便的平地，我们可以看出传统壮族社会的进步，自给自足的经济社会和经济的不发达，造成壮族村落和壮民们的民居建筑选址多选在山野之中，远离经济较好的城镇，外出一趟不容易，需要经历诸多周折。随着壮族社会经济进步发展，许多的壮族村落与民居建筑从山腰搬迁至山脚下，使生活便利了许多，这也是壮族传统村落发展进步的标志之一。

图102　龙州县上金乡卷蓬村白雪屯地处平原，受汉族文化影响较重，村落流行地居干栏木构建筑形制（来源：自摄）

图103　阳朔县朗梓村地居干栏木构建筑（来源：自摄）

壮族干栏木构建筑最古老的形式是全干栏构造，以木为主要的建筑材料，其余的结构包括房屋构架、内外隔墙都使用木材进行修建，后发展到平整场地使用一些石块砌筑基脚、房屋后侧使用石块垒墙，进而使用石块基础的木骨泥墙、夯土墙、土坯墙、砖墙等混合结构。建筑材料的变更也说明了村落建设与自然条件的关系存在一定的矛盾，房屋修建多树木砍伐就多，造成木材资源的紧张，随之而来了的就是木材价格的上涨，因而壮民们在建造房屋时选用土木干栏、砖木干栏的混合结构也是顺理成章的事。

# 四、壮族干栏木构建筑的营造过程

广西各主要区域的干栏木构建筑样式存在一定的差异性，这里以桂北龙胜古壮寨为例分析干栏木构建筑的营造过程。壮族房屋的营造主要分为两大部分，一部分是主体构架的搭建，也就是柱、枋、梁、瓜等部分的搭建，另一部分是装修，即房屋配备围合构件，这两部分通常由两批人进行。壮族百姓对于搭建房屋的主体构架非常重视，搭建构架前主家会提前准备好木料，再找木工师傅择吉日进行搭建，所以搭建主体构架这个过程需要约一个半月，装修部分根据不同家庭财力情况、装修的精细程度等方面的不同，所耗费的时间也会有所不同，如财力不足，装修的材料无法一次性买齐，那就需要更长的时间了。总的来说，壮族营造房屋要经过选基、请师、备料、下料、发槌、排扇、立架、安梁、找平、排瓦、装修、安门、安神、进火这一系列的工序，在每一道工序中还要举行各种大小不等的仪式（图104）。

## （一）选基

在传统的壮族村落中，由于地形地貌、村落选址等原因，村落里的空地往往都很有限，所以，每个家庭房屋的营造基地是在既定范围内的，对一个壮族家庭来说，营造房屋是头等大事，他们认为，只有根据风水先生推算出来的时间营造房屋才能够家业昌盛。因此在营造房屋前他们都会请当地有名的风水先生为自家的宅地看风水，壮族的风水理念与中国传统风水理念基本一致，风水先生一般是汉族人或者通晓汉文的壮族人。他会根据主家的生辰八字、地块周边环境等因素，用罗盘推算出房屋的朝向、动土平基、砍伐墨柱与梁木、起土驾马、木料入场、盖房、作灶、安门、安神、进火等几个重要步骤的时辰。

图104　壮族干栏木构建筑营造过程（来源：莫敷建 摄于第十三届全国美术作品展览）

## （二）请师

接下来，主家要请掌墨师以及木工团队，一般来说，掌墨师和团队里的人是师徒关系，掌墨师主要主持营建、弹墨划线、主持仪式、核算造价等，根据主家的要求以及房屋宅地条件定出开间、进深的数量与尺寸、每层的层高等。团队中的木工们则根据掌墨师定出的尺寸与位置加工、组装构件。工匠们营造房屋是没有图纸的，仅凭一根与房屋等高的"丈杆"和若干竹签制定建筑各部件的尺寸。"丈杆"是将楠竹剖成两半，取其中一半刮净青皮制作而成的，掌墨师将经过计算的中柱、瓜柱、穿枋洞口等关键部位的高度和位置刻画在杆的正反两面，"丈杆"主要用来设定垂直方向的结构尺寸，而水平向的结构尺寸则是用若干的竹签进行设定的。各建筑构件的尺寸规格确定后，主家就可以进行备料了。备料前还需要动土平基，择好吉日，平整场地、筑挡土墙。

## （三）备料

备料，即为营造房屋准备木材。作为全木结构的壮族干栏木构建筑，木头的用量是非常大的，壮族人很重视这一步，其过程的复杂程度远远超过了一般民居建筑，因为从功能上来说，木头的品质决定了房屋的使用寿命；从心理上来说，它又蕴含了主家的精神寄托。因此，在备料过程中有着一套非常讲究的程序。在所有的构件中最重要的是发墨柱和大梁，发墨柱即后金柱，起到了定位的作用，其他柱子都以它为定位排列。砍伐发墨柱当天，主家会在天还没亮之前就带着鸡、酒、香烛纸钱等与木工团队以及亲朋好友前往村寨外的山坡上，寻找树身笔直并且树兜周围带有"陪树"的树木，寓意着主家日后子嗣旺盛。选好树之后，需要在树下举行仪式，壮族人认为每棵树都有树神，要砍伐这棵树之前需要先向树神请示。主持仪式的人通常是掌墨师，在仪式过程中掌墨师要先清理树周围的杂草，在树下焚烧香烛和纸钱，并喷洒白酒，口中高声念着"此树不是凡间树，正好用来做玉柱。"接着，由一个父母健在、兄弟姐妹齐全的青壮年来砍树，过程中，同去的人要说"金斧砍一下，喜气临主家；金斧砍两下，主家要大发；金斧砍三下，兴旺又发达。"砍三下之后，其他人才能帮忙动手砍伐，树倒下的时候要顺着山的方向，不能逆山倒下，也不能直接落地，要有树枝支撑着。

## （四）下料

下料，是指掌墨师根据前期对房屋的设计规划，用墨线在木材上弹线以标注榫卯的开口位置以及主要构件的位置和大小，然后由木工团队共同制作的过程。发墨是壮族人认为下料最关键的部分，这不仅关系到房屋能否精准、顺利地建造起来，还关系到主家日后的福祸，发墨仪式既是祭祀木工祖师爷鲁班，也是在祈求神灵保佑，因此发墨这一步的仪式也比较复杂。发墨是指掌墨师用主家新备下的墨汁、墨线在后金柱上弹墨线。

发墨前，主家会在宅基地的中央放上一张八仙桌，桌上放着供品，供品由三种类型的牲口构成，三种牲口必须是无脚、双脚以及四脚的，还必须有生、半生半熟、熟这三种类型。一般来说，供品就是活的鸡、半生半熟的猪肉以及全熟的鲤鱼，这象征着宅基地由一个陌生混沌的未知空间转变为一个熟悉有序的已知空间。除此之外，供桌上还摆放着一碗清水、一叠草纸、一个红包、两把禾把、三炷香、五个装满米酒的酒杯等，另外还会摆放上掌墨师使用的工具，墨斗、角尺、凿子三样。

发墨时，掌墨师和主家会将马凳请出，这之前须在马凳前烧一叠纸钱，再将两个马凳抬出来放到工棚中。接着，掌墨师用工具凿子杀鸡，并把鸡血淋在发墨柱上，边淋鸡血边念到"新起华堂步步高，日逢吉利造华堂；好日好时开工了，发墨吉利大吉昌。"结束后，将发墨柱抬上木马，掌墨师用丈杆定好长度并锯下，用孢子将木材刨成横截面为圆角方形的木料，再在墨斗中扯出墨线，另一端由主家拿住，两人同时提起墨线，这时，掌墨师口中念吉词"墨线弹一弹，福寿梁双全"，接着两人同时放开墨线，墨线就弹在了发墨柱上，再以同样的手法给柱子的另外三个面弹墨线，加工完成后，发墨柱不能再落地，须将其悬挂至一人多高的地方，防止有人从上面跨过。至此，发墨仪式完成。

发墨后，木工团队会对木料进行加工，壮族木匠使用的依然是传统木作工具，主要有锯、斧、刨、凿、墨斗、尺这几类。木料加工分两大部分，首先加工的是柱、梁这类的主要构件，另外再加工枋、串等连接构件。掌墨师用事先制好的丈杆在柱上标注各卯眼的位置，再用曲尺标注卯眼的大小，木工团队中的其他成员就用斧或凿开卯眼，开好卯眼后，掌墨师再将事先准备好的竹签拿出，在竹签上将每个卯眼的大小标记下来，包括长、宽、进深三个方向的尺寸，再用竹签上的数据在穿枋上凿榫头，主要的构件基本就以这样的流程完成。一般情况下，一栋高三层，四扇三进，五柱五瓜配披厦的木楼，要用到几百根长短不一的杉木，锯凿上千个大小不一的榫头和卯眼，制作过程异常复杂，营造一个标准的五开间干栏木构建筑大概需要两个月左右。

### （五）发槌、排扇、制枢

发槌是竖柱前的仪式，"槌"指的是竖柱时所用的一种工具，相当于木槌，房屋构件连接时用来敲击使用的，在竖柱过程中需要用到很多把木槌，但在做仪式时只需要选择其中一把。发槌共有四个步骤，首先要请师。这一步，掌墨师要默念仪式术语，将鲁班师爷、历代师傅及各路神明都请一遍，向他们表示自己即将主持仪式，希望他们能给主家带来福气。

发槌仪式结束后，接下来便是制樀，即把加工好的柱构件用穿枋连接在一起，先是排中柱和边柱，再连榫卯、架瓜柱，排成一樀稳固的构架，如三柱八瓜就是把中柱、金柱、檐柱和八根瓜柱用穿枋串成一樀；四樀三进屋，就需串好四构这样的柱架，放置在事先搭好的简易架子上。

### （六）立架、安梁

立架是难度最大的一道工序，指的是把装排好的柱架竖起来，加装横向的斗枋，以形成稳定的构架，这个步骤全靠人力手拉肩扛，因此过程中需要大量人手。在这之前，主家会带着糖、酒等礼品提前到亲戚朋友家里告知他们立架的吉日，请他们来帮忙，村里的青壮年（父母健在，兄弟姐妹齐全，家中无非正常死亡者）都会来帮忙。

立架当天，也要举行仪式，主家将八仙桌摆放在堂屋的位置，桌上放着供品和掌墨师的工具，过程中要用现杀的鸡血洒在左边的中柱和中枋上，因为有"男左女右"的说法，一般会先竖堂屋左边的排扇，再竖右边的。掌墨师给前来帮忙的人分配好工作，有拉绳的、拉排扇的、拿穿枋的、拿榫头的、扛木梯的、掌槌的等等，大家分工协作，各就位后，等着掌墨师发出"开扇"的口令后即可动工，等左边这排扇立起来后，大家用拉绳子、支扬叉等方式极力把排扇支撑住，接着将右边的排扇用斗枋与其连接，左右两边的排扇上都有数个青壮年，他们一手抱着柱子，一手托着穿枋，等掌墨师发出"合扇"的口号后，就将斗枋对准榫眼，其他人再用木槌敲打柱子，使榫头和卯口严丝合缝。

安梁部分包含着一系列的活动，主要有砍梁、制梁、上梁、抛梁粑等。

砍梁。在正式的上梁仪式前，还要进行梁木的选择与加工。在壮族人的观念里，梁木是房屋之根本，他们认为梁木可以决定家庭日后的福祸，因此，在选树材的时候就非常严格，必须是树干笔直、枝繁叶茂、树兜处有带崽木，最好还能生长在山坡上的，寓意站得高看得远；在树的品种选择上有香椿、香樟、梓木和杉木，但是因为前三种较为少见，因此壮族人通常会选用杉木来做梁木。另外，梁木的来源还有要求，一般不用自家的树木，要"偷梁"，拿自家的树木和别人家的交换，或者向别人家讨要一根，寓意着"进财赐福"。树材选好之后，就要开始砍梁前的仪式，祭拜鲁班爷、山神和土地神，主持仪式的人要念一些祈祷的话。正式砍梁时，第一斧要自上往下砍，第二斧与第一斧同方向但是要与第一斧相交，第三斧自下往上砍，剩下的没有规定，梁木倒下时不能落地，由青壮年修剪完树枝后一口气抬回到工棚的马凳上。

制梁。砍梁木的人把扛回来的梁木加工成需要的尺寸，由掌墨师在梁木上弹墨线，尺寸必须要和中柱顶上的凹槽严丝合缝，依照墨线进行修整，梁木加工好后，由男主家为梁木涂色，涂梁木的涂料是由自家酿造的30度左右的白酒与红色染料调和而成的，按照梁头、梁中、梁尾的顺序进行上色。接着，由掌墨师将装有毛笔、墨碇的黑布包用硬币钉入大梁正中央，布包上压着一个装有糯米和钱币的红包和一本日历、梁口上再放糯禾穗和香椿枝，最后挂上主家准备的红布，上面写着"上梁大吉""吉星高照"等吉祥词语。

上梁。上梁仪式全程由掌墨师主持，上梁前也要举行祭祀仪式，仪式结束后鸣放鞭炮，人们就在鞭炮声中将大梁拉升上去，拉上去后，不能马上嵌入中柱内部，要等掌墨师上去踩梁、坐梁和安梁。掌墨师通常会坐在梁的左边，徒弟坐在右边，安梁时掌墨师会喊道："左青龙！"，徒弟们喊道："右白虎！"接着同时喊："青龙白虎守金梁！世代绵延万年长！"话音一落，迅速将梁木嵌入中柱的凹槽，同时地面上的人们马上放鞭炮庆祝。

抛梁粑。抛梁粑是整个仪式的高潮，掌墨师在梁上会将事先准备好的梁粑、钱币、糖果等往下抛，边抛边说一些吉祥词语，首先要抛给主家，主家夫妇会准备一床红色的新床单来接梁粑，主家接完梁粑后，掌墨师会按照东南西北中五个方位将梁粑抛向人群，人们争相抢这福气，场面十分热闹。

接下来，主家会在当晚举行"竖屋酒"，目的是为了答谢掌墨师、木匠团队以及来帮忙的亲戚朋友，也为了庆祝新屋的落成。

## （七）找平、排瓦

房屋主体框架完成后，接下来就是找平和排瓦。由于地形高低不同以及木构件加工时出现的误差，房屋主体框架建成后还需要进行找平，这样才能使房屋更加牢固。壮族人会利用杠杆原理，将不平整的部位翘起，根据需求放入高低不同的柱础来调整高度，再用铅锤找平。

排瓦这个步骤是木匠师傅所做的最后一步工作，包括上檩条、椽条、排瓦等，瓦片的部分主家会提前请瓦匠来烧制，使用的材料是无沙石的黄泥土，一般尺寸是20厘米×18厘米×0.8厘米。在盖瓦时，为了增加瓦片之间的摩擦力，又要保证雨水能顺着一个方向流下且屋顶不漏水，瓦片的叠放就要采用"压七露三"的方式，先放置仰面的瓦片，再放置俯面的瓦片，并将仰面瓦片的十分之七盖住，这种排瓦方式不易松动与掉落（图105）。

图105　立架、安梁、找平、排瓦的结束标志着干栏木构建筑主体框架的落成（来源：自摄）

## （八）装修、安门

上梁仪式的结束代表着房屋主体框架的落成，但是还不能入住，入住前还需要进行装修，包括房屋的楼梯、板壁和门窗（图106）。据统计，房屋主体框架的完成需要两个月左右的时间，装修部分用的时间会更多，这部分没有那么多的讲究，既不用择吉日也不用举行仪式，多数人家都是自己装修，因为大部分的壮族男子都会木工，家里也常备斧头、凿子、刨子、角尺和马凳等工具，装修时间的长短依据主家的财力和空闲时间而定。

虽说大部分的装修都由主家自己完成，但是安装大门还是要请掌墨师来主持仪式。门扇是提前制作好的，需要做成上宽下窄的漏斗形，象征宽进窄出，避免漏财，当然上下的尺寸不会差太多，只相差2分左右，两分大概是0.66厘米。壮族人认为大门相当于"财门"，是连接房屋内外两个世界的界限，并有着招财聚气的寓意，有着主家的精神寄托，因此安装大门也需要讲究仪式，要摆上八仙桌、请神、杀鸡、念吉词、贴红纸、推门等一系列活动。

## （九）安神、进火

壮族人讲究香火的延续，在新居落成后，会将旧屋里的神龛和火源请到新家里来。

图106　装修、安置门窗之后民居建筑才能住人（来源：自摄）

安神指的是安装神龛，在过去，每一户壮族人家里都有一个神龛，在现代社会虽然没有以前那么多，但是也达98％左右。安神这一步通常会由祭司来进行仪式，过程也相对复杂，大致分为两个步骤，一个是将旧家的神明请回来，另外一个是在新家重新举行安神仪式，两者仪式的操作过程基本类同，但是目的有所不同。但是从本质上来说，就是在新房屋里隔出一片圣洁的区域供奉神明，净化和祛煞，请求神明的保佑，这背后隐含着非常丰富和深刻的象征内涵。

进火指的是第一次在新房里烧火煮食。壮族人很在意火源的存在与延续，他们认为火象征着生命，有着"火主火主，有火才有家，有家必有火。灶火旺，人丁旺，百业旺；火苗节节高，家运时时旺；火大阳气足，家中才有福"的说法，家中的火塘也是常年烧着火的，不会出现"死火没烟"的现象。进火仪式进行时，主家要把旧屋里的火种以及火塘里的三脚架带到新屋里，男主人先端起火盆进入新屋，女主人拿着柴火和装好米的锅紧跟其后，当男主人将火盆放入火塘后，女主人要将准备好的柴火放进火源燃烧起来，并煮上米饭，接着就鸣放鞭炮，这样仪式就完成了，进火寓意着香火的代代相传，新屋继承着旧屋的物质和精神内涵。进火的一系列程序完成后，主家就可以陆续将旧屋里的东西搬进新屋，最先搬的还是火塘里的东西，比如食物、锅碗瓢盆等，接下来再搬神龛上的器物和谷仓里的稻谷，然后就是主屋里的床，剩下的东西随时可以搬，就没有那么多讲究了。

# 五、壮族干栏木构建筑的艺术特点

## （一）壮族干栏木构建筑的适度之美

事物的发展只有恰到好处才能收到良好的效果，适度就是有节制的刚好合适，在传统壮族干栏民居建筑的考察过程中，我们可以从干栏木构建筑生存的环境出发，研究自然环境和社会环境对其发展起到的影响作用，主要是从干栏木构建筑的自然生态环境、空间结构方式、经济与民俗文化环境等方面去考证壮族传统干栏民居建筑生存发展的本质所在。

### 1. 干栏木构建筑与自然环境的适度

每一个区域的建筑形式都与其特有的自然环境关系密不可分，其区域中地理环境、气候条件是其存在的基础与前提，壮族干栏木构建筑存在于亚热带季风气候环境之中，阳光充足，雨量丰沛，高温潮湿，受其气候条件的影响，以及广西壮族地区多山地、丘陵等地形条件的影响，形成了重通风、遮阳、隔热、防潮、随形就势、底层架空的建筑特点，适应自然环境要求的建筑形式和建筑风格。干栏木构建筑一般选址极力争取坐北朝南。这个朝向的房子冬暖夏凉、光线充足、通风条件好，营造时充分利用地形条件的便利选择干栏或半干栏结构形式构建，房屋或整体架空、或一侧架空，虽然地处山地或缓坡，但是在地基处理上都有巧妙地处理方式，不大动干戈、不大规模地挖填土方以平整场地，而是挖填结合、依形就势，体现出壮族干栏民居建筑的灵动之美和适度之美（图107）。

图107 干栏木构建筑制式与地形、地貌的适度之美（来源：自摄）

### 2. 干栏木构建筑空间布局的适度

壮族干栏木构建筑在空间布局上分为底层的架空空间，二层的生活起居空间，三层的储存空间。被壮族百姓戏称为"一层畜牧局，二层人事局，三层粮食局"的综合楼空间布局形式，这种立体空间布局方式在壮族传统生活中自然有其恰到好处的合理性。首先，底部架空层可以防潮隔热、便于通风，是圈养牲畜，放置杂物、农具的好地方；其次，二层住人，设有堂屋和卧室，堂屋中有火塘间，一家老小的饮食、取暖、聊天、接待来客等活动都在二层空间展开，是壮民起居、生活的主要空间；最后，三层用木板搭成简单的阁楼，其空间通风性能好，是干栏民居建筑中最为干爽的地方，主要储存粮食、放置木材等。干栏木构建筑的综合性空间布局形式与壮民们的生活方式是相适宜的。

### 3. 干栏木构建筑与经济、文化的适度

经济决定上层建筑，艺术形式的出现、生存与发展，受社会生产力和社会经济条件的制约，有什么样的经济基础就有什么样的艺术形式与之相对应。壮族传统民居分布的区域主要是桂西、桂西南、桂南、桂中、桂西北、桂北等地区的山地、丘陵和平原谷地，交通不便，信息资讯不发达，受桂东汉族文化的影响小，经济条件相对滞后，以农耕经济为主，吃的是自耕的粮食，喝的是自酿的酒，肉也是自己养殖的猪、牛、羊、家禽等，是自给自足的自然经济社会，因此在传统民居建筑的建设中采用低技术手段和原生态材料手段是显而易见的适度之举，建房所使用的木材、石块、泥土等皆为区域常见材料，价格低廉。就地取材，就地使用，降低营造成本，房屋后期的修缮也更为方便（图108）。

干栏民居建筑与传统的壮族民间习俗等民俗文化的关系不仅体现在村落的选址上，在房屋营造上表现得也很明显，壮族村落的居民在建房之前需要聘请风水先生查看风水，并通过房屋主人的生辰八字推算出房屋的地点、朝向和功能空间的布局，如：火塘的位置、二层房屋的高度等。房屋的上樑在传统壮族习俗中是个重要的事件，在黄道吉日里上樑，神灵可以保佑风调雨顺、事事顺心，上樑是干栏木构架的最后工序，完成了这一道工序，其他后续部分的工作才能展开，壮族传统干栏民居有一个共同的特点就是

图108 当地材料当地使用，当地技术当地营造，干栏木构建筑在经济上、文化上体现出适度性原则
（来源：自摄）

崇敬祖先，每家每户都有神龛，设立于房屋的正中板壁之上，其高度明显高于人，神龛两侧贴有"福""寿"等字样，神台上摆上香炉、烛具，逢年过节有好吃的食物一定要供奉仙人，之后才能自己享用。壮族传统民居建筑在房间的划分上也有讲究，一般而言，男主人或者家里的年长者住在神龛后方，隔壁的房屋是女主人房，有门与男主人房相通，小孩的房间安排在两侧的梢间或前置于房屋入口的两侧，这样的平面布局与尊者居中的汉族传统礼制颇为相似，壮族干栏木构建筑中的粮食储存位置在二层用木板搭建的顶部，被壮民们称为"天楼"。一般情况下，禁止在"天楼"上任意走动，可见壮族传统观念中的稻米的神圣性，存储粮食的"天楼"具有独特的尊贵地位，高居其上的位置也说明了它的尊者特质。

在壮族传统社会的观念中，阳数、阴数与其民俗文化息息相关，如传统民居入口的石阶或楼梯均体现出了其民俗文化。这一点也说明了壮族民间传统习俗与壮族干栏木构建筑在精神需求上、文化需求上是相适宜的。

## （二）壮族干栏木构建筑的和谐之美

### 1. 干栏木构建筑与自然的和谐

如果说人是自然的一个部分，那么人建造出来的房屋无疑也是自然的一份子，首先，壮族村落及其干栏木构建筑很好地适应了地区的自然条件和气候特点，它的形制及布局等方面完全与地理环境、地形地貌特点相适应，在山地陡坡、丘陵缓坡上灵活布局，其架空的构造与气候、温度、降雨等有诸多联系，比如：架空的底层通风性能好，雨季来临时有利于排洪、泄涝，避免洪水对民居建筑产生不利影响；架起的二层空间可以把人的生活起居与潮湿的地面隔离开来。出挑较深的屋顶有利于遮挡夏日强烈的日晒和雨水，保证室内空间的干爽。壮族民居建筑注重就地取材，就地使用，普遍使用当地丰富的木、竹、石、土等材料砌筑房屋，完全做到与当地自然生态环境相适应。其次，在桂西、桂南等地区的壮族村落中，每家每户都有石块、竹木栅栏围格的小庭院，庭院里种植有蔬菜瓜果、树木，栅栏上攀爬着各种藤蔓，村落中也种植有郁郁葱葱、生机盎然植物，蜿蜒曲折的延伸到外部环境中，自然环境中的草木藤本植物也生长到村落的内部，使村落内外环境结合相得益彰，远远望去，建筑与自然环境融为一体，达到人工形态与自然形态的完美结合，体现出"天地与我共生，万物与我为一"的自然生态理念。

壮族干栏木构建筑适应了当地自然环境，与自然环境形成了互通的价值体系，这一价值体系表达了壮族先民们在人工环境与自然环境之中的融通观念，也体现了壮族先民们对自然的认识，干栏木构建筑在形制上、在空间布局上、在建筑材料上都具备突出的地域特色，反映在壮族先民建造住宅时不仅考虑了建筑的采光、通风、防潮等功能，同时还考虑了避暑、遮雨等功能，因地制宜地利用好当地的自然条件，在村落环境中种植瓜果、树木，满足居住要求的同时，提升村落环境的质量，创造与自然和谐相生的居住环境（图109）。

图109　人工环境与自然环境的和谐之美（来源：自摄）

## 2. 人与自然的和谐

研究人、建筑与自然环境有机统一的辩证关系，对研究壮族干栏木构建筑技艺及其村落环境有着重要意义。三者之间构成一个和谐的整体，干栏木构建筑具有实用功能和观赏功能的同时，又具有反映人文特点的文化功能，创造出具有功能性、文化性、艺术性相结合的和谐之美。自古以来，壮族先民们顺应自然，与自然和谐共存的生活理念根深蒂固。"从本质上看，人可以利用自然、改造自然，但归根到底是自然的一部分。"人因自然而生，自然为人类社会的发展提供资源，人类利用自然资源之后，所产生的废弃物还需要自然的降解或存留于自然之中，由此可见，人与自然的关系是共生的关系。从历史上来看，壮族传统社会的文明史就是壮族先民与自然关系的发展史，在壮族社会的渔猎文明阶段，壮民与自然斗争，争取更多的生存之需，这一初级阶段，还处于比较原始的阶段，没有多少闲情逸致发现自然的美，更多的是停留在"生存"这个基本要求上；农耕社会阶段壮族民众有更多的经验广泛利用自然，从自然中获取资源，以支撑自身的发展，壮民也逐渐认识到自然的美丽，如壮族村落的上方自然生长或者种植有大量地森林，这些森林不仅可以兼顾坡地，避免可能发生的滑坡，保持水土、调节村落的自然生态，在选材修建民居过程中是不允许砍伐这些树木的。壮族是稻作民族，稻田文化称之为"那"文化，在广西左江、右江、红水河、邕江流域分布最为密集，壮族先民充分地利用地理环境和气候特点，把野生的水稻驯化为栽培稻，壮语中的"据那而作""依那而居"都是描写壮民围绕水稻而展开的生活、劳作状况。因耕地紧张，干栏木构建筑普遍依田而建，民居建筑在稻田的上方便于取水的地点，平时民居中的生活污水和牲畜排泄物可以通过与稻田相连的沟渠排放到稻田之中，增加稻田的肥沃程度，提高水稻的产量。

由于壮族村落原生态环境保护较好，春天干栏民居建筑的挑廊和屋檐经常有燕子在此做窝，繁殖后代，燕子的到来可以给家人带来幸福、祥和的好兆头，壮族百姓从不破坏和骚扰燕窝，飞进飞出的燕子与壮民和睦相处，共处一屋，和谐之至；人生活在架空的干栏木构建筑之中，与野生的蛇鼠相安无事，各不打扰，干栏民居建筑给壮民们提供了遮风避雨的住所，人们可以感受到阳光的明媚和穿透干栏架空层的习习凉风，可以站在晒台上摘取树上的水果，可以听见房屋旁边潺潺的流水声，看到郁郁葱葱的自然景象，人成了自然环境中的组成部分，与自然环境共同构成一个有机的整体，与环境和谐相生（图110）。

## 3. 人与人的和谐

在壮族传统村落里，民居建筑间都有石板路相连，组成线性或网状的交通系统，每栋干栏木构建筑都是路网覆盖中的一个点，都可以作为到达的目标。在这样的村落环境中，户与户之间、人与人之间是近距离和融洽的关系。平日里，壮族民居建筑的门或

图110 "据那而作、依那而居"，人与自然构成了和谐有机的整体（来源：自摄）

是不关，或是简单地锁一下，防盗的措施极为简单，体现了壮族村落民心淳朴、相互信任的邻里关系。大家生活在一起，劳作在一起，互帮互助，壮民在生活中，有"帮工"的习俗，当村民需要营造新屋的时候，村落里的亲戚朋友、邻里乡亲都来帮忙协作（图111）。营造房屋本身工作量大，依靠自家修建很难做好，但是集体协作很快就可以完成，在工匠的带领下，砍树、运送、整理现场、垒砌墙基、夯墙、竖架、安梁、上瓦等工序都可以帮忙，完工之后，户主杀猪炒菜，取出酿好的米酒招待工匠及帮工的亲戚朋友和村民们，这些帮工是不索取任何报酬的，大家在相互间的"帮工"中增进感情，密切了关系，就像自家的兄弟姐妹一样。修建好的壮族干栏木构建筑，设置有神龛，神龛处于高处，有祖先的排位，表示后辈对先人的尊重和崇敬，供奉成为后辈与先人联系的纽带。干栏民居建筑的卧室布

图111 "帮工"是壮族传统村落中人与人和谐互助的习俗之一（来源：自摄）

局，小孩房分别安置在两侧梢间，其中女儿房旁边有木门与外界相连，方便年轻人约会、谈情说爱。在人与人的和谐关系中，反映了壮族传统的居住观念和道德礼制的关系问题。

壮族传统村落地处偏远的山野之地，壮族传统社会的秩序主要靠礼制来维持，族长是村寨的最高权力中心，在壮族社会中宗族或宗族性组织被认为是维护壮族传统秩序的重要力量，在某些由多个村屯组成的较大的壮族村落中，各村屯资源竞争激烈，这些竞争不仅包括了自然资源的竞争，也包括了社会资源和文化资源的竞争，如龙胜龙脊古壮寨，20世纪90年代初，随着秀山金矿的发现，给原来村寨的和睦关系添加了一些波折，由于解决不利，随后在水资源和森林资源上也出现了争端。此外，在社会资源的争夺上，处于劣势地位的侯姓和潘姓壮民经常联手对抗处于优势地位的廖姓村民，使三个姓氏的势力处于均衡制约的状态。近年来，古壮寨秀美的龙脊梯田吸引了国内外大量地游客到此观光，在饱览壮美风光之余，也对古壮寨的民居建筑连连称奇，这些都让古壮寨的百姓对村寨中的文化资源有了新的认识，由于各寨子之间，唇齿相依关系的存在，使三个姓氏的村屯之间的关系长期以来处于紧张之中。最终缓解紧张压力的除了地方权力机构以及村落居民间千丝万缕的血缘关系作用之外，村民的理性和觉醒也是重要的因素之一。首先，村民们认识到唇齿相依的资源关系是谁也无法改变的；其次，数百年来保持的通婚状况而形成的姻亲关系也不是一两代人可以割断的，血亲如同维系古壮寨秩序的系带，存在千丝万缕关系的村民们冷静下来，重新思考组织和协调古壮寨秩序的办法。资源短缺的客观现实，必然使资源的博弈长期存在，从动态的发展角度来看，稳定秩序的形成与方方面面的利益在不同层面上的趋利避害，谋求各村落人们共同发展密不可分（图112、图113）。

图112 "三鱼共首"是龙脊古壮寨的标志性图案，寓意着廖、候、潘三姓和谐团结，共同创造美好生活（来源：自摄）

图113 太平清缸里的水是为防止干旱、火灾所备，是廖家寨的共有资源，需要者皆可使用（来源：自摄）

## （三）壮族干栏木构建筑的质朴之美

壮族传统村落在经历千百年沧桑岁月之后，所展现出褪尽铅华之后的质朴，这些质朴完全融入了自然与岁月，散落在青山秀水之中，一眼望去，壮族村寨淹没在茫茫的大山里，深灰色的一片干栏木构建筑让人感受质朴的壮寨风貌。壮族干栏民居建筑的质朴之美可以从材料的品质和营造技术和建造工艺中感受得到。一方面，壮族干栏木构建筑的材料以木材、石块、砖块、泥土等组成，这些自然的材料有一部分是直接的利用，如地基垒台用的石块，砌墙用的夯土就是自然采集未经加工只是稍做敲打处理而成，还有一部分材料是经过初级加工后使用的，如木材、石柱础、瓦件、泥砖等，这些材料虽然是经过加工处理，但由于加工技术条件低下，略显粗陋。另一方面，壮族干栏木构建筑的营造技术和工艺技术水平受汉族文化的影响得到了很大的提升，壮族建筑工匠吸收了汉族先进的榫卯技术和穿斗构造方法，并把它运用到干栏木构建筑的建造中，营造出更稳定、更安全、空间跨度更大、空间高度更高的穿斗式木构民居模式。穿斗木构架的使用增加了房屋的刚度和协调性，可以消除地震等自然灾害的不利影响，在穿斗木构架的基础上，工匠们把穿枋向外部挑出，形成吊脚楼结构，扩大民居的使用面积，身处山野之地的壮族干栏木构建筑没有像汉族的官式建筑那样规模宏大、制式统一，技艺也不像官式建筑那么复杂精巧，他们更注重因地制宜、因材施用，另辟蹊径，用普通的构造方式、普通的装饰技巧对应地形地貌和气候条件。穿斗木构架和榫卯相接的结构方式充分体现出干栏木构架的杠杆原理，合力、分力、应力原理，以及平衡稳定的原理，使干栏木构建筑更加合理，更加协调，是壮族人民的智慧结晶（图114）。

图114　未经加工或经过初级加工的自然材料营造出来的干栏民居建筑，上上下下散发着质朴的美感
（来源：自摄）

### （四）壮族干栏木构建筑的形式之美

#### 1. 对称与均衡

对称的形式组合是中外传统建筑空间布局中最为常见的形式手法之一，其组合的规律是在建筑的中心轴线两侧的组合元素，在位置上、形状上、面积上、色彩上、肌理上都处于相同的状态，也就是左右或前后完全一致。而均衡的形式构成比对称构成的形式在组合上要灵活多变一些，其具体的表现是中轴线两侧的组合元素在位置上、形状上、大小上、色彩上、肌理上不完全一致，而是处于一种安定状态。在壮族干栏木构建筑中，对称的形式组合与均衡的形式组合都较为常见。无论是悬山顶或者是歇山顶的屋顶形式，也不论是三开间、五开间、七开间的形式，基本上都属于对称布局（图115）。中心轴线为神龛所在的堂屋，堂屋两侧分别是火塘间或其他生活空间，神龛的后面是卧室，在空间形式组合上完全对称。干栏木构建筑受到地形因素的限制，无法形成完全对称时，会根据地形特点和空间使用特点做均衡的形式处理，如披厦的设置不一定完全对称，而是根据二层的使用空间布局。干栏木构建筑的梁、柱、枋的结构形式也是按照均衡或对称的形式进行搭接，堂屋两侧的落地柱或瓜柱都按对称式结构组合，但在修建二层顶部的阁楼时做断枋处理以形成入口，也就造成内部构架的不完全对称的视觉效果，干栏民居出挑的前廊由于入户楼梯的方式不同，效果也不同。正对入户门的阶梯使干栏民居的正立面呈现对称式组合关系，而布局在入户大门一侧的阶梯则使干栏民居呈现不对称的均衡式空间组合关系（图116），无论是采用对称还是均衡的组合方式，干栏木构建筑给人的视觉感受都是稳定和协调的。

图115　左右完全对称的形态呈现出秩序之美（来源：自摄）

图116　正面侧上的楼梯使完全对称的建筑形态呈现出均衡的视觉效果（来源：自摄）

### 2．统一与变化

统一之美是在无序的状态中找到有序，在变化中呈现出有序的整体感，而变化之美则可以利用丰富的手段，突破过于整体带来的单调和死板。在壮族传统村落的空间布局和民居结构中，统一是主导的，变化则处于从属地位，从整个广西壮族干栏木构建筑的分布状况来看，无论是桂北、桂西、桂南、桂中的哪个区域，壮族民居建筑都存在着独特的规律和某些一致性，这些规律和一致性与当地地形地貌以及壮民的生活习性息息相关，如桂北地区盛产杉树，使用杉木修建干栏民居建筑就成了当地的必然选择，而桂西、桂南的许多地区，由于树木稀少，因此除了民居内部的木构架及正立面外，其余立面皆为夯实泥土墙或石墙围合，这就是建筑受区域性材料影响所造成的独特规律。壮族干栏木构建筑的最大特点就是底层架空，回应地形，是壮族传统干栏民居的普遍现象，也是建筑受地区湿热的气候条件影响而产生的一致性特征，对于多处于坡地丘陵之上的壮族村落而言，民居建筑的类型不论是全干栏或半干栏类型，都与当地的地形条件密不可分，这也是壮族村落普遍存在的共同规律，这些规律的存在使得壮族村落的干栏木构建筑呈现统一的格局，其迎合地势的自然变化而变化，形态朴实优美、协调有序，自然地融入到当地的环境中，在山水之间多姿多彩，统一而富于变化（图117）。

图117　结构特点相似的干栏木构建筑随地形的高低变化，呈现出统一中的变化之美（来源：自摄）

### 3．节奏与韵律

节奏之美是条理性的反复和交替排列所产生的，可以给人以明显的连续感。韵律之美不是简单的重复，它是存在于一定变化的相互交替中，是节奏基础上的丰富和发展，在视觉上呈现出一种流动的美感。壮族干栏民居建筑以及壮族村落形态极具节奏感和韵律美，壮族干栏民居建筑挑廊的柱子以及被他们分开的三开间、五开间、七开间在横向上连续排列，使干栏民居建筑产生明显的节奏感，建筑的重檐或层层出挑的房屋结构在纵向上呈现节奏感（图118），壮族村寨的民居建筑由于地形条件的原因，多呈现密集分布状，一栋栋连续排列的民居建筑在挑廊、栏杆、扶手、挑檐等横向水平运动的线条呈现出连续的韵律美；山地缓坡上的壮族民居建筑随着地形的起伏变化而变化，使村落肌理呈现出秩序变化的起伏之美，排列中的壮族民居建筑高高低低、错落有致，形成交替相生的律动感。站在山上，从高处向下望，壮族村寨的青瓦屋顶蔓延开来，由于透视规律的存在，远处村寨的屋顶逐渐缩小，在视觉中呈现渐呈现韵律美。

在桂北山区壮族村落形态中，民居建筑根据地形条件，平行于等高线布局，蜿蜒曲折的等高线造就了蜿蜒曲折的线性空间形态。如果说蜿蜒曲折体现的是村落平面空间形态的话，高低错落体现的就是村落立面空间的主要特点。壮族村落的自然条件特征使壮民们千方百计地保持建筑与环境的协调关系，顺应自然条件，根据地形、地貌的起伏修建房屋，造就了民居建筑高高低低、错落有致的村落立面形态。因此，蜿蜒曲折和高低错落都是形成壮族村寨富于韵律美的手法。此外，在秩序中逐渐变化的轴向和角度等都直接影响了村落整体的外轮廓线，也使村落形态更具韵律美（图119）。

图118 反复和交替排列的干栏木构建筑给人以强烈的节奏感（来源：自摄）　　图119 高低错落、新旧不一的干栏木构建筑交替排列，可以产生一种流动的韵律感（来源：自摄）

### 4. 比例与尺度

比例主要指物体的局部与局部之间、局部与整体之间的数比关系，体现的是比率的概念，壮族先民们在长期的生活和劳作中以自然环境为参照，以自身的尺度为中心，根据生活、劳作的需求为准则，总结出传统民居建筑的基本比例和尺度，体现在日常的衣食住行当中，成为壮族干栏木构建筑的审美标准。如果说比例是抽象的，那么尺度就是具体的，有具体的度量，如民居建筑中的栏杆、扶手、楼梯、桌子、椅子、床铺等，它们有相对固定的尺寸范围，一方面与材料的大小、结构的稳定性有关，同时与人活动所需的空间范围有关，这些相对固定的尺寸通过建筑的比例关系使人产生一定的尺度感，所以比例关系和尺度关系掌握得好，人、建筑和自然三者之间的关系就会形成和谐、适度的美感。建筑中具有形式美感的比例常见的有：黄金分割比例1：1.618、1：$\sqrt{2}$、1：$\sqrt{3}$。壮族干栏木构建筑平面形态的横向开间尺度较大，进深尺度较小，它们之间的比例关系接近黄金分割比例1：1.618，因此容易给人美感。立面形态中，干栏木构建筑大多呈垂直的三段式组合结构，这与古希腊建筑描述的"建筑造型中最匀称、最中和、最安详，而且也符合居住环境的需要"观点如出一辙，壮族干栏木构建筑常见的底层高度为2.5米，二层高度为2.6米，三层阁楼高度为1.8米，开间的宽度以三开间为例，其中明间宽度为4米，两侧各宽3.5米，总宽度11米，这样建筑的高宽比与黄金分割比率较为接近。此外，屋顶、二层及架空层，三段的高度比例与$\sqrt{2}$：1：1最为接近。通过对壮族干栏民居建筑的局部与整体的数比关系的分析中可以看到，壮族传统民居建筑在平面形态和立面形态上都具有美的比例关系，因此视觉感受较佳，这也是壮民们千百年来的生活尺度与视觉尺度相互作用的结果，使壮族传统民居建筑呈现结构合理、比例协调、尺度一致的特点（图120）。

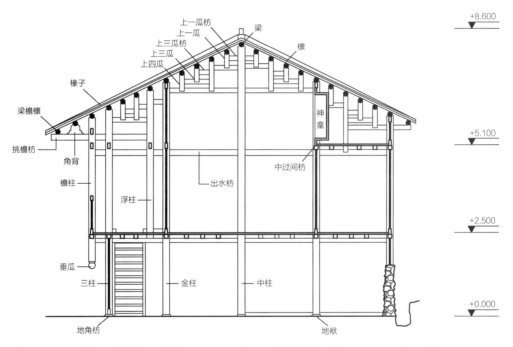

图120　三段式壮族干栏木构建筑的架空层与二层、三层的高度比例关系接近1：1.618的黄金分割比（来源：覃保翔 绘）

## （五）壮族干栏木构建筑的装饰之美

### 1. 屋脊

屋脊是房屋的最顶端，也是一幢建筑中最直接入眼的部位，就像人的脊梁，起着保持房屋结构稳定的作用。屋脊装饰通常采用瓦片堆叠的方式在屋脊正中心的位置做一个凸脊，除了美化房屋造型之外，还起到防止屋脊瓦片被风吹移位漏水的作用。另外，按照我国传统的建筑等级制式，普通民居与官府、宫殿建筑上的屋脊并不一致，且装饰形态有着严格的规定，如王宫建筑屋脊上的龙首鱼身，地方官署只能用鱼形，以此作为建筑等级的标志。

既然位于房屋最高点，自然受到高度重视，早期壮族先民采用不同的装饰手法体现屋主人的信仰，如希望入住后升官发财或家人平安健康等。后来屋脊的装饰逐渐演变成分辨建筑物功能的标志，人们通过屋脊装饰可以判定房子是住宅还是祠堂，是普通人家还是富贵人家。屋脊还可以很明显地区分壮族建筑和汉族建筑。

壮族地区常见普通人家的屋脊装饰有牛角、狗、铜钱等。既象征着财富又寓意着招财进宝美好愿望和祈求（图121~图123）。

牛角装饰是壮族地区常用的屋脊装饰，有用小青瓦堆叠成联排形状，两端微微向上翘形成牛角状，还有用灰沙和瓦片浇筑成一个牛头形状。壮族先民十分珍爱牛和崇拜牛，很久之前就是用牛耕田耙地，在普通人家中的地位非凡。壮族人认为勤劳才能够带来财富，所以牛在壮族人的概念里是勤奋和吉祥的象征，每年农历四月初八是壮族传统的"牛魂节"（也称"牛王节"或"脱轭节"），这一天祭祀牛神，祈求牛健壮无病，给牛放假，打扫和修整牛栏，全家老少把牛喂饱后再吃饭。由此，在屋脊顶端

图121　铜钱脊饰（来源：自摄）

图122 铜钱脊饰（来源：自摄）

图123 葫芦脊饰（来源：自摄）

图124 牛头脊饰（来源：自摄）

中心位置塑以牛角形状，除了祈求健康和财富之外，还体现了牛在壮族人心目中的崇高地位（图124）。

　　除了瓦片堆砌成的铜币和牛头形状之外，狗塑像也是传统壮族建筑中经常出现的屋脊装饰。在屋脊的狗塑像通常是三只一起出现，一大两小，大狗居中，小狗左右，面向东西，起镇宅和保家人平安的作用。狗一直是人类忠实的助手，千百年来狗不仅帮助人类追逐猎物，而且看家护院，保护主人安危，在中国许多地区的壁画和文献中都有忠犬记载。壮族民间更是有崇拜狗的习俗，有一些地区的壮族村落在村头立有石狗像，保护村寨平安。

　　此外，还有些特殊的公共建筑也有不一样的屋脊装饰，如忻城县莫氏土司衙门的屋脊装饰，正脊两端各塑雕一条回首相对的鲤鱼（建筑学称为"鸱吻"），鱼张口作衔脊状，身与尾作翻腾状翘起内曲，形态充满生机活力（图125）。鱼在远古时代就是旺盛生命力和繁殖力的象征，传统年画中时常出现鱼的形象，成语中有"年年有余（鱼）"和"鲤鱼跃龙门"等都是高升、富贵、吉祥的象征，壮族壮锦纹样和乐器铜鼓也都出现很多鱼图腾。由此可见，鱼图腾也是身份地位的象征。

　　壮族民居中的屋脊装饰除了上面提到的牛角、狗、铜钱之外，还有葫芦和凤凰等吉祥图案。根据屋主身家情况定制不一样的顶面装饰，普通人家用瓦片堆砌成吉祥形状，有些富人家的屋脊做工精细，雕龙画凤，工艺精湛，可增添豪宅的贵气（图126～图128）。

## 2. 柱头

　　在壮族干栏木构建筑当中，为了争取最大的使用面积，通常利用杠杆原理和榫卯工

图125　鱼形鸱吻脊饰（来源：自摄）

图126　云雷纹脊饰（来源：自摄）

图127　鸱吻和神兽脊饰（来源：自摄）　　　　图128　双龙纹、鱼形鸱吻脊饰（来源：自摄）

艺，加卯枋木和短柱向空中延伸建筑空间，而悬空的结构下面就形成了可遮风避雨的吊脚檐廊。为了让抬头就能直接看见的短柱看起来没那么单调，建筑工匠们通常在柱头位置雕刻各种花纹图案作为装饰。这是壮族民间最简单的柱头装饰方式，同时也增加了建筑构建的艺术美感，表达了房屋主人祈求平安的愿望。

常见的柱头装饰有灯笼形、绣球形、瓜棱形和宝瓶形悬挂柱头（图129～图134）。

图129　无装饰柱头（来源：自摄）　　　　图130　灯笼形柱头装饰件（来源：自摄）

图131　灯笼形柱头之一（来源：自摄）

图132　灯笼形柱头之二
（来源：自摄）

图133　瓜棱形柱头之一（来源：自摄）

图134　瓜棱形柱头之二（来源：自摄）

灯笼形柱头寓意光明平安，灯笼在我国传统生活中一直都是喜庆、吉祥的代表。直到现在，节庆日子依然会悬挂灯笼作庆祝之举，把灯笼雕刻在柱头显然寓意喜庆、吉祥、财富。绣球形柱头也是常见的干栏柱头造型之一，绣球是壮族民间常见的吉祥物，通常作为爱情象征物，年轻男女作为定情信物表达爱意，在柱头雕刻绣球也寓意着喜结连理、人丁兴旺；此外还有瓜棱形柱头，取材来源是南瓜，寓意着丰衣足食；宝瓶形悬挂柱头与柱础的宝瓶形状一样，取材为佛教的观音宝瓶，寓意着吉祥幸福、赐花送子。

柱头雕刻工艺也有精拙之分，精工者造型复杂，刀工细腻，具有很高的工艺水准和审美表达；简朴者只凿刻出大致形状，刀法简单，风格粗犷。在壮族人的观念里，上述形态都具有"吉祥如意""招财进宝"等意义。工匠们将干栏的柱头雕刻成吉祥图样，讲究的还着以颜色，既起到装饰建筑的作用，又能表达人们"迎祥纳福"的美好愿望。

### 3. 柱础

柱础是传统建筑中不可缺少的基本构建，又称磉盘或柱础石，它通常垫在落地柱的下面，是一块具有垫基作用的石头。壮族先民为了防止在地面上的落地柱受潮腐烂，在柱子底部设置石墩，使得柱子与地面分隔开来，有效防潮。同时，柱础的使用也加强了柱基的承载能力，使得房屋不易受地面因素的影响。因此，所有木结构房屋基本每根柱子都有柱础，缺一不可。

涉及房屋的基础，壮族先民对础石的使用十分重视，柱础在房屋中的地位显得非常重要，柱础的使用大概经历了三个阶段的演变：早期的柱础不在地面，是在柱子对应的地下铺简单的卵石，这样的方式虽然使得柱子稳定，但不防潮，影响柱子使用寿命；后来发展成缩短木柱子的长度，让础石升到地面上来，成为屋柱外观形象的一部分，但纯粹就是石块，没有装饰；而后随着生活水平的提高，壮族人民在房屋装饰中也下足功夫，除了在柱石身上加以精雕细琢之外，有些地方甚至在础石上再安装柱座。这样刻意地讲究柱础造型，足以见得柱础在壮族建筑中的显著地位。

壮族山区石材丰富，为发展柱础雕刻艺术提供了原料保证。经过几代壮族人长期凿刻实践，现在的柱础雕刻早已有了工艺和技术上的保证。础石垫在落地柱下方，承受来自屋架、屋顶和柱子的重量，保证房屋平衡稳定，不移动、不摇晃，做础石垫用的石头需大而结实，看起来才能与落地柱协调。柱础通常采用质地坚硬的花岗岩、石灰岩或大理石。在保证柱础功能的前提下凿刻成各种吉祥图样。除了基础的圆柱形柱础之外，壮族民居建筑中柱础常见的形式还有腰鼓形乳钉纹柱础和三层式束腰须弥座形柱础。

圆柱形柱础是壮族地区民居最原始也是分布最密集的柱础形态。这种柱础形状高长，圆柱体呈坡形上窄下宽，通常由整块石头凿刻而成，表面有方便落水的纵向凿痕。那坡县的黑衣壮地区都使用这种长形柱础，柱础较高，防水性能更好，保护木柱不受雨水腐化。德保县足荣镇那雷屯的壮族民居则用两块石块拼接成柱础，由于拼接存在不稳定因素，所以位于下方的石柱插入土里稳定房屋，上方的石柱凿出石孔与木樑穿插，从而稳定房屋结构（图135、图136）。

腰鼓形乳钉纹柱础的灵感来源是壮族的民间乐器"瓷蜂鼓"，这个乐器多用于民族传统节日、婚嫁喜庆场合、民间器乐合奏和戏曲伴奏等民间生活场合，是吉祥物件，所以壮族人认为把蜂鼓作为柱础有保平安的意义（图137、图138）。在腰鼓柱础的上下两端边缘有序地刻以乳钉纹路装饰，中间有龙、凤、龟、鸟等雕刻纹样，有永葆富贵、迎祥纳福之意。

三层式束腰须弥座形柱础的结构和雕工都比之前两种更加复杂。它由整块石头雕刻而成，但外形上呈三层完全不一样的柱形叠加，每层柱面上还凿刻不一样的吉祥纹样，

图135　圆柱形高拔柱础（来源：自摄）

图136 覆斗式素面柱础（来源：自摄）

图137 素面鼓式、覆斗式复合柱础（来源：自摄）

图138 腰鼓形柱础（来源：自摄）

图139 灯笼形柱础（来源：自摄）

要求柱础工匠构思巧妙的同时还要展现精湛的雕刻技艺。

除了以上三种常见的柱础形式之外，部分壮族地区的民居中还出现了花篮形、灯笼形和宝瓶形等形态各异的柱础。花篮形柱础的造型来源于壮族先民崇拜的花神，花神主管着人类生育，花被看作生命力和繁育后代的象征，所以以花篮作为柱础在造型优美的同时也寓意深刻。灯笼形柱础出自节庆活动中各种形状的灯笼，通常有南瓜形和方棱形灯笼，在灯笼形状的表面还雕刻出花草鸟兽，增添艺术性（图139、图140）；宝瓶形柱础还分圆形宝瓶和方形宝瓶两种，相较前两种形状更精工细致，通常出现在大型公共建筑中，如祠堂、商会等。宝瓶是佛教文化中经常出现的圣器，将宝瓶形状作为柱础也有神灵庇佑的意义（图141）。

柱础通常表现出细致入微的艺术气质，但又有粗粝稳重的视觉感受，具有十分独特

图140　灯笼形柱础（来源：自摄）

图141　宝瓶形柱础（来源：自摄）

的艺术魅力。花纹图案让原本单调的柱础显得更为精致，充分体现了壮族工匠精湛的雕刻技术和源于生活的想象力，直接反映了壮族人民的审美情趣和对美好生活的向往（图142-图144）。

### 4. 挑手

早期的挑手是一根斜木条，是一个在屋檐下支撑檐檩的建筑附属构件，它有着将屋檐向外延伸，将屋檐延长形成一个在屋外也可避雨的檐廊的作用。壮族传统民居中木构建筑与砖木结构或夯土建筑都有挑手部件。纯木构建筑的挑手，尾端与屋柱子卯在一起，前端向外伸出；砖木结构或夯土建筑则是把挑手直接镶入墙体内。所以，挑手与柱头一样，都是传统壮族建筑中必要的部件，同时也都是抬头就能看到的部件，因此后来

图142 六菱形柱础（来源：自摄）

图143 浮雕动物柱础（来源：自摄）

图144 浮雕花卉柱础（来源：自摄）

逐渐被人们作为刻意装饰的对象。在保证功能完好的同时对其进行雕刻，雕刻朴拙和精良也是体现屋主人贫富情况、社会地位的显要标志。

　　壮族传统民居建筑的挑手有单擦单挑、单擦双挑、双擦双挑、三擦双挑、三擦三挑或四凛三挑等多种形式，常见的挑手有如意莲花挑手和鱼头衔象鼻挑手。

　　如意莲花挑手通常出现在广西西部的壮族民居建筑中。将挑手的主要部分雕刻成如意形状，向外延伸的部分雕刻成开放的莲花形状，莲花托着房屋的檐檩。造型虽简单，但是两种物件的结合十分巧妙。如意最早是兵器，后来以兵器之形作瘙痒器具，"柄端作手指形，用以搔痒，可如人意，因而得名"。因为本身有兵器属性，所以是我国传统的吉祥之物。莲花是佛教产物，佛塔、寺庙和碑刻上的莲花纹样随处可见，雕刻莲花也是自古以来民间追求高贵气质的表现（图145）。

　　讲究一点的门户，会在如意莲花挑手的如意上雕刻云雷纹，云雷纹起先并不是壮族图腾，但壮民族有很强的文化兼容性，很善于吸收其他民族的优良文化并融入到本民族

图145　如意莲花头挑手（来源：黄恩厚《壮侗民族传统建筑研究》：191）

文化中，使得壮族文化得以充实进步。云雷纹是壮族对云神和雷神的崇拜。自然界中的云和雷都与雨水有关，积云成雨水，雨水可养莲花，所以在干栏木构建筑中有做云雷纹装饰的如意莲花挑手，也有避火、挡灾的寓意。

　　鱼头衔象鼻挑手也是经常出现在壮族民居中，将挑手接触落地柱的部分雕刻成鱼嘴，鱼嘴衔着的中间部分雕刻成大象伸鼻子的模样，向上翘着的鼻尖顶着莲花托着房子的檐檩。通体结构十分融洽，鱼头和象头都有很精细的浮雕花卉图案，将壮族先民对鱼、象和莲花的崇拜和对招财纳福、生活富余的愿望结合为一体，鱼被当成人丁兴旺、生活优越的象征；史书记载的"象耕"描述了明代时期壮族地区设"训象卫"，训象耕田，所以象也是吉祥和力量的象征。以鱼和象作为挑手的主要部分雕刻，其承载的意义不言而喻（图146）。

图146　鱼头衔象鼻挑手（来源：自摄）

少部分壮族干栏木构建筑还有鱼头寿字挑手，其形态是将长方形构件的前段刻成简单的鱼头形状，上方托举部分雕刻成篆书"寿"字形，寓意年年有余（鱼）、健康长寿。

此外，壮族干栏木构建筑其他檐下装饰部件还有角背、丁栱等（图147、图148）。

图147　角背装饰（来源：自摄）　　图148　丁栱装饰（来源：自摄）

### 5. 门

大门所在的位置是分隔室内外空间的主要节点，大门除了进出入功能外，还有通风、采光和防盗的作用。壮族地区的各类建筑中，对大门的方位布置和大门装饰极其重视，尤其是一些经济条件较好的人家或公共空间，为体现高雅或庄重，给大门做装饰是必不可少的工序（图149）。

早期壮族传统建筑中的门基本都是拦腰的矮门，这种设计最开始只是防止家禽家畜进入居室（图150）。而后由于矮门不防盗，就在上半部分加设栏窗和花格形成腰门，

图149　壮族民居中的平板门（来源：自摄）　　图150　壮族民居中的矮门
（来源：自摄）

图151　壮族民居中的腰门（来源：自摄）

这种设计既保证了室内空气对流，又不影响关门后屋内采光。常见的栏窗都是木板拼接成的方菱形、竖棂形、寿字形、米字形等几何花纹图案（图151）。南方地区夏日炎热，设置腰门可以放心敞开大门通风。腰门设计同样也很独特，上部设计成窗栏，栏杆雕刻成珠串或葫芦串形状，中部雕刻吉祥纹样或民间故事图案，下部为密封的木板。除了美化门庭，还直接反映屋主向往生活吉祥如意的美好愿望；富贵人家的门面不仅宽大，雕刻也十分缜密。大门通体都是优质木材打造，门的上半部分不用普通的栏窗，而是雕刻成各种复杂的镂空图案，美观大气，造型别致（图152、图153）。大门雕刻的精细程度通常直接体现着屋主的身家地位，所以大门也是壮族民居中较有特色的建筑构件之一（图154、图155）。

### 6. 窗

房屋是人类的遮蔽风雨的场所，是人类营造一个相对独立的环境，保证日常起居不受外来干扰。说是相对独立，是因为人类生活不是单独的个体，不能完全脱离外界环境独自生活，所以房屋的发展需要户内外有一个合理的交流与互换，窗户就这样应运而生。干栏木构建筑中窗户的开口方向和大小是壮族百姓在长期生活中不断改进的结果。窗户的作用不单是用来看窗外的风景，在很大程度上决定了屋主的生活质量。

图152 下部封闭、上部通透的花格门（来源：自摄）

图153　下部封闭、上部通透的花格门（来源：自摄）

图154　庄重的全封闭大门（来源：自摄）

图155　雕有麒麟瑞兽的门（来源：自摄）

窗户的设置起先是考虑屋空气流通和方便采光，后来在制作中还考虑了安全防盗，最后在保证满足所有条件之下考虑制作精良，还有一些夹杂着不同信仰和文化的雕刻对仗工整、匠心独运。同时，雕琢精细的窗户也能体现屋主人的审美和对生活的良好愿望。窗户的形态和表现也与其他建筑构件一样，也有精致美观与简朴粗犷的区别，也与屋主人家庭条件和社会地位有关。普通人家常见的窗支形式有竖棂式、横棂式、方格式，这些形式只是简单地将木条连续卯在一起，漏出透风的空隙。还有在斜格式等距的方格之间嵌入短木，组成斜格棂形图案，这类图案既增强了窗支的整体结构，还使得窗支图案质朴不单一。除了普通的木条的窗支之外，更有细致的工匠将窗支木加工雕刻成珠串形、栌棂形或葫芦形，使木窗支看起来有变化，还有些直接使用砖块拼成"十"字形或"X"形镂空状，这类主材料为木和砖的窗式结构比较简单，符合普通门户的经济条件和质朴的气质，更重要的是普通门户的房屋都是单个独立的建筑，门外没有围墙和院落，窗外就是户外，这种情况下窗支采用密实的结构能保证安全，虽然做工不是特别精良，但是非常实用，有淳朴粗犷的美感，也有较好的防护功能（图156～图160）；官宦、富裕人家及土司衙门、大型庙宇、书院等建筑的窗支款式普遍比较复杂，材料也不局限于普通的木头和砖块，还有陶瓷、石雕和砖雕。做工精细通常表现在雕刻工艺，流行整块实木板雕刻成各种纹样，讲究繁复的工艺和图案对称，窗支形式有镂空花、菱花或拐子花等几何形花纹图案，款式也分整面雕刻、复合雕刻和组合雕刻，表现内容也有很多种吉祥纹样，如衔着牡丹的喜鹊、张开双臂的蝙蝠（寓意"福"）、喜字形、寿字形等。与上文中提到的直棂窗支相比更为复杂和精工，这不仅考验着工匠的木工技艺，

图156　竖棂窗（之一）（来源：自摄）

图157 竖棂窗（之二）（来源：自摄）

图158 方格窗（之一）（来源：自摄）

图159 方格窗（之二）（来源：自摄）　　　　图160 拼镶竖棂窗（来源：自摄）

而且要有一定的艺术造诣和刀工对称的雕刻能力，但由于这类窗支多采用雕刻或扁薄的细木条拼接而成，稳固性和防盗系数降低，窗支的主要作用从通风和防盗演变成装饰和美化建筑（图161~图168），重在区别其他房屋，主要体现着屋主人的社会地位、文化修养和审美，所以多用在带院落的、不需要窗支进行防护的住宅。

图161　拼镶方格窗（来源：自摄）

图162　拼镶方格花窗（之一）（来源：自摄）

图163 拼镶方格花窗（之二）（来源：自摄）

图164 拼镶花窗（来源：自摄）

图165 花卉窗（来源：自摄）

图166 "万字形"格窗（之一）（来源：自摄）

图167 "万字形"格窗（之二）（来源：自摄）

图168 铜钱形瓷窗（来源：自摄）

### 7. 栏杆

栏杆旧称"阑干"，是桥梁和建筑上的安全设施。栏杆在使用中起分隔、导向的作用，使被分割区域边界明确清晰。在壮族传统民居建筑、公共性建筑如风雨桥、土司衙门等建筑中，阳台、走廊或桥边都设置有栏杆（图169～图172）。这些栏杆的都是半腰

图169 青石栏杆（来源：自摄）

图170　仿木栏杆（来源：自摄）

图171　直棂式栏杆（来源：自摄）

栏杆，供人依靠和眺望。壮族干栏木构建筑中的栏杆最早使用木板拼贴，这样设计的阳台栏杆太结实不透气，于是就在木板上打孔，孔的形状不局限为圆形，还有十字形和心形等，一方面透风，另一方面还能做简单的装饰。再之后演变成像窗支一样的木隔条，栏杆在壮族建筑中不是必须要装饰的建筑构件，但却是最主要的防护构件之一，所以多以粗宽的木板木条作为主要材料，雕花和装饰较少（图173～图176）。

图172　原木直棂栏杆（来源：自摄）

图173　栅棂栏杆（来源：自摄）

图174　格棂栏杆（来源：自摄）

图175　拼镶雕花栏杆（来源：自摄）

图176　"十"字型砖砌栏杆（来源：自摄）

第六章

广西壮族干栏木构建筑的现代演变及发展

# 一、经济发展促进旅游业的开发

自改革开放以来，我国社会主义建设事业进入了一个全新时期，四十年间，经济的快速发展使得人民的物质生活水平有了极大的提高，然而工业污染和高密度的聚居状况使城市中的人们厌倦了原先枯燥、乏味的高频率、快节奏生活，希望到大自然中放松自己，调剂紧张的心情。在这一背景下，乡村旅游越来越受到民众的喜爱和欢迎，作为把城市和乡村联系在一起的纽带，乡村旅游吸引了数以亿计的城市游客到村落里、田野间享受悠然自得的惬意生活。

由于自然环境、交通、经济、政治等因素的限制，加上广西四周环山，地理位置相对封闭，交通条件较差等诸多原因，导致了壮族地区经济发展落后，旅游业起步较晚。2000年，国家开始实施西部大开发，促进了广西经济的发展，同时为旅游业带来了契机。广西政府对旅游业给予了充分的重视，将民族经济与旅游经济互相融合，民族旅游被作为重点旅游产品推出，在这过程中，加大了宣传力度以及旅游区基础设施建设等，吸引了大量中外游客的到来。

民族文化是旅游经济与民族经济契合在一起的关键。我们可以将旅游资源分为物质性旅游资源与非物质性旅游资源两大类，其中物质性的旅游资源包括自然风光、历史遗迹、古建遗址以及具有较大影响力与纪念意义的建筑物与构筑物等，如保持完好的壮族村落、干栏木构民居、风雨桥等；而非物质性旅游资源主要包括非物质文化以及通过口头传承的文化资源，以人作为载体而不以物作为载体的文化资源，如干栏木构建筑营造技艺、传统民族音乐、民族舞蹈、戏曲文化、民间故事、仪式文化、饮食文化等。

从近几年旅游业的发展趋势来看，人们对旅游有了更高层次的需求，绮丽的自然风光，原始古朴并具地域特色的民族文化更受人们的青睐。广西作为我国人口最多的少数民族地区，拥有神奇的喀斯特地貌和神秘的民族文化，正好符合现代旅游的需求，占据了旅游资源的优势。壮族文化经过了历史长河的沉淀而客观存在，它凝结着壮族先民们的汗水和智慧，具有很高历史价值、文化价值、社会价值以及艺术价值等。旅游业的兴起推动了人们对壮族传统文化的重视，那些原本几乎消失的民族文化遗产随着旅游业的发展而获得了新的生命，成为壮族地区独具特色的旅游资源。

建筑文化是民族文化的重要组成部分，广西壮族干栏文化是壮族文化中的载体和重要组成部分，旅游业的发展使得越来越多的人认识了壮族干栏文化。近年来国家高度重视文化遗产的保护和利用价值，壮族干栏文化已成为文化遗产的一部分。随着经济社会的不断发展，许多地方已经出现了以文化遗产为主题的旅游，这种新型的旅游业态表明了文化遗产与旅游业之间是互相作用的关系，在开发旅游的同时，如何对文化遗产进行合理地开发和利用、传承与保护是需要我们研究的重要课题。

随着大量现代游客的涌入，在给壮族传统村落发展带来了新的发展契机，不仅拓宽农民增收渠道、吸收农村剩余劳动力、提高农业附加值、促进城乡精神文明对接，还有利于改善农村环境、保护村落原生态文化。同时，也对壮族传统村落人居环境的改善，特别是对干栏木构建筑改造提出了更高的要求。

# 二、壮族干栏木构建筑的不足

## （一）人畜混居

《白山司志》（马山县志）关于干栏木构建筑的记载："贫者架木盖茹，四壁以牛粪和泥涂，鸡家与人杂处。其居乡村者，无论瓦盖草葺，皆作上下两层，人处其上，牛、羊、鸡、家处其下，名曰栏房。客至亦宿于上，人畜只隔一板，秽气熏蒸，不可向迩，而土人居之自若。"该文中指出了干栏木构建筑的弊端，人与圈养的牛、羊、鸡等家禽混住在一起，中间只隔着一层楼板，秽气熏蒸，卫生状况极差。

虽然人们早就意识到这样上层住人，下层圈养的环境不适宜人们居住，但是过去壮族人民的生产方式是以农耕与养殖为主，建筑底层架空层主要用来饲养牲畜，堆放农具、肥料、柴火等与日常生活相关的杂物，同时安置厕所在内。各功能分区不清晰，养殖空间与其他空间互相混杂，生活流线交叉，整体环境潮湿阴暗，恶臭弥漫整个空间，影响居住环境的舒适性（图177）。

## （二）厨房、卫生间设施原始、简陋，防火、防水渗漏性能差

对于现代人来说，独立的厨房与卫生间是住宅中必须具备的，如果缺少了厨房与卫

图177　干栏木构建筑"下畜上人"的生活环境（来源：自摄）

生间这些独立空间势必会对人们的生活造成很大程度的影响。但对于干栏木构建筑而言，室内空间的分区还不够完善，餐饮通常在二楼火塘处解决。火塘在壮族人们的生活中占有非常重要的地位，每个家庭成员的生活起居都围绕着火塘进行，火塘不仅仅用来烤火取暖，还用来一日三餐的煮食，它既是厨房又是餐厅，四周紧邻卧室与堂屋，导致各个功能空间的私密性较差。

火塘大部分都是贴地建造，中间架上铁架子，放上铁锅就可以使用了。火塘上方还会悬挂一个竹匾，上面放置禾把、各类器具以及食物，下面挂着腊肉等熏制品，通过日常的烟熏，避免它们受潮生虫，火塘周边通常摆放小凳子，一家人就围坐在火塘周围吃饭、聊天。火塘设施简陋。虽然火塘在做法会用泥土、石头或者水泥将其与木地板进行隔离，但由于火塘安置在室内，又常年生火，时常有因用火不当而导致火灾的发生，干栏木构建筑一旦火灾，火就会很快蔓延开来，很难扑灭，严重危害人民生命财产安全（图178）。

因为木构建筑渗水的原因，卫生间只能设置在底层的架空层，底层架空的高度通常不会很高，但可以满足人们进出的基本要求，架空层的分区杂乱，周边有着圈养的牲畜、存放的农具以及柴火等杂物，造成室内空气混浊，卫生环境较差。另外，卫生间与厨房都没有专门的排水、排污管道，也没有做防水处理，这就导致架空层环境污浊、潮湿。

图178　壮民的日常生活围绕着火塘展开，用火稍有不慎就会引起火灾（来源：自摄）

### （三）木构建筑噪声大、隐私没有保障

　　壮族干栏木构建筑使用木材构筑屋架，其内部的墙体、楼板、门窗等都使用木材，木材质量轻、密度低，很难实现良好的隔音性能，造成室内隔音效果较差。人在干栏木构建筑中生活时能够明显地感觉到各方面的声音，如隔壁房间甚至房屋外的说话声、车马声，或是人们上下楼梯、打扫卫生、挪动家具等噪声都能听得清清楚楚，这些噪声严重影响了人们的生活品质，同时居住在干栏木构建筑中的人们隐私得不到保障。

　　壮族传统木构建筑的墙体通常采用当地的杉木板进行平口拼接，在上下枋条的中间留有搁槽，将木条一一插入搁槽之中进行固定，拼接完成整面墙体，再在水平方向或者对角方向上钉上数根木条，进行二次固定以防墙面变形。由于墙面的材料采用的都是单层的木板拼接，厚度较薄，中间也没有用以隔音的填充物，加上施工工艺粗糙，木板与木板之间贴合度不够，往往会有缝隙存在，噪声就会通过这些缝隙传导出去；房屋楼板的做法是在穿枋间铺设椽条，再垂直于椽条铺设单层木板，由于木楼板的刚度和密度都比钢筋混凝土的楼板低，因此隔声效果也比混凝土楼板差了很多。另外，木楼板缝隙多，松动较大，只要楼中有人走动，木板嘎吱作响，楼上、楼下的人以都会听到声响，对居住者影响较大。门窗一般采用单层玻璃或者木板制作，样式简单，一般为平开窗或支摘窗，没有过多装饰。门窗与墙体的连接部分也只有木条或合页，没有防撞胶条（图179），这样的做法使得开关门窗时都有较大的噪声，门窗也无法很好地起到阻隔噪声的作用。

图179 干栏木构建筑的隔墙与楼板使用的都是单层木板，隔音效果极差（来源：自摄）

### （四）干栏木构建筑年久失修易发生倾斜

建造时间达到二十年以上的干栏木构建筑榫卯结构松动，发生倾斜的现象较多，存在着使用安全风险。建筑发生倾斜有多种原因引起，包括了外部的诱发因素，也包括木结构自身的内在因素。

干栏木构建筑常年受到潮湿空气和雨水的侵蚀，导致木结构变得疏松，强度密度变低，再加上自身重量的原因，局部产生断裂，自然就发生了倾斜。广西属于亚热带季风气候地区，常年湿润多雨，壮族干栏木构建筑多位于山区，传统木构建筑在使用过程中围护结构会易于破损，内部的支撑结构以及落地柱在没有遮挡物的情况下，就会暴露在潮湿的外部环境中并受到雨水的侵蚀，日积月累，木柱、木梁被雨水浸泡易于腐烂，支撑作用将大大减弱。

壮族干栏木构建筑不做下挖地基。通常会用以下几种手法来做基础：第一，平铺天然石基础，也就是使用当地的岩石来作为建筑物的基础，如青石板。在建房前，人们会请木匠制作屋架，请石匠将建房用地整理平整，再铺上青石子，以此作为地基；第二，用夯土做基础。基地的土壤在较软、较松散时不适合承载建筑，这时人们就会用素土分层进行夯实，夯实后的土层就可以作为地基。第三，黏土混碎石基础。这是在夯土基础上进行的改良，在黏土中掺入碎石子、碎瓦片等废弃料，这种做法比起素夯土承载的强度会更大。在做好地基后，由木匠制作屋架，制作好的木架立起来前，会在地基放上石柱础，再靠榫卯把木架结构连接起来。由此可知，传统木构建筑的支撑结构全部在地面上，一旦有外力作用到它身上，整个房屋就会产生倾斜（图180）。

图180　年久失修的干栏木构建筑榫卯结构松动、断裂，容易造成建筑的倾斜（来源：自摄）

## （五）陈年建筑室内昏暗、视线差

壮族传统民居多采用自然光照明，由于受到气候影响特别是受到建筑材料、建筑技术等方面的影响，传统民居的室内自然采光普遍不足，室内常年处于十分昏暗的状态，视线非常差，无法给人们带来舒适的居住体验（图181），壮族传统民居采光不足主要由以下原因造成：

第一，木构建筑材料的局限性。干栏木构建筑材料选用多数是就地取材，以当地的杉木居多，为了防虫防潮，壮民们会在杉木上刷桐油，长年累月下来，木头的颜色会越

图181　长期使用火塘做饭，导致干栏木构建筑内部黑暗不堪（来源：自摄）

来越深，再加上壮民有用火塘做饭的习惯，室内没有排烟管道，木材在长期的烟熏火燎之下，表面就会形成一层碳质，室内的整体色彩就会变暗，自然光照射进室内后，反射率也大大降低。

第二，建筑之间间隔过小，屋檐挑出大。由于地少人多，壮族传统村落中建筑的密度都较大，道路狭窄，建筑与建筑之间距离较小，而单体建筑的屋檐向外挑出的距离大，这就造成了采光口被遮挡，导致室内采光严重不足。

第三，建筑的采光口设置不合理。壮族传统民居多是独栋建筑，不是院落式带天井的建筑，所以建筑室内的采光只能靠建筑外立面上的采光口进行采光，但这些采光口设置的位置和高度并没有按照阳光入射的角度进行合理布置，而且窗户的开洞过小，射入的阳光不足（图182）。

图182　开窗面积小、建筑间距小、建筑进深过大，都是造成室内黑暗的原因（来源：自摄）

第四，建筑进深过大。壮族传统民居多为三开间、五开间、七开间等，整栋房屋呈现扁长形，采光口只有前后两个立面，有些房屋由于地形原因，房屋后就是山体，阳光不易照射进来，这就很难满足室内的采光需求。

### （六）干栏木构建筑防火设施严重缺失

自古以来，壮族以种植业为主，主要种植水稻、甘蔗等农作物，干栏木构建筑所处的山区适合种植的土地稀少珍贵，用地紧张使得住宅之间布局很紧凑，一间挨着一间，间隔很小，密度很高，一旦火灾很难控制。村民用来建造房屋的木材只是进行自然风干处理，通常没有经过防火处理，所以不具备防火性能。

在桂北龙胜地区、桂西北西林地区的壮族传统村落里常常能看到"一线天"的景观，因为这些建筑的高度都很高，而间距很小，道路宽度只有3米或者更狭窄，完全达不到消防通道的标准，一家失火，火势很容易蔓延到其他房屋（图183、图184）。壮族村落所在的位置通常交通不便，水源较少，房屋附近的公共区域也没有灭火器等防火措施，要灭火就需要在临近村落的河流中取水，过程耗时较久，耽误了最佳的灭火时间。

火灾时有发生的原因还有村民薄弱的防火意识和生活习惯。壮民在日常生活中习惯使用火塘，一日三餐都用火塘来做饭，如在冬日里，为了取暖，火塘一整天都燃着火苗，火塘在干栏木构建筑内部长期使用，极易着火。另外，村民们私拉的电线，布置时通常是绕着梁柱进行，直接接触木头，电线外没有防护套，橡胶暴露在湿热的外部环境中，再加上火塘的烟熏火燎，电线外的橡胶皮容易老化，有很大的火灾隐患。

图183　因建筑密度过大而产生的"一线天"现象（来源：自摄）

图184 建筑间距小，一旦失火，容易产生"火烧连营"的情况（来源：自摄）

# 三、壮族干栏木构建筑的格局及村落历史风貌的变迁

建筑师维基·理查森曾说过"任何形式的乡土建筑都可以因特定的需求而建，并同促生它们的文化背景下的价值、经济及其生活方式相适应。"[1]过去，由于人们的生产能力和劳动技能低下，在建造房屋时会受到气候、地形、材料等因素的制约。而随着生产力的发展和改造自然的能力提高，人们不再那么依赖自然环境，这时影响建筑的主要因素就是社会结构、生产生活方式、经济技术条件等人文因素，也就说明传统民居建筑会随着社会的发展而发展，随着社会演变而演变。

## （一）架空层功能及结构的改变

壮族干栏木构建筑架空层过去主要用于饲养牲畜，随着生产方式的改变、商品交易的便捷以及旅游业的发展，许多家庭已经不再饲养牲畜。在桂北龙胜等旅游业发展较好的村落，干栏木构建筑的底层被改造成了手工作坊，售卖民族工艺品、民族服饰、地方

---

① 维基·理查森，吴晓. 历史视野中的乡土建筑——一种充满质疑的建筑[J]. 建筑师，2006（06）：37-46.

土特产的商铺，民宿接待厅、餐厅、厨房等功能空间，空间功能改变促进了村落家庭经济收入的增长。

### 1. 手工作坊

农产品加工、手工业已经渗透到了当今的壮族村落中，架空层被人们用来作为家庭式的小作坊，生产、加工、销售商品，如茶叶、珠宝、竹木制品、银器、布料等手工业的加工。为了吸引和方便顾客前来购买产品，檐面正中间开门，内部按照不同产品的加工需求进行布置（图185）。

图185　手工作坊（来源：自摄）

### 2. 商铺

通常安置在沿街的民居建筑中，面积大小不等，将原本的架空层变更为商铺，以"下商上住"的模式改造。售卖的产品包括当地特色的食品、民族手工艺品、民族服饰等，也有餐饮店、便利店等类型，为村寨中的旅客以及村落居民提供生活上的便利（图186）。

### 3. 民宿接待厅、餐厅

民宿接待厅、餐厅空间是因旅游业发展而衍生出来的，为了迎合游客的审美需求，通常有两类装饰风格：一类是保持干栏木构建筑的内饰，以木头作为主要的装饰材料，整体风格古朴且具有干栏文化特色；另一类是装饰风格接近于现代建筑内部空间，使用现代材料进行装饰，空间宽敞明亮，视线通透。不管哪一种风格，空间功能与布局已与干栏木构建筑完全不同。一层通常是民宿大堂、接待厅或餐厅，当中的家具家电按照酒店的标准布置，符合现代游客的使用习惯（图187）。

图186　商铺（来源：自摄）

图187　旅游业开发程度高的壮族村落，民宿、餐厅比比皆是（来源：自摄）

随着功能的改变，架空层的结构也发生了变化。在旅游产业发展较好的桂北地区壮族传统村落中较为常见的是砖木混合结构的民居建筑，混合结构的干栏木构建筑通常会使用木板在表皮上进行包裹，使其外表与村落传统干栏民居建筑保持相近的外观。砖木结构的民居建筑，房屋主体框架为木材，围合结构使用砖块来砌筑，这样的空间较为稳固。新功能的融入使壮民在新建房屋时考虑增加架空层的高度，让空间变得开阔，不再压抑。原本四周镂空，现在多会对其进行围合，使用竹篾、木板、圆木，也有用石材、红砖、空心砖等材料围合，减少了室内外空间的联系，加强了室内的私密性与封闭性。另外考虑到通风与采光，会在墙体上增加窗口，将自然光引进室内，增加视线的通透性。

## （二）二层及三层功能空间的改变

桂北地区壮族传统村落百姓的生活方式和生活习惯比起过去已经有了很大的改变，随之而来的就是传统干栏民居建筑空间的改变，改变较为明显的是二、三层功能空间被划分为客厅、卧室、卫生间以及厨房等，与现代居室空间非常类似。

"前堂后寝"是传统壮族干栏木构建筑最常见的布局形式，指的是前部为起居接待的公共空间，后部为卧室的空间格局。"前堂"部分由火塘、客厅、堂屋三部分组成。火塘在壮族人民的生活中占有很重要的地位，过去人们日常的一日三餐、客人到来时的聊天聚会、节日时的欢庆等都是围绕着火塘进行的。随着人们炊事习惯的改变，液化气、沼气等清洁能源以及电磁炉、煤气灶等家用电器的使用，火塘的地位逐渐下降，专用的火塘间变成了堂屋的附属空间，火塘逐渐被火盆取代，从一个空间变成了一个家具，最后火塘间与厨房合并。一般来说火塘居中放置，厨房靠墙布置，两者搭配使用，相互弥补。人们针对干栏木构建筑的墙体和楼板防火、防水性能差的问题做出了解决办法，在原木构建筑外用水泥砖或者红砖进行扩建作为厨房，内贴瓷砖以解决防火、防水渗透问题。

堂屋一直都是家庭中的核心空间，一般位于整个建筑的中间位置，是联系周围房间的枢纽空间，传统的堂屋是家庭祭祀和重大礼仪的举行场地。壮族村落与外界沟通加强后，现代的家具、家电就融入到了他们的生活中。壮民们模仿现代客厅的布局，将这些家具、家电放置到堂屋，将电视机、电视柜摆放在堂屋正中间，两边靠墙摆放着沙发和茶几等，天花中间挂上现代造型的吊灯，堂屋变成了客厅。传统干栏民居中的卧室空间通常安置在堂屋的后侧，如果建筑的开间达到五开间，则后侧空间足够卧室使用，如开间较少，则会压缩火塘空间，将卧室置入房屋左右和前檐部分。传统的卧室分配有严格的辈分区分，家中的长辈、中年人、青少年都有明确的卧室位置，而现在这些规矩已经开放了许多，卧室的分配不再忌讳辈分与男女。传统卧室面积通常都比较小，布置上也简陋、随意，只要满足休憩和放置衣物即可，卧室中多使用现代家具，布局也与现代卧室相近，房屋中间或靠墙摆放床、床头柜以及衣柜，有些家庭会扩大卧室空间，除了基本的家具外，还会摆放书桌、化妆台、沙发等家具。

由于游客不断增多，一些家庭为了经营民宿，将原有的"前堂后寝"的布局改造成了中间一条走廊，南北两面均为卧室的布局，还将三层的阁楼的立柱加高，把谷仓等取消掉，并在两侧开窗，将三层也做成了卧室。这样，就比原先的格局多出几倍的房间数量，增加盈利。二、三层客房还增加了卫生间。从卫生条件落后、与家禽共处的旱厕发展成了干净整洁、现代卫浴设备齐全的卫生间，它不再放置在一楼，而是有了独立的空间。改造的形式主要分为两类，一类是在原干栏木构建筑中置入集成卫浴，同时拥有淋浴间的一体式卫生间，可以将水汽与木地板隔离开来；第二类是将卫生间加建在原干栏木构建筑外，墙体部分用砖块或混凝土砌筑，以达到防水的目的，内部空间中洗手台、马桶、淋浴设备等现代卫浴产品一件不少（图188）。

图188　后期增加的外挂式卫生间（来源：自摄）

## （三）混凝土建筑对壮族村落的影响

过去由于受到经济与交通等条件的制约，传统壮族干栏木构建筑的营造通常以就地取材为主，用当地的石块垒平地基，用自己种植的杉木建造房屋，这样的做法可以节约成本。随着与外界交流的增多，受到外来文化的影响，以及新材料、新技术的出现，房屋在营造过程中受到的限制因素减少，壮民的审美也有所改变。随着钢筋混凝土、水泥、玻璃、瓷砖等现代建筑材料进入村寨，新型民居不仅在空间上模仿现代建筑，在材料上也倾向于使用混凝土材料，混凝土"方盒子"的数量逐年攀升，大有取代干栏木构建筑之势，使得壮族传统村落的历史格局和传统风貌遭到极大的破坏。

### 1. 严重破坏传统村落的完整性

随着旅游业的发展，许多村民开始从事民宿、餐厅等与旅游业相关的服务设施，游客的需求对房屋的建造有着很大的影响。传统干栏民居住宿空间不够，为了进一步扩大空间，村民们通常将建筑加高，从原来的两层、三层发展成了现在的五层、六层，甚至是七层的小高层住宅，这对木材的需求量就比原来多了很多，杉树的砍伐数量超过了种植的数量，破坏自然环境的生态平衡。另外木构建筑类型也不适宜建造过高的房屋，由于交通条件的改善，使钢筋、水泥、红砖等现代建筑材料的购买变得非常便利，村落建筑中砖混结构和框架结构的建筑类型就普及开来。

村落中除了大量的混凝土"方盒子"建筑类型之外，有用红砖或青砖等材料对架空层进行围合的类型；有在原干栏木构建筑外加建混凝土辅助用房的类型；有在新建的混凝土住宅顶层加建穿斗木构架及斜屋顶，并在混凝土"方盒子"建筑表皮用木板进行包裹的类型；更有甚者将欧式风格建筑生搬硬套弄进传统村落中，修建起了西式"小洋楼"的类型……五花八门、乱象横生。对于建筑的外观、选材和色泽上都没有统一的标准，村民们都是凭自己的喜好进行选择。现阶段大多数壮族村落中至少有一半以上的建筑是这样"混搭"的类型，随着时间的推移，这样的建筑恐怕会越来越多，人们对经济利益的追逐使得原本宁静的村寨变得喧嚣与浮华，混凝土建筑的冰冷替代了传统木构建筑的亲和，它破坏了壮族传统村落的传统格局和历史风貌，传统文化特色也在逐渐湮灭与消失，丧失自己原本的模样，这对传统村落完整性的破坏有着不可逆转的影响（图189、图190）。

### 2. 严重破坏传统村落环境天际线

在桂北山地型壮族传统村落中，自然生态环境和人文历史遗存丰富，村落的天际线具有人文特点、审美特点、标识特点以及造型特点，是壮族村落形象展示的主要方式之一，也是体现自身地域特色和辨识度的关键所在。壮族干栏木构建筑长期处在农耕社会

图189 被"方盒子"建筑逐渐侵蚀的天等县福新镇苗村布念屯壮族民居建筑群（来源：自摄）

图190 吞力屯被称为黑衣壮的"活化石"，如今村落内的干栏木构建筑已被"方盒子"建筑所替代（来源：自摄）

图191 传统村落的天际线呈现出自然、和谐的美感（来源：自摄）

的环境之下，因受中国传统审美的影响，一直以自然美、均衡美、和谐美的美学观作为建筑营造的指导思想，这种美学思想对村落的形态、建筑形式、空间发展以及村落天际线的营造都起到了巨大的作用（图191）。自从传统村落中"混"入越来越多的混凝土建筑，村落环境的天际线便遭到了破坏，造成壮族村落自然景观和人文景观价值以及历史文化价值的降低。

　　干栏木构建筑与当地的生态环境密切相关，在山地环境中，地形就是载体，它的变化会引起村落中一切组成元素的变化，包括天际线的变化。组成传统村落天际线的因素除了建筑之外，还包含周围的环境以及背后的山体。但由于材料的更新与技术的进步，混凝土建筑越建越高，原本的制高点被混凝土建筑所取代，这就造成了村落天际线被混凝土建筑轮廓线所占有，村落景观特色逐渐丧失，导致自然景观价值降低。

　　壮族传统村落中的干栏木构建筑是人文景观的主要内容，天际线由面和线组成。建筑的外立面是天际线"面"的组成元素，壮族干栏木构建筑的外立面由木板拼接而成，经过时间的沉淀，木头材质表皮有了天然的纹理，每一栋建筑的外立面都有着自己独特的印记，而混凝土建筑的外立面要么是砖墙、要么铺贴瓷砖，这就使得它缺乏变化与质感，即使使用木板做表皮包裹，也显得呆板，缺乏生动性。天际线中的线是建筑与天空的交界线，壮族干栏木构建筑追求的是自然美和均衡美，传统建筑的屋顶连绵曲折，屋面的角度、长度等各不相同，具有丰富的层次，柔和且具有变化，与天空的交界线形成柔美、均衡的线条。村落中混凝土建筑的出现不仅增加了建筑的高度，还导致了建筑高度过于齐平，屋顶形式也与传统坡屋顶有所区别，破坏了传统建筑屋顶线条的连续性，与平缓的天际线在衔接上产生脱节，失去了自然的美感（图192）。

图192　超体量的混凝土建筑破坏了村落的天际线（来源：自摄）

### 3. 包裹式方盒子建筑

壮族传统村落有着壮丽的景观，古朴典雅的干栏木构建筑背山面水，隐藏在绿荫之中，与周围的景色相映成趣，仿佛一幅秀丽动人的山水画。现代城市中林立着各式各样的混凝土建筑，但都逃不开一种"方盒子"的模式，与这些机械冰冷的现代建筑文化相比，壮族干栏木构建筑就显得尤其秀美，它的独特性吸引着中外游客纷纷前来，大大促进了当地经济的发展，也正因为如此，村落中原本封闭的生活状态被打破，受到外来文化的影响，加上建筑行业新材料和新技术的发展，村民的审美意识有所改变，对物质文化的追求迫切，希望发展与变革，这些因素都导致了壮族干栏木构建筑必然面临着巨大的挑战。

由于缺乏正确的导向和指导性实施方案的引导，村民们在修建新屋时，追求高、大、快、省，新建的民居建筑在造型和材料上都模仿城市里的"方盒子"建筑，使用砖混或混凝土框架结构体系，干栏木构建筑越来越少，多数新建民居变成了"混凝土方盒子"，其中一些"方盒子"用来作为住宿、餐厅等商业用途，为了吸引游客，村民们在建筑外立面包裹上木板，在屋顶修建一层全木构架斜屋顶的楼层，试图通过这样的手法将其与周边的传统建筑进行统一，变成了包裹式虚假的干栏木构建筑。从社会发展的角度来看，这种混合结构是发展的必然趋势，也是壮民们追求发展和进步的表现，但是从历史文化遗产保护的角度来看，壮族干栏木构建筑具有现代建筑所无法比拟的、鲜明的民族特色，如果任其消失那将是一种极大的损失，因此新生事物与传统文化之间的矛盾亟待解决（图193）。

图193 使用木板包裹的建筑外观，缺乏混合结构应有的真实性特点（来源：自摄）

# 四、新生活催生村落新格局、建筑新风貌

在自给自足的农耕时代，传统的壮族村落格局多为聚族而居组团形式，这些以宗族为单位形成的村落多依山傍水。随着当代经济的迅猛发展，村民们为了满足现代生产、生活的需要，越来越多的壮族村落选择从原始的大山深处向集镇、公路边拓展，并且择地修建新居。此外，经济发展推动旅游业进步，使得许多传统村落的建筑形式由古朴、单一的民居结构向更丰富的现代民居、现代民宿以及酒店结构转变。在壮族干栏木构建筑的保护与传承问题的思考中，尊重和适应新生活，探寻村落新格局、建筑新风貌，使有形的资源得到保护和开发，使无形的资源得以继承和发展，从而催生新型的、生态的、与时俱进的干栏文化，这是当代壮族村落重要发展方向。

## （一）村落格局和建筑风貌变迁的原因

自古以来，建筑的传统格局及村落的历史风貌变迁原因并不是单一的，由于自然、文化、生活方式等因素的转变使得村落格局和建筑风貌发生改变是非常常见的。壮族传统村落的发展也不例外，其变迁因素主要来源于以下几点：

### 1. 外来文化影响

壮族传统村落多分布在一些较为偏远的山区，少数的村落分布在地势较为平缓的缓坡或者平原，由于其分布区域多远离城镇，固具有大都市所没有的自然淳朴、静谧安宁的特点，自然资源丰厚、民族风情浓郁。壮族作为中国人口最多的少数民族，拥有着历史悠久且独一无二的人文资源，壮族人民能歌善舞，壮族大歌和农历三月三歌圩节享誉海内外，这些自然、人文瑰宝历久弥新，正吸引着越来越多世界各地的游客慕名而来、随着游客的增多，我们明显地感觉到壮族传统民居建筑开始向商业性建筑转变，虽然这种商业性建筑的外部基本保持干栏木构建筑的特征，但是其内部空间及体量、装饰风格等却已经发生了巨大变化，建筑风貌的转变进一步导致了村落格局的改变。

### 2. 经济发展推动

当代中国经济的飞速发展对壮族传统村落格局和建筑风貌都产生了很大的影响，村民的生活水平提高了，传统的生产生活方式也随之发生了翻天覆地的变化。原来当地的村民以农耕为主，伴随着经济的发展，旅游业逐渐兴起，有的村民在自家世代居住的土地上建起了民宿、酒店，以满足外来游客的住宿、餐饮和各种娱乐需求，因壮族干栏木构建筑功能、结构和材料变得难以适应现代化生活的需要，缺点日益凸显。所以在建筑的结构和功能形式上应做出调整，以满足村民及游客的生活需要。此外，旅游业带动了各种商业建筑的兴修，如沿街商铺、民宿、酒店等建筑的修建扩大了壮族传统村落的规模。壮族传统村落在保护和传承传统文化的基础上顺应时代要求，对民居建筑的风貌进行合理的改造，以满足新时代壮族传统村落居民及外来游客的需求，拉动当地经济建设和提高村民生活水平，这是新时代壮族传统村落发展的必由之路。

### 3. 时代发展的必然要求

在这个全球化发展的21世纪，中国的政治、经济、文化都在飞速发展，中国人的物质生活水平有了很大的提升，看惯了大城市的灯红酒绿，在日复一日繁忙的工作之余，越来越多的都市白领渴望逃离城市，亲近自然，返璞归真。壮族传统村落以其原始古朴的特点自然而然地受到五湖四海游客的青睐，与此同时，伴随着第三产业，尤其是旅游业的出现和发展，全国很多地方都在找寻新的旅游经济增长点，广西的很多城市也不例外，壮族传统村落作为广西旅游发展的一大亮点，对其进行旅游开发是大势所趋，随着旅游业迅猛发展，干栏木构建筑在结构、功能等方面顺应产生时代性的变迁也就不足为奇了。

## （二）新材料、新结构催生新形式

众所周知，传统的壮族干栏木构建筑多以木材为主要材料，壮族干栏是广西民居类型里面最具有特点的一种，它能适应各式各样复杂的地形条件。但是作为壮族传统文化的代表和历史的时尚经典，壮族干栏木构建筑自有其存在的局限性，如干栏木构建筑隔音差、内部空间昏暗、易发生火灾问题等，都与当下的现代生活、现代文明存在着许多的矛盾。此外，干栏木构建筑结构形式无论是从安全角度还是现代生活诉求角度考虑都不能满足现代人的需要，要建造出符合时代特征的壮族干栏民居建筑，必须从建筑的材料、建筑结构创新入手，催生壮族民居建筑新样式，如使用混凝土材料建造架空层结构，运用木构建筑技术营造建筑上半部分。或者使用混凝土材料建造一层、二层，三层以上使用木构建筑技术营造，并使用木材对一层、二层的建筑表皮进行包裹，包裹时不能只是表面上的简单拼贴，应该把干栏木构建筑的穿枋、拼板结构再现出来，使建筑的整体风貌与样式相统一。钢筋混凝土结构的融入很好地解决了干栏木构建筑存在的隔音差、内部空间昏暗、易发生火灾等问题，既提升了干栏木构建筑内部的现代化和舒适性，又保持了传统干栏文化的整体性和延续性。在建筑外观上最大化地保留传统木构建筑的特点，对其内部功能空间运用现代科技和手段合理进行改良，让其保持干栏木构建筑的精髓，这是新结构催生新形式的根本所在。

由于旅游业的发展、外来文化的冲击对传统的民居建筑提出了更多的要求，壮族干栏木构建筑存在的隔音差、易发生火灾、建筑渗水率高等问题突出。这些问题促使卫生间和厨房等干栏木构建筑中所没有的新功能出现，大大提高了干栏木构建筑的使用性能和安全性能。对于墙体、楼板隔音差的问题，可以使用双层木板中间附加吸音棉的隔音处理应对；设置电路线管和防漏电保护装置，增加用电安全系数；将使用明火的厨房移至混凝土层，解决防火问题；建筑局部采用砖混结构将卫生间垂直的单独设置在建筑的某一位置，解决干栏木构建筑的渗水等问题，满足现代人们生活的基本需求。此外，将卫生间演绎成民居建筑的钢结构外挂构件依附于干栏木构建筑的外部，也是生态性解决问题的思路之一。

## （三）新功能拓展新空间

壮族传统干栏民居建筑所需要的功能较为简单，主要是满足当地居民的日常生活、劳作即可，因此在很多民居建筑中，房屋的各功能往往并没有很明显的区分，如有的火塘设置在厅堂，会客功能和餐饮功能大多合二为一。而今伴随着旅游业的不断发展，为了迎合外来游客需要，越来越多的民宿和连锁酒店出现在壮族村寨当中，游客们对于居住环境的要求普遍较高，传统的壮族民居建筑在其功能和空间上都必须做出调整。传统民居建筑要向现代化商业建筑靠拢，这就要求建筑要具备新的功能，新的空间也随之应运而生。如对于民宿、酒店来说，利用干栏木构建筑的出挑结构在客房的相应平面上做观光平台或露台餐饮区的新功能设置，并适当地辅之以采光较好的棚架或太阳伞遮阳、挡雨，让游客可以在建筑平台上欣赏当地的自然风光、享受惬意的乡间生活。干栏木构建筑由于新功能的需要而衍生出来的新平台空间也就是当代建筑师着力打造的灰空间，增加了这一灰空间构造形式的干栏木构建筑不仅传承了传统建筑文化的历史，还满足了现代旅游的生活需要，合理地延续了干栏木构建筑依形就势的特点，反映出建筑这一动态文化的时代性。此外，观光平台和露台的出现，需要具备更结实坚固的结构基础，这就意味着，对于建筑架空层支撑材料的要求势必会有所变化，混凝土这类新的结构材料是这一要求的很好选择，其对于节约经济成本和稳固架空层结构都能起到一定的作用。

## （四）规划部门应起的引导作用

随着改革开放政策的实施，尤其是经济全球化的发展，大量的现代工业文明对传统的壮族村落产生了巨大的冲击，钢筋混凝土建筑结构、大面积的玻璃材料等现代产物开始出现在古老的村落中，并大有一发不可收拾的趋势。保持地区旅游经济的可持续发展，在发挥自然风光秀美的环境优势基础上，如何利用好独特的人文资源吸引游客的到来，这不是还原传统村寨格局、修补传统建筑的简单工作可以做到的，政府部门作为保护和传承壮族村落永续发展的关键所在必须起到良好的引导作用，首先应处理好干栏木构建筑保护与传承的关系，引导壮族民众的传统壮寨保护意识和传承意识觉醒，在提升村民生活水平的同时不能使壮寨失去其纯朴自然的特点，其次要制定地方性相关保护、发展条例和实施细则，以解决现代与传统的尖锐矛盾问题和解决新旧人居环境的尖锐冲突问题。规划部门应从以下几点着手：

### 1. 提升村民自身村落保护意识

随着经济社会的全面发展，广西壮族自治区在振兴乡村建设、民族村落旅游和繁荣少数民族文化政策的推动下进入了全新的发展时期，其干栏文化的独特魅力和秀美的山水风光使主题旅游不可避免地成为该地区经济发展的资源优势。广西的部分地区属农耕经济社会结构，壮寨也不例外，经济社会的发展，地区经济转型使得旅游业发展迅速，很多外出打工归来的村民对家乡传统干栏民居建筑的舒适性产生了怀疑，增长了见识的村民们希望过上与城市一样的舒适生活，希望家乡的建筑有新的变化。因此他们在修建新房屋的时候使用与城市住宅一样的混凝土砌体材料，造成了混凝土"方盒子"在少数民族村寨中随处可见的现象。这种建造方式严重破坏了少数民族传统村落干栏木构建筑的整体性，危害当地人们赖以生存的生态环境。对此政府部门应引导壮族百姓提高对干栏木构建筑的重视，让百姓们明白，干栏木构建筑同样可以具备很好的生活条件，内部空间的改造可以给百姓带来很好的舒适性，因此要在提升干栏木构建筑人居环境质量的同时，保护好村落的传统格局和历史风貌，利用村落的历史文化资源，吸引游客来到壮寨观光、体验，从而推动当地旅游经济的发展。游客初衷是希望远离城市的喧嚣回归自然，感受"原生态"的田园生活，而一味地建造"方盒子"混凝土建筑不光使壮寨损失其吸引游客的历史文化资源，更重要的是进一步恶化了其传统的文化环境，丧失了民族村落的灵魂。那么，如何让壮族百姓在享受现代舒适生活的同时不破坏壮族古村落的传统格局和历史风貌呢？首先村民们要树立对于干栏木构建筑技艺的保护和延续意识；其次可以在不破坏建筑外观风貌的同时通过运用现代技术手段对居室环境质量进行提升，实现人与建筑和谐、建筑与自然环境和谐的双优局面。

总而言之，政府部门应引导壮族百姓合理地开发旅游，创造经济效益，同时更应重视干栏木构建筑的保护，保留住自己的根，尽量避免在建设时大拆大建，应保持干栏木构建筑发展的延续性。干栏木构建筑的传承以传统营建技艺为主，使村民明白发展旅游、创造经济效益的法宝是保护和传承原生态建筑文化，在保护干栏木构建筑风貌的前提下采用现代科学的方法对室内环境进行改善，使村民形成传统村落的保护意识。

### 2. 政府部门制定相关的保护政策

传统壮族村落在广西分布较广，民族资源丰富，有很大的开发潜力，目前看来，桂北地区的旅游发展情况较为乐观，如龙胜县龙脊镇平安寨由于拥有大片的龙脊梯田自然风光和大片的干栏木构建筑群，吸引了大量中外游客的到来，但是近年来村落旅游开发缺乏合理的保护措施，造成了村落的建设规模过大、速度过快，形成了古村落文化的乱象。因此，政府的行政干预和资金补贴成为村落文化保护与传承以及旅游业可持续发展的关键举措，政府需要完善当地的基础设施建设，通过价格、金融、税收等政策引导旅游业的健康发展，完善传统村落的发展建设规划，积极地应对当地旅游发展出现的问题。

随着古壮寨建筑的日趋现代化，社会各界对壮族传统村落干栏木构建筑保护的呼声越来越高，要保护好村落的传统格局和历史风貌，除了壮族百姓自身要提高保护意识以外，政府应制定一系列的措施，对壮族传统村落的干栏木构建筑进行保护，打造具有壮族传统特色的旅游品牌，要注重博物馆式的少数民族地区自然环境和人文环境的有效保护，制定少数民族地区活态保护政策，必要时可以进行政府干预和资金补贴。此外，抢救原貌尚存但是已经遭到破坏的传统建筑、传统村落，采取有效措施，及时停止乱搭乱建，杜绝大拆大建，保护好尚存的壮族文化遗产。最重要的是，在加大发展景区旅游业开发力度的同时，充分调动壮族百姓保护壮寨传统文化的积极性，呼吁壮族百姓在立足于保护传统壮寨传统格局和历史风貌的基础上进行合理的开发利用，从而形成自然景观、人文景观与经济发展的良性循环模式，形成文化旅游的生态链，这一生态链的建立才能真正起到保护干栏木构建筑和自然环境的核心作用。

# 五、壮族传统村落发展中存在的问题

壮族传统村落在发展过程中存在着诸多问题，从乡村振兴建设总体上看，壮族传统村落正处在居民生活条件改善、传统村落保护和美丽乡村建设的发展时期，村落的基础建设、文化保护和旅游发展存在着许多大大小小的问题，主要概括为以下几方面：

## （一）政策支持不足

在经济发展迅猛的今天，对于壮族传统村落的保护越来越受到重视，人们逐渐意识到保护壮族传统村落的重要性。广西独具特色的民族村落吸引了各方游客的到来。据悉，2012年12月，由住房和城乡建设部、文化和旅游部、财政部三部门发通知公示中国传统村落名录，全国28个省共646个传统村落入选该名单，其中广西有39个。广西的乡村旅游正进入蓬勃发展的时期，越来越受到各方的关注和支持。可是也应当看到在少数民族传统村落的发展过程中，其中一些村落及管理部门过于追求经济效益，也导致了很多问题的发生。

有很多问题是由于政策支持不足而造成的，比如为了追求经济效益的最大化和省事、方便管理，某些乡镇的管理部门将传统村落的旅游开发交给旅游开发商，这样做忽略了当地村民的利益，旅游开发商纯粹地将利益作为旅游开发的根本目的，没有从根本上考虑村落建设才是发展的核心，久而久之导致当地村民和旅游开发商之间的矛盾。乡镇管理部门需要从中协调各方利益，规范旅游开发商和村民之间所得的利益比，如在旅游开发的前期让开发商获得更多的利益，吸引投资，而等到旅游业发展较为成熟后让村民获得部分收益，达到各方利益均衡，这样对于民族村寨的旅游发展会有所帮助。

## （二）资源利用率低，形式单一

随着壮族传统村落的不断发展，在越来越多新建筑拔地而起的同时，我们却发现，虽然广西的传统文化资源丰富，但是很多壮族地区传统文化资源的利用率不高。一方面是因为宣传力度不够，另一方面也由于地处偏僻、交通不便。虽然保留了成片的历史建筑群，但由于旅客稀少，传统村落保护经费入不敷出，造成村民对古建筑的保护不重视、不关心，更有甚者在历史建筑群的附近修建了大片的"方盒子"建筑，严重破坏了传统村落的传统风貌和历史格局。如西林县马蚌乡那岩古壮寨的情况就是如此，由于四面环山，交通极为不便，距离百色市车程多达5小时，造成了古壮寨的旅游开发效益几乎为零，村民在旅游开发中没有收入，因此对村落的整体环境保护不重视、不关心，造成了"方盒子"建筑随处可见。那岩古木寨附近森林覆盖率高，有丰富的负离子资源，这些空气中的负离子能改善自然生态环境，净化空气，可以调节人类机体内在的生物节律，抑制老化，小粒径空气负离子还被誉为"人类空气的维生素"，因此在西林那岩结合文化旅游线路打造休闲圣地，建立天然氧吧和康养中心等休闲度假项目，吸引附近市县的游客是乡村振兴发展的明智之举。又如在龙州县上金乡白雪屯壮族传统村落的乡村振兴策略中，一方面充分利用本地保存完好的壮族传统村落这一历史文化资源，围绕已收录世界文化遗产名录的，具有两千多年历史的花山岩画打造独特的人文景观环境，另一方面充分利用龙州地区丰富的民俗文化资源，如节庆习俗、天琴文化等，打造内涵丰富、特色突出的历史和人文旅游线路。所以合理运用本地浓郁的传统文化资源和丰富的自然条件资源，增强自身核心竞争力才是主要手段，而不是任由旅游资源单一，经营理念落后，导致无法吸引游客的到来。

## （三）保护、开发与壮族民众利益有矛盾之处

随着近年来中国经济的蓬勃发展，旅游业在给壮族传统村落带来经济利益的同时，也出现了许多问题。其中比较突出的几个问题是：

### 1. 壮族民众日益增长的居住要求和干栏木构建筑保护之间的矛盾

随着人们物质文化生活水平需求的提高，壮民们也渴望能过上干净整洁、明亮舒适的现代生活，干栏木构建筑恰好在这些方面存在问题，在外打工见过世面的村民运用混凝土砌体结构修建新房，以期通过"方盒子"建筑改变原有不佳的生活状况，久而久之，传统村落里"方盒子"建筑越来越多，大有取代干栏木构建筑之势。因此，如何通过现代手段，达到在提升村民生活水平的同时保护和传承壮族干栏木构建筑，这是一个永恒的、值得不断研究和探索的课题。

### 2．旅游开发商和村民之间的矛盾

另一个问题就是在旅游开发的时候，政府为了获得更好更高的效益，而将壮族传统村落的旅游开发交给开发商承包，开发商前期投入了较多的经济经营成本和开发资金，自然而然会想着能早点取得经济回报，而不是从长远发展的角度出发，让利于村民，这样就导致村民们的收益甚少。开发商在发展旅游业时候的这种行为忽略了村民的利益，使得村民们的生活水平并没有得到实质性的提高，这样做也违背了共同致富的原则。想要根本解决这个问题，就需要政府在政策导向上进行适当地引导，在操作的时候，要具体问题具体分析，制定一些灵活的利益分配方案，比如在旅游开发的初期，为了鼓励企业投资民族村寨旅游的积极性，可以将旅游业的效益让利于开发商多一些，随着旅游收入越来越高之后，可以适当提高村民的收益，促进当地村民的生活水平的提高，尽可能地保障在旅游业经营开发的各个时期各方的利益都可以得到适当的满足和合理的分配。

### 3．村寨之间的矛盾

在壮族传统村落旅游开发的过程中，各个村寨之间的矛盾十分尖锐，特别是在旅游发展的初期，村寨竞相争抢游客的现象十分严重，彼此间的资源特点、服务特点和经营方式都十分相似，导致各村寨之间的竞争十分激烈，各村寨都希望可以从旅游发展这块"大蛋糕"上分得一杯羹，从中获取更多的利益，可是由于经营模式过于雷同加上本身资源分配的不均使得各村寨间产生矛盾，经常为争夺利益而产生冲突，这个也是旅游业发展过程中不可小觑的矛盾。

随着壮族村落的旅游业开发和社会参与程度不断地加大，政府部门、开发商、村民等各方之间的关系正日趋复杂，矛盾突出，利益分配问题导致的纠纷年年有、村村有，如何调整各方之间的利益冲突，是值得思考的问题。

## （四）政府部门应起到引导作用

对于民族村寨的保护与开发所存在的问题，政府部门要起引导作用，制定相关条例和实施细则加以解决。政府作为壮族传统村落发展的引导者，要严格地区分文化遗产保护和旅游开发的不同点，用较为长远的眼光看待壮寨民族文化及建筑遗产的保护和文化的传承等问题，如"百年老屋"的修缮保护，作为民俗博物馆的活态保护以及传统村落核心保护区内干栏民居建筑内部生活环境的升级改造等问题。不断地协调和解决在壮族传统村落保护和旅游业发展过程中出现的方方面面的问题，让壮寨传统干栏文化遗产能得到针对性的保护，真正地发挥传统文化的内在价值。

问题的重点在于，如何提升当地村民在旅游开发过程中的参与度。在传统村落旅游开发过程的初期，政府往往起到决定性作用，但是不应该忽略村寨里的村民们，他们是村寨的一分子，应当拥有适当的利益。所以要加大村民参与的积极性，让壮民们在旅游开发过程中不只是扮演配角，而应该明白村寨旅游开发的重要性并从中获益。做到全民参与，而且意识到自己居住的传统村落必须得到保护，而且要人人参与保护，在保护中寻发展。如在当地旅游景点中安排固定的工作岗位，让村民参与其中，从中获益。组织和安排村民们参与迎接游客的各种活动中，比如"壮族三月三""壮族大歌""赶歌圩"等，以记工分的形式按年结算报酬。组织和发动村民们修建民宿、售卖当地特色产品等使其从中获益，从各方面让村民真正地参与进来，在促进壮族传统村落历史文化保护与旅游开发建设中起到有效的引导作用。

# 六、壮族干栏木构建筑保护、传承的意义和价值

## （一）物质文化保护、传承的意义

壮族干栏文化的保护与传承具有深远的意义。弘扬干栏文化及其营造技艺有助于强化干栏文化在广西社会发展中的作用和地位，有利于促进地区间少数民族文化和艺术的交流与合作，更有利于维护壮族地区的稳定与和平，构建和谐社会。可以应对自然资源过度开发造成的危机和因此而产生的严重社会问题。

### 1. 干栏木构建筑使用的舒适度

干栏木构建筑的舒适度主要体现在其对温度的迟缓性及材料的亲和性上，比起一般的钢筋混凝土建筑来说，干栏木构建筑具有调节室内温度的作用，好好利用正好消除了山区昼夜温差大带来的不利影响，具有原生态的意义。木材、夯土、石块等自然材料的运用往往可以达到令人意想不到的效果，给室内环境带来舒适的温度和湿度，有许许多多因地制宜并巧妙地运用当地材料修建民居建筑以达到良好居住效果的例子。如窑洞是中国西北黄土高原上居民的古老居住形式，"穴居式"民居广泛分布于黄土高原的山西、陕西、河南、河北、内蒙古、甘肃以及宁夏等省。在中国陕甘宁地区，黄土层非常厚，西部高原的人民创造性利用高原有利的地形，凿洞而居，创造了被称为绿色建筑的窑洞建筑。窑洞的结构和其取自当地的自然材料——黄土决定了窑洞可以冬暖夏凉的属性。很多的自然建筑材料都可以有很多种功能，不仅能让人居住舒适，还可以达到精神上的愉悦。

壮族传统木构建筑的建筑材料，如木材、夯土、石块等都有一定的调节室温的作

用，主要表现在其具有蓄热缓慢的特点，这样使得房屋在昼夜温差大的山区也可以居住舒适。这些自然的材料能在下午气温最热的时候，进行蓄热，保持室内温度的凉快，而到了晚上，周边环境变凉，室内温度达到最低值时持续释放热量，让室内变得温暖。这一特点生动地展现了壮族干栏木构建筑的生态性特点。

除此之外，木材、夯土、石块等建筑材料的优点还远不止于此，除了可以达到调节室温的物理功能之外，以其天然、淳朴的特点，比起钢筋混凝土构建的房屋，更具有使人不可抗拒的亲和力，人们游走于壮寨之中，会仿佛置身于大自然的环境里，这是由于壮族干栏木构建筑材料本身具有的朴素、自然的亲和力。这种亲和力体现在建筑形制及建筑材料上，从建筑形制上来看，人们不需要大动干戈，在坡上、水田边开辟或垒台平整出一大块平坦的房基，而是利用我国南方常用的穿斗木构架的结构形式在房屋立架时，对应场地的凹凸情况调整柱身长短，锯断多出的柱身，在柱子短缺部分用砖头、石块填补。这种"依形就势"的建造方式节约了开辟坡地、垒砌台基所花费的人力和物力，体现了人类最本真的古朴和原始。架空的建筑下边是耕地和水田，少占耕地在农耕村落也就意味着生活成本的降低。这些技术手段使干栏木构建筑在形制上与自然融为一体。另外，从建筑材料的选择上看，当地干栏木构建筑基本是就地取材、就地使用，这种情况在经济水平低、运输成本较高的山区最为常见。人们通常会选用杉木、石块、青瓦、泥土和草料作为民居建筑的主要材料。原始淳朴的自然材料使壮族干栏木构建筑与周边环境融为一体，成为环境中的有机体，也使少数民族村寨生机盎然、充满了自然活力。

这使得人们置身于其中时，可以感受到来自大自然的馈赠和远离工业喧嚣的宁静，处于壮族传统村落的人们感受到了来自大自然的独特吸引力，"取自于当地，用之于当地"的选材方式和"依形就势"的选址方式，使得建筑与周围环境相互和谐，融为一体，让居住或者游历于壮寨的人们可以享受到来自大自然的天然美感，感受来自大自然的鬼斧神工，从而达到身心的放松和愉悦。

壮族干栏木构建筑不仅具有调节室温的物理功能，而且可以让来自于喧嚣城市环境的人们放松身心，感受精神的愉悦，这是壮族传统村落的宝贵资源，它的保护与传承非常值得我们去深入研究。

## 2. 传统村落的生命力

壮族是广西主要的少数民族，有着悠久醇厚的历史底蕴，壮族干栏木构建筑因为其"因地制宜"的特点和"兼容并蓄"的特质而具有顽强的生命力。广西作为我国人口最多的少数民族自治区，具有很深厚的历史和丰富的文脉。许多的壮族传统村落由于交通的不便，一直没有开发利用，还处于非常原始的状态，民族特色保存得十分完整，乡村资源丰富，不论是物质还是非物质文化遗产在这里都得到了很好的保护，这些都是壮族传统村落发展进步的有效保障。

壮族传统干栏文化作为广西传统文化的重要组成部分和壮族文化历史的记忆，对其的保护和传承是实现民族文化可持续性发展模式的重要内容之一。可是随着旅游业的不断发展，各壮寨之间的旅游开发模式相似度高也成为亟待解决的问题。为了追求经济效益和其他利益，相近的壮寨相互模仿，虽然是各自经营，但却形成了连带的路线，这些民族村寨具有相同的旅游特色，使得游客通常只需游历其中一个村寨就不需要再去其他村寨，这对当地旅游经济的带动是十分不利的。这个问题产生的主要原因是旅游开发对壮寨的文化资源、乡村资源的挖掘不够深入，有的村寨旅游业刚刚起步，为了达到较好的经济效益选择模仿其他旅游开发较为成熟的村寨，大大阻碍了壮族村寨的个性化发展，因此传统村落发展定位恰当与否是关系到传统村落能够换发持续生命力的关键。

（1）形成"名村、名寨"品牌意识

首先，从村寨整体考虑，根据"一村一品""一寨一艺""一镇一业"的发展思路量身定制，走特色道路，在壮族传统村落的各寨子中都建立品牌意识，政府管理部门应引导村民们挖掘自己村寨的资源，每个村寨都是独一无二的，不可复制的，少数民族村寨要发现自身区别于其他村寨的文化特色，并且在进行旅游开发的初期就应该树立品牌意识和竞争意识，要明白千篇一律的复制品是不可能赢得游客的关注的，只有发现个村寨间的差异性特点，在规划的各个系统层面重点突出"名村名寨、凸显绿色、共享生态、感受乡情、共谋发展"的理念，充分利用良好的自然环境、丘陵地形、水景资源，做足文化和生态的文章，才能对整个区域的民族旅游带来蓬勃生机。

习近平总书记在新农村建设调研时就指出：美丽中国要靠美丽乡村打基础、强调新农村建设一定要充分体现农村特点，注意乡土味道，保留乡村风貌，留得住青山绿水，记得住乡愁。国务院办公厅《关于改善农村人居环境的指导意见》中提到，2020年，全国农村居民住房、饮水和出行等基本条件明显改善，人居环境基本实现干净、整洁、便捷，建成一批各具特色的美丽宜居村庄。广西壮族自治区人民政府《关于推进文化创意和设计服务与相关产业融合发展行动计划的通知》（桂政发〔2015〕第23号），提出要加强对历史文化遗产和自然景观资源、历史文化名城名镇名村、传统村落和民居的保护，支持广西特色名城名镇名村开展保护和合理开发利用，建设一批有历史记忆、地域特色、民族特点的特色文化城镇和乡村，形成各具特色的人文城镇体系。政府部门要制定符合壮族传统村落发展的政策，达到传承和保护传统壮族优秀文化的同时惠民利民，达到各个方面协调发展、可持续发展。一方面推进一些保持完好的壮族传统村落申报"中国传统村落""中国少数民族特色村寨"项目，对有意义、有价值的壮寨物质和非物质文化加以保护，积极制定政策规范当地秩序，对相关的建筑技艺研究、人居环境改善、村落环境规划设计等知识要进行普及和推广，进一步丰富壮族传统文化遗产研究的内容；另一方面强调村落民居建筑的改造升级和再造建设与村落的生态建设同步进行，强调村落文化，在村落中形成有机整体的文化景观，围绕文化主题打造"名村、名寨"，建设壮族传统文化生态区，这样有利于民族地区安定团结，增强民族凝聚力，弘扬中国传统文化的传承与发展意识，促进壮族地区传统村落文化的可持续发展。

（2）**重视村落发展问题，深入挖掘自身特色**

在提升当地居民生活环境质量的基础上深入挖掘自身特色。村落的人居环境问题决定了人民生活水平的高低，应当重点考虑。必须高度重视生活环境建设，优化生活环境，提高村民的生活质量，对于有的地区公共交通体系不够完善，在其规划时应注重疏通现有交通线路，改善交通条件，完善路网规划。此外，对现有民居建筑的室内环境进行合理规划和改造，使功能分区更加规范合理，布局陈设更趋科学性。利用壮族地区特有的建筑文化资源进行推广宣传，提高壮族文化遗产的知名度，可以有效增加所在地区的文化软实力。大大提高所在区域的知名度，可以吸引全国乃至全世界的游客前来观光，推进旅游业开发，促进经济的转型，带来更多的收入，有效地提高当地的就业率。

在改善当地百姓生活水平的基础上要挖掘壮族传统村落的特点，如有的村寨有属于自己的传统节日，有的村寨则有特色传统织锦工艺，还有的村寨有独特的自然资源，这些得天独厚的秀丽的自然风光、历史的文化内涵、丰富的乡村文化等都是难能可贵的资源，值得好好地利用和开发。针对性的挖掘村寨发展的潜力，打造"一村一品""一寨一艺""一镇一业"的村落发展模式，提升壮族传统村落人居环境质量，实现经济收入的稳步提高。

（3）**把握旅游业带来的勃勃生机**

保持完好的壮族传统村落对于游客而言，是具有很大吸引力的旅游地点。要想吸引游客们前来旅游，就必须建立鲜活的、具有本地区特色的乡村景观，使壮族传统村落焕发出新的活力。经济基础决定上层建筑，只有让壮族村落富起来，让壮民们的日子好过起来，才能促进民族文化蓬勃发展，使传统村落焕发勃勃生机。

## （二）壮族干栏木构建筑保护与传承的价值

对于民族村寨的保护，有的观点认为世界就是一个"地球村"，民族村寨应该自然消逝，历史不能重演，无法再生，不需要对民族村寨进行保护和传承。然而，"地球村"只是意味着全球的交往越来越密切，而某些区域的争端和战争，还有敏感的政治问题是不可避免也是无法逃避的，"地球村"驱使的科技和经济的发展并不意味着文化的趋同，民族地区的地域文化是历史演变的结晶，是具有特色的丰富多彩的瑰宝，理应得到保护和传承。壮族干栏木构建筑作为广西少数民族地区特有的建筑形式之一，蕴含着世代壮民的智慧和心血，拥有深厚的文化底蕴和历史内涵。其传统的文化资源和优美的自然环境资源在旅游业发展迅猛的当代社会已经越来越弥足珍贵。村民们也渐渐意识干栏木构建筑的保护是多么的重要，对于这些老祖宗留下来的传统文化和技艺的保护和传承，有着重要的社会价值、文化价值和经济价值。

### 1. 社会价值

壮族干栏木构建筑是壮族社会体系中极为重要的一个组成部分，也是维持整个壮族社会的纽带。弘扬和创新壮族干栏木构建筑技艺可以在物质上提高壮族人民的生活水平，而且作为精神支柱和纽带可以维持壮族人民的精神归属感，建立壮族人民自信、自强的精神风貌。

**（1）符合国情和政策导向**

对于壮族干栏木构建筑的保护与传承，是大势所趋、民心所向的事。习近平总书记在新农村建设调研时指出：美丽中国要靠美丽乡村打基础，强调新农村建设一定要充分体现农村特点，注意乡土味道，保留乡村风貌，留得住青山绿水，记得住乡愁。国务院办公厅《关于改善农村人居环境的指导意见》中提出到2020年，全国农村居民住房、饮水和出行等基本条件明显改善，人居环境基本实现干净、整洁、便捷，建成一批各具特色的美丽宜居村庄。广西壮族自治区人民政府《关于推进文化创意和设计服务与相关产业融合发展行动计划的通知》（桂政发〔2015〕23号），提出要加强对历史文化遗产和自然景观资源、历史文化名城名镇名村、传统村落和民居的保护，支持广西特色名城名镇名村开展保护和合理开发利用，建设一批有历史记忆、地域特色、民族特点的特色文化城镇和乡村，形成各具特色的人文城镇体系。广西是少数民族主要聚居地，壮族干栏木构建筑技艺的保护、传承与再造有利于壮族传统村落保护的专项治理，有利于促进和提升民族地区城镇乡村环境的建设，维护壮族干栏木构建筑的健康发展，实现社会的长治久安和稳定发展，实现"美丽广西"宜居乡村的建设目标。

**（2）有利于激发壮族人民对于干栏文化的保护意识**

对于壮族干栏木构建筑的保护和传承，需要建筑美学、传统技艺、文化历史、遗产保护和旅游开发等相关学科的多点结合，激发壮族人民对于自己本民族建筑文化保护和传承意识。首先，应培养区域性的民族审美心理，强化干栏木构建筑经济性、实用性、艺术性特点的系统化技术美学的特征，增强民族文化艺术的认同感，使壮族干栏木构建筑在当今钢筋混凝土"方盒子"建筑体系的海洋中独树一帜，唤醒人们的民族情怀，激发少数民族群众的民族荣誉感、自豪感。其次，强化壮族传统村落与自然和谐共生"天人合一"的理念，强化建筑与环境和谐并存、永续发展的生态观念。此外，构建壮族传统村落整体性保护原则下的民居功能性升级改造方法，掌握传统材料的创新利用以及壮族干栏民居建筑的再造手段等，提升村落人居环境的质量。最后，提高壮族传统村落旅游性商业区域在保持民族特色基础上融入现代技术新语汇的能力，体现与时俱进的商业文化特征。并且通过与行业的合作，积累创意创新实践能力。培养壮族地区传统村落和干栏木构建筑专项建设人才和管理人才。综上所述，只有激发人们对于干栏木构建筑的保护与传承意识，培养干栏木构建筑专项人才，让越来越多具有专业知识的建筑专项人才保护和传承干栏木构建筑，这样的保护意识可以使壮族干栏木构建筑有更健康、更长久地发展。

**（3）维系壮族社会的纽带和精神支柱**

壮族传统村落的构建离不开世代壮族人民的共同努力，干栏木构建筑作为壮族村落中一种常见的建筑形式，更是壮民千百年来同自然和谐共生而传下的心血结晶。干栏木构建筑是壮族社会的精神支柱，对其进行合理的规划和保护，有利于壮族社会的长治久安和社会稳定。

对于壮族干栏木构建筑的保护和传承是一个巨大的工程，需要当地政府管理部门与壮族民众相互配合，构建多方交流与合作的平台，通过建立壮族干栏木构建筑再造设计示范基地和示范村，对壮族传统村落的民居建筑、民宿以及商业建筑的不同类型进行分类建设和管理，使得新的保护模式惠及村落百姓，既保护了村落的完整性又提升了居民的生活质量，使壮族干栏木构建筑营造技艺焕发生机。

## 2. 文化价值

壮族干栏木构建筑以其淳朴自然的特点在中国少数民族建筑中独树一帜，壮民们在建筑过程中甚至并不需要使用施工图，一柱一檩凭的是历代相传的经验，在修建房屋的过程中，更是可以领略到一家建房，全村帮忙的互助精神和齐心协力建设家园的高尚品格以及在建设中不断地使审美理念与"真、善、美"统一起来的精神境界。

壮族干栏木构建筑营造技艺是极具特色的地方文化艺术形式，之所以能吸引大量的游客就在于其地方适宜性的张力，这一民族历史文化形态传承了千百年来壮族社会的文化传统，是壮族村落发展的灵魂，这些独具特色的艺术形式在当今混凝土"方盒子"建筑体系的海洋中独树一帜，唤醒人们的民族情怀和自尊、自强、自信的精神信念。壮族干栏木构建筑技艺的再造使这些传统的干栏文化融入了现代使用功能，不仅适应了现代生活方式的要求，也适应了当代人的思维特点，给人们了解过去，给后人知晓现在提供直接的依据。其"朴质而不粗糙""简约而不简单"的时代特征与少数民族文化的和谐统一，是干栏木构建筑技艺再造的立足点。所有这些再次证明了"民族的就是世界的"这一至理名言的正确性。

生态文明的核心内容是坚持人与自然和谐共生，壮族社会主张在顺应自然的过程中发展物质生产力，不断提高人们的物质生活水平，追求美好、和谐、有序并且充满活力的美丽乡村。

壮族干栏文化是中国传统文化的奇葩。在经济文化快速发展的今天，这种蕴含着传统文化色彩的形式美感正越来越彰显其特有的文化价值。在全球化发展迅猛的今天，对于壮族干栏文化的态度不能是"自生自灭"的态度，而是应该在保护和传承的基础上历久弥新，创造出富有地方特色的、有文化传承意义的当代建筑。要意识到全球化并不意味着全球同类化，而是在全球化越来越便捷的基础上展现自身特有的历史文化价值。就目前来看，民族文化的多样性发展还是主流。广西是一个多民族聚居区，各少数民族在历史演化中逐步形成属于自己的文化特色，这是历史的馈赠，是全人类的宝藏，在这一历史背景中如何将高科技融入村寨生活中，保证少数民族的文化特色的延续与传承，让人类历史有迹可循，这是一个值得深思和研究的课题。要达到这个目的，前提是对于传统建筑和各类文化遗产的保护要做得好、做到位。任由传统村落消逝和灭绝的观点是片面的，因此在满足人们对于美好生活追求的同时保护和传承传统干栏文化，在保护的基础上深化研究，演化出富有新内涵和独具文化特征的干栏木构建筑，让"传统"二字绽放出历久弥新的光芒，让传统的理念和现代的诉求可以达到和谐统一而不是背道而驰，这是一条任重道远的路。

### 3. 经济价值

首先，壮族干栏木构建筑营造技艺高超、历史悠久，其独特的神韵吸引着中外游客的到来。其次，壮族干栏木构建筑朴素、自然，能有效缓解都市人的精神压力，把他们从喧嚣的都市吸引到乡间村寨中，游客们可以享受自然、阳光，体验民风、民俗，感受壮族干栏木构建筑营造技艺的魅力，感受颇有野性之美的壮族文化，这些物质和非物质文化成果在今天文化大一统的国际化背景下都显得弥足珍贵，文化差异的存在使之具有巨大的社会经济价值，给以亚热带自然风情和人文历史为主线的地区旅游业带来无限商机，给当地人提供就业机会并且带来稳定而持续的经济收入，这对于当地社会的长治久安、和谐发展局面的形成提供有力的保障。此外，壮族干栏木构建筑营造技艺借助于中国——东盟博览会的平台，其再生定位可以提升至"国际级"民族时尚高度，基于这样的定位，壮族干栏木构建筑营造技艺就可以在多元文化的交流中，作为窗口向世人展现中华民族文化的精深与博大，彰显其社会效益和经济效益的无穷潜力。

## （三）壮族干栏木构建筑再造的原则

壮族干栏木构建筑的再造不仅传承"自然、平和、内敛"的传统美学观念，还应体现当地人全面考虑干栏木构建筑适应性、整体性、经济性、可行性、安全性等的系统化因素，体现干栏木构建筑应有的技术美学特征，体现出干栏木构建筑营造过程中的劳动美。目前遭受各种因素破坏的壮族地区传统村落和干栏木构建筑，实质上就是文化趋于同质化的直观反映，也可以说是强势文化简单套用的结果。壮族传统村落建设要在静态的"标本式原生态"和动态的"进化式原生态"这一矛盾中找到平衡，才是解决目前传统村落诸多问题的关键，这也使干栏木构建筑技艺的再造成为一件充满挑战性的工作。干栏木构建筑再造创新需要注意以下几点原则：

## 1. 适应性原则

壮族干栏木构建筑技艺具有浓郁的地方性特点，包括了自然环境的适应性特点和人文环境的适应性特点，其"依形就势"的立面形态高逸、灵活，其层层挑叠"占天不占地"空间形式实用美观，其柱身及墙面的营造技艺特点符合了技术美学的要求，经过长时间的熏陶，显现出斑斑驳驳的陈年肌理，散发出朴实、内敛和迷人的气息。

干栏木构建筑再造的适应性原则主要包括建筑与自然环境的适应性原则以及建筑与文化环境的适应性原则这两方面。首先，建筑与自然环境的适应性原则体现在生态视角方面，众所皆知，壮寨优美的自然环境和淳朴的田园风光是其宝贵的财富，而传统干栏民居建筑本身就是一种生态文化。它是壮族先民留给后人的优秀思想，也积累了许多生态性营造的经验，它是人与自然和谐共生的优秀范例，生态文化作为当今的主流文化，其内容涵盖十分宽泛，对于壮族传统民居而言，其再造过程中应突出"依形就势""就地取材""方便运输""循环利用"和"生态能源"的特色。其次，建筑与传统文化的适应性原则体现在再造过程中必须以尊重壮族传统文化、保护壮族传统文化、传承壮族传统文化为主要原则，而不是盲目的改造、胡乱的改造。

**（1）遵循"新核旧貌"的再造模式**

"新核旧貌"的建筑形式可以使新建筑在传统村落中不突兀，其沧桑的外表承载了少数民族地区传统干栏文化的历史。对于之前没有按村落整体规划建造的混凝土"方盒子"建筑，要用木板对其外部表皮进行包裹，甚至局部进行挑台、挑廊等建筑结构的真实还原，利用局部结构的再造和外部表皮的包裹使原先突兀的混凝土建筑对生态村落造成的影响最小化。这样一来顺应了当地少数民族村民提高生活质量的愿望，同时还有效地保护了传统村寨的生态环境，保护了民族村寨旅游经济的生态链，有利于干栏文化的传承与发展。

**（2）把握壮族干栏木构建筑再造的三层内涵**

建筑的再造应分为：赋予其新的生命；机体的一部分在损坏、脱落或截除后重新生长；重新创建。第一层意思是是对已有的干栏木构建筑予以功能上的更新利用，相当于复活的意思，如传统干栏民居建筑转变为民宿、民俗博物馆建筑等；第二层意思是指对正在使用的干栏木构建筑自身的缺陷进行改造，使之符合现代生活的需要，如厨房卫生间做外挂式处理，防止火灾的发生和渗水的问题等；第三层意思是利用新的结构技术和传统材料重新创建具有时代特点的干栏木构建筑形式，如使用钢筋混凝土架构修建架空层，二层以上用全干栏的方式营造，并使用木板对架空层结构的表皮进行传统式的包裹处理。因此，壮族干栏木构建筑再造方法的选择应考虑不同的针对性思路，但是不论选择何种方法，都要保持壮族干栏木构建筑的完整性和旅游经济的可持续发展。

### 2. 安全性原则

壮族干栏木构建筑再造的首要考虑原则是安全性原则，任何的建筑都是人类生活的载体，都必须考虑人们在其中居住、生活的安全问题，欠缺安全考虑的建筑存在着巨大的安全隐患，干栏木构建筑再造的安全性原则包括了建筑本身的牢固性和防火性。干栏木构建筑以木材为主，其房屋的木构框架、地基和墙体的稳定决定了干栏木构建筑的牢固性。因此，在新干栏木构建筑中融入现代科学技术手段以保证其结构的刚度和强度。如果是一些老旧房屋的改造，更应注意其结构的稳定性，有必要的甚至可以考虑请有关部门对其勘察鉴定，如遇需要拆改的主体结构要严格地按照相关规范并通过多方商讨提出最安全的实施方案。保证原建筑主体结构不受损坏的条件下，新增构件各节点的连接方式稳固安全。坡地建筑、平地建筑和沿河建筑，由于其所处的地址情况不同，应避免将其混为一谈。其次，传统村落建设中必须着重考虑建筑再造的防火性问题，尤其是桂北、桂西北等山地型传统村落情况更为严峻，由于用地紧张，民居建筑密集化程度高，鳞次栉比，一户挨着一户，一旦发生火灾就很难控制火势。因而在干栏木构建筑的营造上、在村落组团的分布上，都需要进行有机的调整，把厨房的位置选择、安全用电及防火措施规范化的细节落实到位。增设村内消防池、消防栓和组团的防火隔离带，从根本上解决干栏木构建筑和传统村落的安全性问题。

### 3. 经济性原则

目前壮族传统村落的经济状况相对还不是太好，在进行干栏木构建筑再造时应考虑当地百姓的经济状况，在材料的选择上，要因地制宜，以就地取材为主，比如对当地的废弃老屋还有使用价值的材料进行回收并使用于新建筑之上，既可以降低建筑的经济成本，又可以传承历史文脉，是个一举两得的方法。节约建造的经济成本，并不意味着建筑文化的缺失，在强调可持续发展及生态环保的今天，一味地追求奢侈、铺张浪费的营造模式已经不再受到人们的追捧和支持，渗透着自然、淳朴的气息的再造模式，才是当今发展的主流。在干栏木构建筑的保护和提升再造发展中，要巧妙地将技术与艺术的结合、材料与结构的考究，作为干栏木构建筑的再造基础。此外，在营造中强调干栏木构建筑的牢固性，减少维修的次数与保护维修费用、延长建筑的使用寿命也是经济性原则的体现。

### 4. 可行性原则

壮族传统村落中的新干栏木构建筑样式的出现，是否与村落的传统风貌相匹配，是否值得大面积推广，要在其材料选择、结构技术、经济成本的综合考评中去评判。新干栏木构建筑的材料方式、结构方式要符合政府管理部门出台的法律、法规要求，传统村落中的风雨桥、"百年老屋"等文化遗产级，其修缮必须是"修旧如旧、以存其真"的模式，而新干栏木构建筑则采取"新核旧貌"的营造模式，使新建筑在外观上与村落的传统风貌保持一致，同时满足当地百姓对现代生活质量的要求，这些来自各方面的要求都满足之后，新干栏木构建筑才具备有存在的可能性，并且成为壮族干栏木构建筑再造的新模式得以推广。

第七章

广西壮族干栏木构建筑技艺再造研究

# 一、壮族干栏木构建筑升级发展的内涵

壮族干栏木构建筑作为壮族社会、经济、文化、艺术的载体是壮族先民们在长期的生活和劳作过程中创造的，并且在长期发展演变中沉淀而形成，是生生不息、世代相传的壮族社会、经济、文化、艺术、价值观念、生活方式的综合反映，它的发展过程经历从原始的巢居、穴居直至今日集功能性、技术性、艺术性于一体的干栏木构建筑。

客观地讲，传统的干栏木构建筑的综合性功能布局与地形地貌特点高度吻合的结构形态，当地材料当地使用，当地技术当地营造的地域性特点都是科学的、合理的，也给壮族人民带来良好的物质环境和文化环境。这些兼具实用性和文化性于一体的优良传统在未来的升级发展中仍将是推动干栏木构建筑发展的积极因素，促使干栏木构建筑健康发展。

干栏木构建筑在发展过程中由于诸多局限因素存在使得自身存在着许多与当代生活格格不入的现象，如从村落环境到民居建筑、从户外环境到室内空间都设置有保护神，试图借助神灵的保护达到逢凶化吉、人丁兴旺、安逸富足的目的，这些弥漫在生活中的神鬼迷信思想会影响壮族村民的进取精神和斗志，更为重要的是由于封闭的壮族传统社会生产力水平低下造成许多传统的干栏民居建筑过于简陋，火塘设置于堂屋，久而久之导致木屋内昏暗不堪；人畜同屋，空气混浊；年久失修的木构建筑多出现倾斜状况，不利于人们的身心健康。这些落后和消极的因素是干栏木构建筑发展进步的阻碍因素。

2013年，"中央一号文件"中提出了加强农村生态建设、环境保护和综合治理，努力建设美丽乡村，2014年出台的《国家新型城镇化规划（2014—2020年）》文件中，"美丽乡村""建设具有特色的美丽乡村"再次被提及。因此壮族传统村落的升级发展是顺应时代发展的必然结果，壮族村落升级发展的实质是新农村建设的升级阶段，核心在于解决乡村发展理念、乡村经济状况、乡村空间布局、乡村人居环境、乡村生态环境、乡村文化传承等问题，是我国建设小康社会的关键环节，也是实现中华民族伟大复兴中国梦的客观要求。

## （一）改善农民居住环境

改善农民居住环境，完善乡村公共服务设施配套和基础设施建设等建设美丽乡村的目标之一，在壮族传统村落中，脏乱差现象较为常见，垃圾乱倒，柴草乱堆，圈舍乱搭，禽畜乱跑，污水乱泼，车子乱停等随处可见。因此，实行乡村规划，合理化进行人车分流，增设停车场，乡村公路与集市分离，修建垃圾池、垃圾屋，在村落公共区域放置垃圾桶、建造公共卫生间、修建排水排污系统、提高壮族传统村落的文明程度打造河岸景观带，保护好农村自然生态，尤其是保护好壮族民居干栏文化的特点，切实提升民居建筑室内环境质量，使之符合当代人健康生活的需求，同时注重乡土味道、体现农村特点，保留乡村的民居建筑和环境风貌，发展有地域性特点的美丽乡村。

## （二）弘扬民族传统文化

壮族干栏文化是历史发展过程中对物质与精神内容的整合，蕴含着高度的民族认同感，从弘扬民族文化的发展要求来说，壮族干栏民居文化面临的困难和压力更大，特别是信息社会快速发展与变革形式之下，壮族干栏民居文化受到的冲击是前所未有的，面临被排挤、被弱化的尴尬局面，甚至一些传统的文化现象正濒临消失，因此弘扬壮族干栏民居优秀的传统文化任重道远。

# 二、壮族干栏民居建筑升级的必要性

## （一）壮族干栏人居环境提升的需要

传统的壮族村落及干栏民居建筑是历史发展的产物，是当时生产力水平的集中体现，在不同的历史时期给壮民们提供了物质生活和精神生活的满足，但是民居建筑作为一种动态文化，必然随时代发展而发展。随着生产力水平的提高，传统干栏民居暴露出其特有的局限性和落后性。如干栏木构建筑在长期的使用中不注重结构的及时更新，久而久之造成木屋受潮发生倾斜，不注重干栏民居内部的环境卫生清洁，民居建筑内部脏乱不堪，即便是白天，民居建筑内部也如同夜间一般黑暗，干栏民居建筑的防火设施简陋，安全性低，再加上壮族村落民居建筑间距过于密集，使火灾成为人们生活中的一大隐患，在壮族传统村落中，几乎每年都会发生火灾，给村民们的生命财产带来严重的危害。近年来，随着全球化的发展和信息渗透的影响，尤其是受文化趋同现象影响，在外打工的村民们亲身感受到现代文明给生活带来的便利和高质量的生活环境，回乡下建房时便逐渐的使用钢筋混凝土框架结构作为建筑主要结构方式，这些钢筋混凝土的"方盒子"建筑在一定程度上解决了干栏木构建筑的局限性和缺陷，也在内部空间环境上提升了人们的生活质量。这些升级变化是村民们自主做出的，反映了他们对美好生活的追求和向往，这一背景下壮族村落干栏民居建筑的升级和改造是不可避免的。

### （二）壮族干栏文化传承与创新的需要

文化传承是人类社会发展的内在动力，人类创新文化必然建立在文化传承的基础之上，如果每一个问题的解决方式都要从头开始也就无所谓经验之谈，更上升不到文化的沉淀，社会的发展也必将陷于停滞不前。干栏文化作为壮族文化的灵魂和血脉，是壮族文化的精粹，反映壮族文化的生命力和凝聚力，为壮族人民所认同。如果干栏文化的发展没有传统文化的铺垫，就会如同没有根基的树木，失去了存在的养分。

干栏文化的认同是干栏文化传承的先决条件，因为文化的传承不是一成不变的承袭，而是取其精华去其糟粕的过程。传承是创新的前提，创新是传承的必然结果，传承与创新是发展过程中的两个方面，文化在传承的基础上创新，在创新的过程中传承，使干栏文化的发展在批判性传承的文化环境中健康发展。一方面我们不可能脱离壮族的传统干栏文化去谈创新，另一方面，壮族传统干栏文化的创新要体现时代精神，再优秀的文化传统也要适应时代要求。

进入21世纪以来，面对全球化的冲击，壮族传统干栏文化的发展也为人们所重视并投以关注的目光，在这场文化的激烈碰撞中，传统干栏文化能否抱着自信宽容的心态面对困难，在坚持优秀文化传承的同时吸收现代文明成果，包括干栏木构建筑的材料、结构、物理性能等方面的养分，从而实现传统干栏民居文化的创造性转变，是个非常值得研究的课题。

### （三）发展壮族传统村落特色旅游，实现经济转型发展的需要

经济发展是社会各项事业发展的基础，各少数民族村落在发展中均根据自身实际情况，挖掘特色，建立和完善"一村一品"的特色产业，依靠特色发展产业经济，特色产业的发展改变了壮族村落单一的经济模式，使部分壮族传统村落的经济收入增长快速。在加强当地经济活动的同时，提升了当地的经济竞争力。"特色"的分类要从村

落自身条件出发，定位乡村产业发展的主要方向。一窝蜂地发展传统村落的旅游并不是脱贫攻坚的唯一举措，特色旅游包括了优美的自然景色，也包括了村落自身传统文化的魅力。

一方面，壮族地区特有的卡斯特地形地貌造就了奇特的自然景观，这是壮族传统村落进行特色旅游开发的条件之一。另一方面，壮族村落的民族传统文化也是其进行旅游开发的条件之一，可以通过传统干栏民居建筑、民风民俗等文化资源感受壮族传统村落多姿多彩的民族文化内涵和精神风貌。少数民族文化的保护与村落特色旅游相互促进，在促进壮族优秀文化传统传承与保护的同时，实现经济的持续增长，如桂北地区的龙胜龙脊古壮寨，其村落位于举世瞩目的龙脊梯田景区之中，不仅拥有独特的卡斯特地形地貌的壮美山水，同时还拥有千年历史的壮族古村落及梯田等人文景观。村落与梯田融为一体成为景区众人瞩目的焦点（图194～图196），人文资源与自然资源相辅相成，体验型旅游与观光型旅游相互促进，使得龙脊古壮寨成为山水桂林的主要旅游点之一，给当地带来丰厚的经济收入。

在"社会主义新农村建设""美丽乡村建设""乡村振兴战略"的实施中，许多有条件的壮族传统村落都利用其美丽的田园风光和丰富的干栏文化吸引游客的到来，广西很多地区，尤其是桂北的龙胜地区壮族传统村落的特色旅游开发火热，现代游客的到来对壮族干栏木构建筑的民居环境提出了新的更高要求。利用壮族干栏木构建筑营造技艺升级改造民宿空间层出不穷，成为融入壮族村落民居建筑的新类型，火热的特色旅游业发展不仅是解决农村问题的重要举措，也是保护和传承民族文化的重要举措，壮族传统村落特色旅游在促进民族文化传承，带动本区域经济发展和促进民族文化发展等方面起着积极的作用。

图194　优美的自然环境与独特的人文环境使龙脊景区成为游客青睐的旅游胜地（来源：自摄）

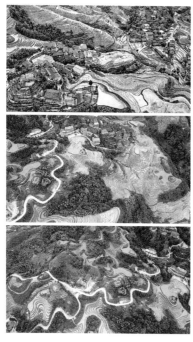

图195　优美的自然环境与独特的人文环境使龙脊景区成为游客青睐的旅游胜地（之一）（来源：自摄）

图196　优美的自然环境与独特的人文环境使龙脊景区成为游客青睐的旅游胜地（之二）（来源：自摄）

# 三、壮族干栏木构建筑技艺可持续发展思考

## （一）壮族干栏民居建筑发展现状

### 1. 缺乏对自身文化的认识

在乡村脱贫建设和新壮乡建设中，某些地方管理部门往往把大修、大拆、大改作为新农村改造的首要任务。拆除黑暗、破旧、年久失修的干栏民居，替之以现代的"方盒子建筑"，短时间内达到精准扶贫的指标，没有考虑壮族村落中的民居建筑如何保持与当地自然风貌、人文特点相结合，造成传统壮族村落民居建筑与其他区域的建筑呈现出趋同的模式，忽略了"美丽乡村"建设的含义，割裂了传统壮族村落文脉和干栏民居建筑的传统文化联系（图197），在村落建设中契合当地自然条件、人文特点，从长远的角度和生态发展的视角看待壮族村落发展的问题。但在实际的操作中，抵不住城市建筑文化的诱惑，把壮族传统村落民居建筑修建成低配版的城市建筑群，还有的管理部门可以主动的反对和劝说村民们放弃在村寨中修建西式洋楼的想法，却

图197　缺乏文化自信的村落，很难具有吸引力（来源：自摄）

无法正确地把握新壮族干栏民居建筑的技术指标，把新型干栏民居建筑理解为"方盒子"上木材料的包裹，拼贴一些装饰性的符号和瓦件，把壮族干栏民居文化的延续与传承异样化，缺乏对壮族干栏民居文化的整体把握和认识，造成整体的壮族传统村落民居文化系统评判标准的缺失。

### 2. 文化趋同带来的困惑

从农村人群的年龄结构来看，外出打工的村民大多是村里的青壮年，有较强的适应能力，容易把城市中的某些生活习惯和价值观念带入农村，对传统的居住文化颇为鄙视，这也是为什么外出打工的壮民们回到村里后喜欢选择城市的建筑样式，修建自己新房的原因。壮族村落中的混凝土"方盒子"建筑的无序建造使壮族干栏民居特点消失，干栏式吊脚楼建筑依形就势的选址优势荡然无存。部分村民盖新房子时，使用砖混结构建造模式使村寨的整体风貌受损。还有部分村民在翻新、修复民居建筑时在原木构建筑基础上加盖混凝土建筑，使得传统特色的干栏民居大幅度减少。现代化的建筑式样、现代化的生活方式给壮族传统村落带来了翻天覆地的变化，砖混的材料及结构方式打破了传统村落原有的格局，传统村落丧失了原有的文化特色和地方特色，"方盒子"建筑修建在乡村的自然环境中，不仅破坏了当地生态系统，还破坏了壮族传统村落物质文化遗产的保护与传承。

"方盒子"建筑在物理功能上改善了居民的生活水平，比传统的干栏民居建筑结构更稳定，室内空间更明亮，在防火和防水渗透方面也比传统的干栏木构建筑更有优势，但是失去了文化根基的村落看起来与自然环境格格不入，部分民居建筑顶棚使用蓝色彩钢瓦建材，更加重了壮族传统村落的混乱。从目前情况来看，广西西部、西南部许多壮族传统村落的民居文化特点正逐步丧失，比如那坡县的达文屯、吞力屯、弄文屯等黑衣壮村寨传统民居文化特点丧失情况严重。

### 3. 急功近利带来的危害

农村社会是人情的社会，壮族村落也不例外，住房对当地的村民来说不仅仅意味着居住的功能，同时也是他们身份、地位的象征，是顾及面子的大问题，农村社会普遍的认为住房与个人的社会成就、声望有着密切的联系。在这样的人情社会中，部分赚了钱的壮民急于修建有区别于传统干栏民居的房屋，甚至是西式洋楼的现象越来越多，这些现象严重影响了壮族传统村落的健康发展。

传统壮族村落中不少居民的文化水平不高，眼光不够长远，思考问题方式存在局限性，加上机关政府管理部门文化遗产保护宣传力度不够，给村落的健康发展造成影响。在一部分自然条件好、风景优美的壮族传统村落中，由于旅游业的不断发展，大量游客蜂拥而至，给当地经济建设带来了诸多机会，村民或村委会在经济利益的驱使下，单纯地把经济收入的提高作为衡量村寨发展的重要评判指标，把自己的民居资源租赁给旅游公司或旅游投资商，以收取租赁费用，短期内实现经济收入的提高。

旅游公司和旅游投资商急于求成、急功近利，以商业运作的思路运营民宿或酒店，没有从文化遗产保护的角度出发，造成壮族传统村落的乱象。龙胜各族自治县龙脊镇平安寨的旅游开发就是典型的例子。平安寨以其独特的龙脊梯田景观闻名于世，龙脊梯田的主要观光点大多云集于此，其独特的自然风光和人文景观，吸引了大批的游客，旅游经济发展在世界旅游名城桂林市也是名列前茅的，但是随着旅游业的迅猛发展，民宿酒店等商业经济规模日益庞大，民居的主人或民宿经营者为了争取较佳的观光效果，在无序中过度开发，修建了大量体量大、楼层多的民宿建筑，使建筑丧失干栏木构建筑的特征，破坏了村寨外观的整体性和单纯性。各种现代建材的混搭使用，使平安寨的面貌发生极大的改变，原生态的民居文化被打破，游客的蜂拥而至使商机大大增加，在经营民宿的基础上出现了餐厅、酒吧、茶庄、歌厅等餐饮和娱乐项目，这些商业形式的开发给当地自然村落环境带来压力，在改变生态平衡的同时，无序的修建使村落环境支离破碎，垃圾的污染和排放也给自然环境带来了沉重的负担（图198）。

## （二）壮族传统村落可持续发展思路

### 1. "以人为本"的发展思路

"以人为本"是我们党全心全意为人民服务的根本宗旨，代表了广大人民的根本利益和要求，明确地把人的利益作为发展的最高价值取向，尊重人、理解人、关心人，把满足人的全面需求、促进人的全面发展作为根本出发点。

首先，壮族传统村落可持续发展建设要考虑村落的发展是为了人。要考虑人日常生活的舒适、便利，还要把人的利益需求作为思考问题和解决问题的出发点和衡量结果的标准，在传统壮族村寨中，超过二十年以上的干栏木构民居普遍存在木头变黑、室内空

图198　急功近利的投资商为了吸引更多的游客，修建超体量的民宿和酒店，使平安寨文化乱象丛生（来源：自摄）

间昏暗、房屋结构倾斜、防火防水渗透性能差，降低了居住者生活的品质。因此，在旧房改造中考虑新材料、新技术的介入以及新形式的利用等。使居住在干栏木构建筑中的村民们生活上有质的提高。强调当地人生活需求的满足，这种满足不仅包括了现代新农村物质条件的需求满足，还包括了当地人精神需求满足，关怀当地人对传统干栏民居文化的自尊、自强、自立的信心。此外，在壮族村落可持续发展进程中，应充分听取和尊重民意，村民们对村落发展的意见和要求应该被重视，只有符合村民要求的乡村振兴建设才是有效的新农村建设，只有能够提升壮族村民生活品质需求的新干栏木构民居才是好的干栏民居，才是新壮寨需求的新型干栏民居式样。

其次，坚持壮族村落可持续发展要依靠人。当地村民是壮族村落的主体，是干栏文化的创造者、使用者和继承者，应该考虑他们的主观愿望，依靠村民自身的实践活动去改造干栏民居建筑，创造出丰富的、符合村民需求的物质财富和精神财富。在当前壮族村落升级改造中更应当发挥当地百姓的聪明才智，推动干栏木构建筑营造技艺的传承与创新，以及干栏木构建筑工匠的培养等工作，也需要发挥当地百姓的主观能动性，只有认识到壮族村落群众的重要历史作用，真正依靠群众的力量，才能有效地实现壮族干栏民居文化的可持续发展和美丽壮乡建设顺利实施。

最后，坚持壮族传统村落可持续发展成果由当地群众所共享也是可持续发展的最终目的。成果的共享就是要求将壮族传统的村落升级改造所取得的成果的各个方面都惠及百姓，满足当地群众的物质生活和精神生活需求，也满足来自各地的游客，让他们在民俗旅游的体验中感受到"以人为本"的关怀和照顾。

从相反的角度来看，如果当地群众的利益得不到保障，发展为了人就变成了空话，可持续发展就会缺乏群众基础，得不到群众支持的结果也就是失去了动力，只有将居住环境升级改造和旅游发展所取得的成果与群众所共享才能有效地实现干栏民居文化的可持续发展，让村民们真正享受到村落升级改造所带来的利益和保障，以及旅游经济开发的好处，才能使壮族传统村落民居建筑的升级改造和可持续发展奠定坚实的群众基础。

### 2. 以自然为本的发展思路

经济的发展是以自然资源的消耗为代价换来的，人类在生产中创造大量人工环境的同时也打破了自然界的生态平衡。随着生产规模的逐渐扩大，资源消耗的情况也越来越严重，如果人类不加节制地向自然无度索取的话，必将受到自然界的惩罚，付出沉重的代价。壮族村落发展的最大特点就是因地制宜、依托于当地的地形地貌，保持村落环境的山水格局。对村落环境造成危害的原因主要是大量砍伐树木造成的资源消耗和水土流失问题、石漠化问题，村落中的生活垃圾问题、污染问题以及周边工厂排污问题等，因此还原区域自然生态，保护好壮族传统村落的山山水水、沟渠阡陌、护坡池塘，让自然生态保持在平衡的状态，有目的、有计划地实现自然生态环境的长效、健康发展。

### 3. "天人合一"的发展思路

"天人合一"的哲学思想一直以来在中国传统文化中占重要地位，"天"指的是自然环境，"人"是宇宙的一个部分，人的行为要与自然发展规律相适应，"合一"指的是人和自然的矛盾相互协调、相互渗透，和谐统一。"天人合一"提倡的是人与自然之间的辩证统一的关系，人与自然共同构成一个完整的生态系统，与自然环境相对应的是人工形态，不论是"以人为本"还是"以自然为本"的发展思路都是在为人提供生活保障，或者为人的可持续发展提供保障为目的。因此，归根结底人类提出"以人为本"和"以自然为本"最终的目的都是为了人本身。

在人类发展的历史长河中，曾经提出过战天、斗地，改造自然、征服自然的口号，使两者间存在着尖锐、对立的矛盾关系，随着人类对自然世界的了解和加深，认识到人是大自然的一个部分，人类相对自然界而言是十分渺小的。因此顺应自然、与自然和谐相处是人类发展的唯一出路。

壮族传统村落的发展和进步一直以来秉承了"天人合一"的传统思想，壮族百姓热爱自然、感激自然的恩赐，许多壮族传统村落十分重视原生态环境的保护，如村落上方的涵养林，不轻易砍伐，避免村落环境的水土流失和坡地塌方现象出现。许多村落环境与自然环境融为一体，我中有你、你中有我、相辅相成，民居的庭院种植的树木、花草与村落外部的自然环境相映成趣。村落中布局随形就势，在改造中结合环村车道，方便村民的出行。实施人车分流，不仅安全、舒适，还突出了村落环境的景观效果，使生活与美景互利共存。

传统壮族木构民居建筑的选材为地方性材料，如竹、木、砖、石、泥、土、沙等，取材方便、节约运输成本和维修成本，其中木材为杉木居多，生长周期为十五至二十年左右，与竹子一样都属于速生材料。正确处理好砍伐与种植的关系，实现材料的可持续发展使用（图199）。村落中一些年代久远的民居建筑在拆除过程中也十分重视旧材料的重新再利用问题，把一些还可以利用的木材和比较完整的青瓦、片石等废旧材料重新使用于新建筑，起到节约能源、保持村落建材的再生使用目的。"天人合一"发展思路明确了壮族传统村落建设的发展方向，营造人与自然、人工环境与自然环境和谐共存、壮乡经济发展与生态保护和谐共进的新人居环境。

图199　地方性材料和营造技术的使用，使壮族干栏木构建筑与自然环境融为一体、和谐共生（来源：自摄）

"天人合一"发展思路阐述了美丽壮乡的实现途径，使人工形态的村落发展遵循于自然形态的本身，"天人合一"发展思路也确定了美丽壮乡建设的客观标准，壮乡传统村落的建设要能够反哺自然，而不仅仅只是向自然索取，促进文明社会的发展，创造自然环境与人工环境双赢局面，形成人与自然的良性互动。

### （三）大力推进干栏木构建筑传承人的培养工作

#### 1. 壮族干栏木构建筑行业从业者严重不足

近年来，壮族干栏木构建筑的专职从业人员有逐年下降的趋势，从业者的年龄普遍在40岁以上，20岁左右的年轻工匠人数少，并且名声在外的掌墨师主要生活在桂北、桂西北干栏木构建筑保护较好的壮族传统村落。因受现代建筑材料冲击影响大的桂西、桂西南地区，民居建筑大多从传统的砖木干栏、土木干栏向钢筋混凝土结构转移，造成干栏木构建筑的从业人员改行的情况屡见不鲜，在德宝县那雷村的旧民居改造中所请的木匠基本都是桂北的木构工匠，可见其行业专职从业人员缺乏现象的严重程度，究其原因，除了"方盒子"建筑模式的冲击之外，木构工匠的平均工资不高（200~300元/天），而干栏木构建筑行业的兼职人员大多数是当地农民，对他们来说枯燥单调的木匠生活远没有大城市工作的吸引力大。从事干栏木构建筑工作只是暂时的，一旦有了进城工作的机会就会放弃村落中所从事的工作，这两方面的因素造成了从事干栏民居建筑的人员数量严重不足。

#### 2. 传统工匠的创新意识不够

除了干栏木构建筑从业者的数量不足之外，从业人员的创新意识也有待提高，壮族干栏木构建筑的传承最为基本的形式就是子承父业、师徒相传。年轻的工匠跟随长辈或师傅学习木作技能，在日积月累的沉淀中成长为成熟的干栏木构建筑匠人，其中优秀者可以成为县级、市级、省级甚至是国家级的干栏木构建筑传承人。

传统的干栏木构建筑技艺是没有文字记载的，在实施干栏民居建筑过程中也是没有建筑图纸参考的，干栏木构建筑的空间结构、尺度、造型都存在于掌墨师的头脑之中，传承中完全凭借口传、心授和实践来培养徒弟，传统的家族传承和师徒传承的方式要求徒弟在拜师之后就必须严格遵守行业规矩，遵守祖训。在尊师感恩的道德标准要求下逐步掌握干栏木构建筑的各项技术要领，由于传统工匠的工作是比较单一的，因此也造成木构工匠在现代木构民居实践中创新意识、创新能力不强的弱点，如砖木混合结构的民居建筑实践中，没能合理处理好砖混部分和木作部分的关系，使砖混结构部分称为木构结构的主要支撑基础，有效地防止纯木构造民居使用时间过长导致的倾斜现象。并且利用砖混部分成厨房和卫生间，解决防火、防水渗透的问题等，许多民居建筑的改造直接就是在"方盒子"上用木材包裹，没能把干栏木构建筑的挑檐、挑廊等出挑结构等特征真实地反映出来，总体上给人创新意识不强的印象。

#### 3. 推进壮族干栏木构建筑营造技艺入课堂的传承模式

壮族干栏木构建筑营造技艺作为专项内容进入高校课堂不仅可以打破少数民族传统

技艺传承模式的局限性、封闭性，使其向开放性转变，还可以使传统技艺从此登上大雅之堂，丰富高校专业人才培养的人才和手段，促进壮族干栏文化的传播，对弘扬中华民族文化传统有重要意义。干栏木构建筑营造技艺入课堂可以采用"请进来、走出去"的方式实施，在课程中，可以聘请干栏木构建筑传承人进入课堂给学生讲授干栏木构建筑营造技艺的基本知识。通过模型制作课，指导学生掌握壮族干栏木构建筑的构造特点、空间布局特点和形式特征等知识。同时，在传统村落中建立干栏木构建筑营造技艺的校外实践基地让学生走出校园，到壮族村落中实例考察、测绘民居建筑。并且到壮族干栏木构建筑实习基地进行干栏木构建筑技艺的实操练习，使学生亲身体会壮族干栏文化的内涵和特点，为将来干栏木构建筑的保护与传承、再造和创新奠定基础（图200）。

图200　广西艺术学院建筑艺术学院干栏木构建筑考察实践课（来源：自摄）

　　干栏木构建筑营造技艺入课堂可以促进多样化的人才培养模式的建立，利用现代教育的人力资源和信息资源解决传统技艺"口传心授""师徒相承"的传承机制上的局限性，以及有所保留和封闭问题，传承匠师的人员紧张问题和其他不利于干栏木构建筑发展的问题，学生在学习干栏木构建筑的同时，增进广西少数民族文化的认同感和自信心，这对干栏木构建筑技艺的可持续发展具有十分重要的意义（图201～图203）。
　　干栏木构建筑营造技艺入课堂可以借助于各种人才培养的渠道和研究课题，开拓视野，突破传统的枷锁，把部分年轻的干栏木构建筑技艺传承人和匠师送入高校培训，培养

图201 学生制作的鼓楼模型（来源：陈罡 摄）

图202 学生制作的鼓楼模型（来源：叶雅欣 摄）

图203　学生制作的风雨桥模型（来源：边继琛 摄）

传统艺人的创新意识和创新能力，如"壮族干栏木构建筑营造技艺的保护与传承实践工作营""国家艺术基金的美丽壮乡民居改造人才培养项目""壮族传统村落民宿改造课题研究""新农村改造课题研究"等人才培养渠道和研究课题，以提升壮族村落人居环境质量、满足现代生活需求为目的，以壮族干栏木构建筑技艺的保护与传承为动机，摒弃某些民居建筑中不能适应现代生活需求的因素，如防火、防水渗透适应能力不强，隔音效果不佳，室内空间黑暗，木构框架倾斜等，将传统的干栏文化与现代的生活方式、行为特点、现代的科学技术相结合。培养出善于提取壮族干栏文化精髓，具备现代建筑知识的高素质人才（图204、图205），创造出符合现代生活需求和传统文脉特征并蓄的干栏民居建筑。

# 四、坚持再造必须是保护、更新与传承的发展模式

## （一）壮族干栏木构建筑营造传统的形成与发展

干栏式建筑在我国的传统建筑文化中具有重要地位，是传统民居建筑的主要形式之一。我国的长江以南地区气候炎热、雨水丰沛、湿度较大、林木资源丰富，在发展的历史长河中一直存在着使用木材建造房屋的习惯，浙江余姚河姆渡遗址中出土的干栏木构建筑，距今已有七千多年的历史。在中国南部和西南部的贵州、湖南、云南、四川、广西、广东、江西等地的考古挖掘中都发现有干栏式建筑陶器的存在，可见历史上干栏式木构建筑的分布在南部中国是十分广泛的，广西的干栏木构建筑最早被广西的西瓯、骆越先民所使用，在特定的自然环境与生产方式的影响下创造出特点鲜明的"离地而居"的干栏民居模式，至汉代广西各地盛行干栏木构建筑。

图204　中国·泰国建筑艺术联合实践工作营——传统村落保护与传承、中国·印度尼西亚建筑艺术联合实践工作营——民宿设计，田园考察、方案设计、方案交流活动之一（来源：自摄）

图205　中国·泰国建筑艺术联合实践工作营——传统村落保护与传承、中国·印度尼西亚建筑艺术联合实践工作营——民宿设计，田园考察、方案设计、方案交流活动之二（来源：自摄）

壮族是我国五十六个少数民族中人口最多的民族。秦朝以来，分别被称为"西瓯""骆越""南越""濮""乌浒""俚""僚"或"俚僚"；在宋代被称为"撞""僮""仲"；明清时被称为"僮人""良人""土人"；1949年中华人民共和国成立以后统称为"僮族"，1965年改为"壮族"。

目前，我们能够看到的壮族干栏木构建筑是壮族先民们在千百年来的生活和劳动过程中逐步发展形成的，并且一直处于一种演进状态，这种动态的演进状态主要受到当地地理环境、气候条件和自然资源等因素的影响，当地民风民俗、生活习惯、社会结构等因素的影响以及现有的营造条件、营造技术和经济能力的影响，也就是说壮族干栏木构建筑营造传统的形成、发展和演进，是壮民们根据自身经济条件和房屋营造水平，充分利用当地的自然资源条件、顺应当地的气候条件、地形地貌条件，积极应用并探索与当地条件相匹配的适应性技术手段，从而满足不同时期的壮民们的需求。其包括物性功能的需求和精神功能的需求，反映出不同时期壮族百姓对高品质生活的理解和追求。

在各种影响因素中，自然的因素决定了民居建筑的潜在材料和形制特点，生活习俗和社会文明程度则在不同历史阶段表现出动态的变化，推动了经济条件和营造技术水平的提高。多种因素相互作用，在具有相同或类似自然条件的不同区域民居建筑选择的营造技术体系存在许多相似之处，由于当地的社会结构与经济条件及营造技术水平的不同导致相同的民族区域的民居建筑存在不同的结构材料和结构类型，如桂北地区的传统壮族干栏木构建筑以木制结构为主或纯木结构居多、而西部、南部地区的壮族干栏木构建筑则出现木骨泥墙或夯土泥墙的土木结构，与循序渐进的民居建筑的发展过程相对应的是区域的适应性技术的逐步进化。

## （二）干栏木构建筑营造技艺的保护和传承与壮族村落可持续发展思辨

### 1. 纠正大拆大建的村寨面貌改造方法

广西一些地方的新壮寨建设热衷于"大拆大建"，把一栋栋传统的干栏木构建筑拆掉，把一片片壮族传统村屯推倒，重新修建起一个个"方盒子"水泥房屋的聚居点，试图以此加快农村城镇化、城乡一体化建设的进程，然而在这种一锅端的"大拆大建"的背后问题一个接着一个，有些村落甚至引起社会矛盾，更关键的是对传统壮寨造成的危害是难以修复的。不合理的发展规划一夜间把数百年存留下来的传统壮落夷为平地，把依山而建的干栏木构建筑拆掉搬迁至公路的两旁统规、统建水泥房屋，将壮族传统的干栏木构建筑演绎成低配版的城镇建筑（图206）。这种大拆大建对生态环境的破坏以及壮族干栏民居建筑文化的践踏是显而易见的，最终的发展结果只能是千村一面，丧失特色。造成传统资源的浪费有些干栏民居建筑看似陈旧其实只需做些结构修补和功能升级，做好室内的清洁卫生就可以继续使用，然而在大拆大建中也跟了风造成不必要的浪

图206　被称为黑衣壮"活化石"的吞力屯和达文屯传统文化环境遭到极大破坏（来源：自摄）

费，这种建设模式之所以成问题在于它违背了村落发展演进的规律。

实际上，中央一直以来反对大拆大建的做法，习近平总书记在谈到新农村改造时指出："在促进城乡一体化发展中要注意保留村庄原始风貌，慎砍树、不填湖、少拆房，尽可能在村庄的原有形态上改善民居生活条件。"或许是出于利益驱使，或许是出于政绩的追求，当前许多壮族村落依然存在大拆大建的做法，对其破坏性的危害缺乏深入剖析。更新改造渐进式发展是民族村落自然发展的演进规律。新农村建设也应该是遵循这一原则基础上展开才能保持壮族村落的可持续发展势头。

### 2. 杜绝壮族村落"异化"现象的存在

在壮族传统村落中经常可以发现民居建筑演进发展出现的乱象问题，如干栏木构建筑被多层的砖混民居替代，仅在楼顶加盖一层斜屋顶建筑砖墙部分用木板包裹以保持建筑外观与其他建筑外观的统一性。由于缺少干栏木构建筑出挑结构的特征使建筑失去了干栏木构建筑的美感，给人以"假"干栏木构建筑的感觉，更有甚者在保留较好的传统壮族村落中修建西式小洋楼，在多层的砖墙上铺贴瓷砖（图207），其形态突兀于壮族传统村落原始建筑形态；此外还有一些村民图省事，在维修干栏木构建筑房屋过程中选择一些现代的临时性建材。如蓝色彩钢瓦的使用，严重破坏了传统村落形象的完整性，造成种种"异化"现象。这是壮族传统村落民居建筑发展演进中常见的问题，这类"异化"

图207　颜色、质感各异的建材混用，使传统村落凌乱不堪（来源：自摄）

现象来自于村民自身的因素造成的；另外的"异化"现象则是旅游业发展带来的副作用，某一些传统的壮族村落，由于地处优美的自然景区当中，加上传统文化格局保留完整，特色鲜明，在发展旅游业之后，迅速成为旅游的热点地区，甚至发展成规模较大的景区村落，这类村落往往在发展过程中把注意力放在景区带来的经济利益和游客的需求上，忽视了传统村落发展以满足当地居民需求为目的，以文化传承与营造主体发展为本质的原则，村落的商业化特征严重，过度的商业化给壮族传统村落带来了沉重的副作用。为了吸引游客和满足游客的需求，开发商把原有的二至三层的壮族民居建筑改建为六至七层的多层建筑，建筑材料和结构方式也变成了现代化的模式（图208）。这些现象大面积出现之后，导致村寨的原生态环境出现问题。壮族传统村落要杜绝这类现象的出现就必须让当地民众认识到传统少数民族文化的重要性，并且从传统村落的保护中成为受益者。

### 3. 反对千篇一律的发展模式

壮族干栏木构建筑可持续发展的模式，一方面需要满足当地百姓不断增长、不断更新的物质文化需求，让壮族村民能够真正享受到现代物质文明的成果，另一方面还要用长远的眼光看待发展的问题，不为暂时的利益损害子孙后代的幸福。其可持续发展的内涵包括了生态的可持续发展、文化的可持续发展、经济的可持续发展等内容，目前我国乡村建设迎来了高速发展时期，在乡村振兴建设，尤其是脱贫攻坚建设中却经常出现为了脱贫指标而整村拆除原有民居建筑的现象，在村落中象征性修建传统民居博物馆后堂而皇之地大拆大建。修建起一栋栋钢筋混凝土"方盒子"民居建筑（图209），这一现象普遍存在于桂西的河池地区、百色地区的众多壮族传统村落中，传统壮族村落的文化流失严重，失去特色的村落也失去了原有的吸引力。这类单一性建筑功能提升的做法违背了生态、文化、经济的可持续发展原则。壮族村落在失去文化资源的同时，也失去了经济开发的价值。面临着物质生活和文化生活的双重贫瘠。此外，不注重地域特色、自然资源、人文资源，不注重生态环境建设的发展模式，单一的强调传统民居文化的还原，千村一面地搞旅游经济开发的固化传承模式也不是村落健康发展应有的思路。

图208 体量超标、营造模式混乱的平安寨传统村落干栏木构建筑异化现象严重（来源：自摄）

图209 大拆大建、整体搬迁，使传统村落文化流失严重（来源：自摄）

## 4. 传统壮族村落发展的依据

壮族村落的可持续发展要结合当地的人文历史、自然景观、生态环境、乡村资源等多方面综合考虑，给失去活力的壮族传统村落注入新鲜血液，利用好村落得天独厚的优势进行针对性地分类发展。使其在发展中保持文化的传承，并且不断提升壮族村落的生活环境质量。

2003年以来，全国开展"美丽乡村"工作，各地在新农村建设实践中涌现了一些典型的案例，也积累的一定的经验，这些优秀的新农村改造案例和"美丽乡村"建设模式对壮族传统村落可持续发展有很多制度借鉴的地方，"美丽乡村"建设模式涵盖了乡村建设中的"环境美""生态美""产业美""人文美"等内容。

壮族村落应根据自身所处的地理环境、自然资源、人文历史和乡村资源等特点制定村落发展规划，一方面在建筑文化的传承与创新策略的指导下进行分类发展，挖掘壮族传统村落的特殊性和典型性差异，根据壮族传统村落文化的同源性特点实行壮族村落文化的集群式发展，区域范围内的传统民居建筑及村落环境保护较为完整的几个或多个壮族村寨实行联盟式发展，捆绑在一起进行村落特色旅游开发，利用文化的差异性、互补性吸引游客，联盟内的不同村寨尽可能突出自身资源的独特性，围绕自然景观、人文、历史、村落资源等进行主题性定位发展，综合全面提升区域村落发展的竞争力。这方面，广西三江侗族自治县程阳八寨的旅游开发是个很好的例子，程阳八寨的马安寨、平坦寨、平寨、岩寨、东寨、大寨、平甫寨、吉昌寨等八个自然村寨形成一个村落联盟，八个自然村寨以国家级重点文物——程阳风雨桥为中心，以各个村寨自身自然资源和文化资源的独特性为出发点，以点连接线，以线带动面，八个自然村落在一个村寨联盟中进行创新联动的发展，古老传统的木构建筑、服装饰品、歌舞文化、生活习俗等村落特色旅游开发效果好。另一方面，依据目前村落的现状进行分类，如村落的原生态环境保护状况、村落的传统干栏民居建筑保护状况、民俗风情的保护状况以及村落资源状况等制定发展的策略。原生态环境保护好的村寨，可以发挥其山美水美的独特景观优势；传统干栏民居建筑成片集中分布，民居建筑破坏较少，依然呈现传统格局的村落，民俗风情依然活跃的村落应强调文化的保护发展思路，发挥民俗风情浓郁，民族文化特点突出的优势；而对原生态环境破坏较大或自身环境没有突出特点的村落，传统村落形态已发生质变，现代建筑无序混杂的村落，传统干栏民居建筑保存情况不佳、衰败或破坏情况严重，民俗活动较少或基本消失的村落其发展定位和振兴路径则不能与前一类村落发展模式一样，需"一村一品"灵活的制定发展规划。

固化的文化传承模式不能化解传统文化遗产保护与村民追求现代生活之间的矛盾，超越于现实发展的创新，改朝换代式的改变村落的传统生活方式，嫁接以低配版的现代城镇环境并不能给当地壮族民众带来幸福和欢乐，"一村一品"的精细分类发展才是实现村落人居环境提升，打造"美丽乡村"的现实途径。

### 5. 构建村落新系统、新格局，促进新壮寨类型的演进发展

新兴产业及旅游业迅猛发展和城乡信息自由流动带来的直接影响就是壮族传统村落的开放程度日益扩大，部分进入村落工作、参与村落建设的外来人口尤其是游客的介入，使过去乡村居民构成的单一化成分向多元化演变，这些新元素的介入也使村落的空间环境从过去生活居住，从事农业生产的单一化格局向休闲生活、规模生产、现代服务、旅游观光、餐饮娱乐等多功能的一体化格局发展。

壮族村落新格局的出现，不仅使村落内部的格局产生变化，村落的外部及周边环境也与之产生新的组合联系，共同构建起壮族村落的居住系统、休闲系统、设施设备系统、交通系统、旅游系统服务系统、管理系统、生产系统等，这些系统是一个整体的概念，呈现主体交叉形态，在保证当地居民新时代需求的基础上拓展出酒店民宿、餐饮娱乐、农业观光、景区管理、街巷设施以及农业生产、加工、农业产品销售管理等新型的功能空间形式（图210），这些新型的功能空间形式需求导致相应的建筑类型的产生，首先，当地村民日益增长的物质文化生活和精神文化生活需求，需要新的民居形式凸显，在满足现代乡村健康、舒适生活需求基础上承载壮族传统文化的特质。其次，旅游业的发展造就了大批量的民居改造服务设施和民宿，还有较大规模的酒店、接待中心、

图210　在保证村民现代生活需求的基础上，拓展出民宿、酒店、餐馆等商业性和服务性设施，符合新生活、新产业的时代要求（来源：自摄）

饭店和博物馆、商品售卖场所、民俗风情表演场所等各类新功能的公共建筑。此外，依赖于农业机械化大规模生产经营的现代农业取代了传统的农耕文明，农业机械化需要具备稳定的生产空间和相应的配套服务空间、销售空间，接踵而来的农业生产和配套服务类建筑也就应运而生；另外还有为培养壮族村落后代修建的学校建筑等等，这些新的生活方式和新产业导致了新的建筑类型的多样化发展，传统的壮族村落也从封闭走向开放，原有的传统建筑类型和样式也不能适应新生活、新产业的需求，壮族村落建筑类型的演进是符合时代特点的，新的建筑文化与形式都将迎来新的变革。

## （三）壮族传统干栏民居建筑文化及其营造技艺的保护

### 1. 干栏文化遗产保护意义

文化遗产包括了物质文化遗产和非物质文化遗产，作为广西少数民族文化遗产的重要组成部分，壮族传统干栏民居建筑文化及其营造技艺蕴含着壮族人民特有的思维方式、行为规范和价值观念，体现出无穷的创造力和鲜活的生命力，凝聚了壮族人民的智慧和勇气。保护壮族干栏木构建筑及其营造技艺是保持文化多样性，促进人类社会共同进步的基础性工作之一，是增进民族文化交流、维护国家统一、建立和谐社会的重要工作。

2005年12月，年国务院决定从2006年起，以每年六月的第二个星期六为中国的"文化遗产日"，文化遗产是经过长时间的积淀而来的优秀文化成果，具有不可再生的属性，受经济全球化趋势的影响，我国很多地区的文化遗产破坏严重，由于过度的开发和不合理的利用，不少名城、名镇、名村的历史建筑和整体风貌遭到破坏，许多文化遗产逐步消失。作为少数民族重要聚集地的广西，由于生活环境和生活条件的变化，少数民族特色村落和特色建筑消失加快，广西西部的河池地区、百色地区原来密集分布成群、成片的壮族干栏木构建筑，一夜间消失殆尽，取而代之的是钢筋混凝土"方盒子"的建筑群，干栏木构建筑作为壮族传统文化代表，甚至无法被当地建设部门和居民认同，成为人们眼中贫穷、落后的代名词，人们生活在水泥与瓷砖拼贴的"方盒子"里迷失了自己，传统村落也面临着物质与精神的双重贫瘠的现实状况。

### 2. 文化遗产保护误区

壮族传统民居建筑文化及其营造技艺的保护是应对文化趋同现象蔓延的重要手段，壮族传统文化遗产的保护包括了物质文化的保护和非物质文化的保护。事实上，在壮族传统干栏民居建筑文化及其营造技艺的保护过程中常常出现保护的主体诉求不清以及保护与发展概念不清的误区。一方面，壮族干栏文化的保护诉求来自村落外部，部分人享用着文明社会的物质条件却试图说服他人过着传统的"原生态"生活方式，成为供游客参观的原生样板。这种类型的保护只考虑村落的外在需求，把游客的需求和旅游业的发展放在首位，而没有真正地从当地村民的主体诉求出发，全面地思考村落的文化营造，这种保护思路是非人道的，没有任何机构和任何人有这样的权利去干涉他人的进步和对美好事物的向往。要走出这一误区就必须发挥文化持有者文化保护的主动性和积极性，外部的保护诉求只能是保护的指导性意见和说服性意见，只有生活在壮族传统村落的壮民们才能真正地懂得壮族传统干栏民居建筑文化及其营造技艺的价值，明白它的形成和发展趋势，并且自主地保护和采用干栏木构建筑营造技艺去建设自己的家园。体现出壮族传统的"文化自觉"的意识，只有壮族村落的人们都建立起这样的文化自觉和文化保护意识，才能真正避免村落中的"异化"现象出现。另一方面，在壮族干栏文化及其营造技艺的保护过程中把"保护"与"发展"对立起来，变成了要保护传统就不能有发展、有更新，排斥新鲜事物的融入；要发展就必须把原来的、旧的、传统的东西摒弃掉，新生事物必须重新建立，新旧不能兼容。事实上，建筑本身是一种动态文化，建筑的发展不仅受自然条件、人文历史、经济条件的影响，还受制于既有的技术条件制约，因此科技水平突飞猛进的今天，在壮族干栏木构建筑营造技艺的保护中融入新的材料技术、新的结构技术，重视传统材料、传统结构的创新使用是顺理成章的事。

今天的生活就是明天的历史，今天优秀的文化成果就是未来的"传统"，整个人类社会发展的进程就是在不断地上升过程中得以发展，按此类推"保护"与"发展"的关系实际就是"传统"与"当代"的关系，处理好二者间的关系就要求走出"非此即彼"的误区，积极探索研究壮族传统民居文化潜在的，对当今民居建筑文化发展有启迪性的东西。在少数地区建立少数民族文化遗产保护制度，加强民族地区文化遗产保护刻不容缓。在文化遗产的保护过程中，需要有具体的针对性措施，非物质文化遗产的保护要贯彻"保护为主、抢救第一、合理利用、传承发展"的方针，坚持文化遗产保护的真实性和完整性，坚持依法和科学保护，正确处理经济发展与文化遗产保护的关系，统筹规划、分步实施。

### 3. 非物质文化保护

干栏木构建筑技艺作为壮族非物质文化的典型代表，是民族价值观和民族智慧的结晶。它根植于传统的社会土壤，是一种活态的文化形式，这种文化形式必须依赖于传承人和传承体系才能得已呈现出来，并且需要传承人通过言传身教、口传心授的方式传于后人。壮族传统建筑营造技艺保护工作的核心内容就是干栏木构建筑营造技艺代表性传承人的保护。需要建立传承体系和传承机制，从根本上完善干栏木构建筑营造技艺代表性传承人的认定机制、管理机制和保障机制，使其发展具有科学性、秩序性、合理性等特点。

首先，构建和完善干栏木构建筑营造技艺代表性传承人的认定机制，制定相应的认定程序、原则、标准，针对具体情况，可以通过分类申报，统一评审的办法进行认定，申报可以"自上而下"的方式，由基层管理部门来确定代表性传承人的名单，也可以"自下而上"由民间艺人自己申报，避免论资排辈、重资历、轻能力的现象出现。根据提供的材料听取相关的民众意见，以代表作品的影响力择优认定各级代表性传承人，建立各级干栏木构建筑营造技艺名录体系，对列入各级名录的代表性传承人可授予称号，表彰奖励等方式，鼓励其进行干栏木构建筑营造技艺的传承活动（图211）。

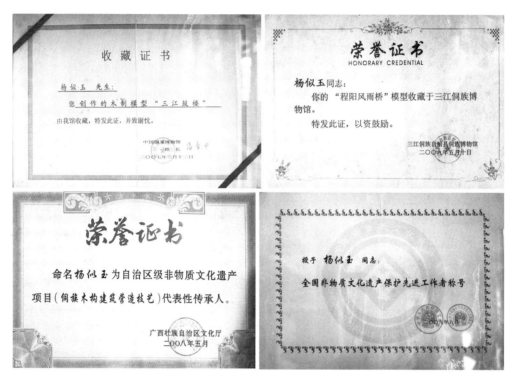

图211　国家级木构建筑营造技艺代表性传承人杨似玉荣誉证书（来源：自摄）

其次，各级名录体系建立之后，需要加强动态的管理，实施科学的管理机制，建立壮族干栏木构建筑营造技艺代表性传承人的档案和资料数据库，针对传承人的基本情况、传承的计划及不同阶段的目标和执行情况，开展技艺的传承工作、带徒受益的情况、参与技艺的交流活动，技艺的总结研修活动、作品的展示活动等。利用数字资料进行存储和管理，同时定期对传承人进行动态的跟踪和服务管理，实行定期审核制度，对传承人的传习工作成效和社会影响等方面进行量化考评，帮助他们解决各种困难，对传习活动效果较好的传承人应给予适当的奖励，对传习成效好、年限达到要求的可鼓励其继续申报高一级传承人称号。对无故不作为、不履行条款规定者，取消其代表性传承人资格。通过传承人队伍的科学管理使干栏木构建筑营造技艺的保护工作得以顺利进行。此外，建立壮族干栏木构建筑营造技艺的地方性标准和资料数据库，由地方文化旅游局、住建委等部门组织建筑专家、文物专家、高级别干栏木构建筑营造技艺的代表性传承人、壮族干栏木构建筑的资深学者组成专家组在国家相关标准的指导下结合本地区的自然资源特点、历史文化、营造技艺特点等制定出地方性的木构民居建筑工程标准，为干栏民居建筑的保护、传承与发展提供有力的保障。

最后，完善壮族干栏木构建筑代表性传承人的保障机制，各级代表性传承人作为建筑行业的佼佼者，除了少量年纪较大的代表性传承人外，平时都有一定的业务基础，经济上有较好的"造血功能"，作为政府对传承人的关爱，需要在政策上给予支持，减免税收、低息贷款、加强宣传，帮助扩大行业影响力。帮助其建立干栏木构建筑营造技艺传承基地、民俗博物馆等，这些基地和博物馆可以作为传承人带徒授艺，传递干栏木构建筑营造技艺等民俗文化的信息平台（图212）。

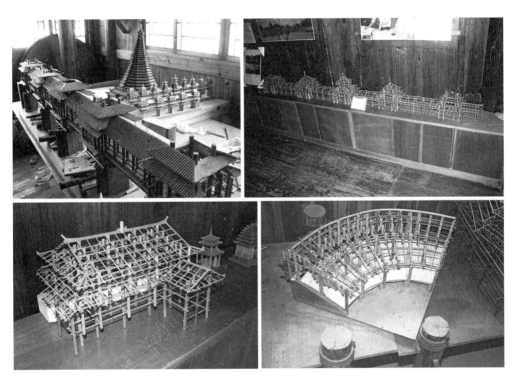

图212　杨似玉工作室（来源：自摄）

随着壮族地区城镇化建设的迅猛发展，干栏木构建筑营造技艺的生存环境受到极大的冲击，在飞速发展的新时期，为壮族干栏木构建筑营造技艺及其代表性传承人的发展提供一个稳定、和谐的社会环境和文化环境，使传统的技艺和代表性传承人的传承工作能与时俱进、回归当下。这不仅需要加强非物质文化遗产的保护，还需要加大力度从传承机制上激发传统技艺代表性传承人进行技艺创新、文化创新的冲动，使他们乐于传承，勇于创新，享受干栏木构建筑营造技艺的传承和创新带来的欢乐和收益。并且在工作中享受自我追求的现实和自我价值的提升，这些都是政府管理部门应该考虑的问题。

## 4. 物质文化保护

随着经济全球化发展和城镇建设进程的加快，我国不少历史名城、民镇、民村的历史建筑和整体风貌遭到破坏，由于旅游业的过度开发和不合理利用，许多重要的文化遗产破坏严重或面临消失。在文化遗产相对丰富的少数民族聚居地，由于当地生活环境和条件的变迁，民族文化和传统特色消失加快，因而少数民族文化遗产的保护工作刻不容缓。

国际上对文物保护早有立法，希腊在1834年颁布第一部古迹保护的法律。法国1913年颁布新的历史建筑保护法，规定列入保护名录的文物类建筑不得损毁，维修要在"国家建筑师"的指导下进行，1943年立法规定，历史性建筑500米半径范围内为保护区，区内的建筑拆除、维修、新建都要经过"国家建筑师"审查，政府批准方可实施；日本1897年制定《古社寺保存法》，1966年制定《古都保存法》，保护目标扩大到东京、奈良、镰仓等古都的历史风貌。1975年，在保护法中增加了"传统建筑群"保护的内容。1996年导入文物登记制度，建立历史建筑保护名录制；英国、意大利等国也都是最早施行历史建筑保护的欧洲国家。

我国在历史古迹保护过程中起步于晚清，1908年（光绪三十四年）颁布的《城镇乡自治章程》将"保存古迹"作为善举之一，列为城镇乡"自治事宜"，几乎是中国最早涉及保护古迹的法律文件。[1]1909年（宣统元年）清廷组织官员和学者调查国内碑碣、造像、绘画、陵墓、庙宇等文物古迹，全国各地现存的古代桥梁和寺庙几乎都在清代做过修葺。[2]中华人民共和国成立后，正式提出文物古迹、历史街区、少数民族传统小镇、村寨保护的是在1986年，国务院公布第二批国家历史文化名城的文件中指出："对文物古迹比较集中或能完整的体现出某一历史时期传统风貌和民族地方特色的街区、建筑群、小镇村落等予以保护，可根据他们的历史、科学、艺术价值，公布为当地各级历史文化保护区"。

2008年，中华人民共和国国务院颁布《历史文化名城名镇名村保护条例》，条例规定历史文化名城名镇名村的申报、批准、规划、保护的准则，指出"历史文化名城名镇名村的保护应当遵循科学规划、严格保护的原则，保护和延续其传统格局和历史风貌，维护历史文化遗产的真实性和完整性，继承和弘扬中华民族优秀文化传统，正确处理经

① 张松. 中国文化遗产保护关键词解[N]. 中国文物报，2005-12-30（008）.
② 谢辰生. 中国大百科全书出版社编辑部译. 中国大百科全书（文物 博物馆）[M]北京：中国大百科全书出版社，1993.

济、社会发展和历史文化遗产保护的关系；国家对历史文化名城民镇民村的保护给予必需的资金支持；历史文化名城民镇民村应当整体保护，保护传统格局、历史风貌和空间尺度，不得改变与其相互依存的自然景观和环境；当地人民政府应根据当地经济社会发展水平，按照保护规划，控制历史文化名城名镇民村的人口数量，改善其内部的基础设施、公共服务设施和居住环境；历史文化名城名镇民村建设控制地带内的新建建筑物、构筑物应该符合保护规划确定的建设控制要求，对核心保护范围内的建筑物、构筑物应当区分不同情况，采取相应措施，实行分类保护，核心保护范围内的消防设施、消防通道，应当按有关的消防技术标准和规范，确因历史文化名城名镇名村的保护需要无法按照标准和规范设置的，由城市、县人民政府公安机关消防机构会同同级城乡规划主管部门制定相应的防火安全保障方案……"①共六章四十八条保护条例（中华人民共和国国务院令第524号），该条例从保护的总则、申请与报批、保护规划、保护措施、法律责任五个方面做出了规定，并在附则中对部分专业术语进行了说明，是我国至今为止比较全面完整的历史文化名城名镇民村保护条例。

　　壮族干栏文化是历史、艺术与科技的结合体，作为文化精神的载体，承载了壮族地区丰富的传统文化信息。既是壮族传统村落的"历史符号"，又是壮族传统文化发展的"映像"，反映出壮族传统村落及其干栏木构建筑千百年来的沧桑变化。盲目地破坏就很难恢复和连续，保存完好的壮族干栏木构建筑群及壮族传统村落的生态环境资源本身具有巨大的吸引力，可引来大量地游客到访，再加上有些村落本身处于风景优美的景区环境之中，如桂林市龙胜各族自治县龙脊村平安寨、龙脊寨，每年都有大量来自世界各地的游客前来参观，为发展地方经济建设提供了良好的条件。带动乡村公路交通的发展和地方服务行业的兴盛，是壮族传统村落发展旅游业的重要物质基础。壮族传统干栏民居建筑文化及其营造技艺是壮族传统文化的结晶，可以给壮族地区的城镇和乡村的新民居建设带来创新的灵感，其民居建筑依形就势、回应地形、地貌特点，使用当地材料、当地营造技术，符合壮族社会的文化特征，其文化生态性对当代广西地域性建筑设计有极大的启迪和借鉴作用。

　　根据《历史文化名城名镇名村保护条例》，壮族地区传统村落及其干栏木构建筑群应该建立分层次的保护体系，进一步完善壮族地区历史文化名城民镇名村的申报和审批工作，针对不同时期、保存情况不一样的传统村落采取分层次的保护措施。对于以确定的村镇，地方政府应认真制定保护规划，并严格执行。

　　壮族传统村落中的干栏木构建筑可考虑其历史价值的大小，分两类进行保护，第一类为文物级建筑，如忻城县莫氏土司衙署（图213）和古壮寨中的"百年老屋"（图214~图216）作为壮族传统民居建筑的典型代表，其保护要求是十分严格的，要贯彻

---

① 中华人民共和国国务院令.《历史文化名城名镇名村保护条例》524号条例，2008.

图213　忻城县莫氏土司衙署（来源：自摄）

图214　龙脊古壮寨"百年老屋"民族文化示范户之一（来源：自摄）

图215 龙脊古壮寨"百年老屋"民族文化示范户之二（来源：自摄）

图216　龙脊古壮寨"百年老屋"民族文化示范户之三（来源：自摄）

"保护为主、抢救第一、合理利用、加强管理"的方针，保持其真实性为原则；第二类为成片保存完整的壮族干栏木构建筑群，包括了民居建筑群、村落的环境空间、村巷的形态以及古树名木等。考虑到"群体价值"的因素，保护区内的建筑不得随意拆除，拆建、新建需要征得有关部门的同意和获得相关规划部门的批准，新建民居样式要符合原片区及村落的风貌特点。保护区内禁止扩建，拆建必须是经房屋安全鉴定部门鉴定的危房，以及经过火灾、洪灾等灾害后形成的危房，新建时按照原地址、原面积、原高度（原建筑为一层的除外）、原用途、原土地使用性质进行修建，楼层控制在三层半（12米）以下，第二类建筑在保护中外观不能改动，但室内部分可做适当的更改和调整。

针对壮族传统村落中一些使用时间较长、保存情况好的"百年老屋"可以按原状保存，用作壮族传统村落干栏木构建筑的博物馆或传统文化传承基地，不能轻易损毁、改建、添建或拆除，对这类文物级的民居建筑，在维护和保养时要体现"修旧如旧"的原则。"百年老屋"由政府出资修缮，室内空间保持其原真性，定期修缮建筑的各部件，并对建筑进行防腐、防潮处理，延长老屋的使用寿命，"百年老屋"作为壮族干栏木构建筑的范例不仅具有博物馆的性质，直观地展现壮族传统建筑营造技艺的特点，还可以再现壮族传统民居的生活场景和居住情况，供游客参观。

干栏木构建筑群保护区内的其他民居建筑不得轻易损毁，但可采用砖石等其他材料以房屋结构嫁接的方式进行再造。对原有传统干栏民居进行定期保养，一般十五年维修一次比较合理。一些倾斜的传统干栏民居先做垂直校正，用木权把干栏民居的穿斗木构架调整到垂直状态，再用砖石等砌块在架空层进行立面维护，砌筑围合体从而将原来处于倾斜的干栏民居校正过来。对传统干栏民居中存在防火、防水渗透的不利情况，目前比较常见的做法是在干栏木构建筑的侧后方用砖混结构砌筑空间，进行房屋结构的新旧嫁接，作厨房和卫生间功能使用。这一混合结构不仅解决了干栏木构建筑倾斜的问题，还解决了干栏木构建筑防火问题、卫生间防水渗透问题。室内环境中的混合结构的砖混墙体做双飞粉刮白处理，对解决木构建筑材料随时间推移变黑而产生的室内光线不足问题有很好的实际效果。在不违反保护条例的原则下全面提升壮族传统干栏民居建筑的生活环境质量。

干栏木构建筑群的保护，还需要对传统村落中因种种原因产生的小洋楼、钢筋混凝土"方盒子"建筑等进行干栏木构建筑样式的还原，一些富裕起来的村民在修建新居时把自己的房屋修建为西式小洋楼或"方盒子"样式，严重破坏了壮族传统村落的历史风貌，对这类建筑的文化还原要根据《历史名城名镇名村保护条例》的规定：实施保持村落的传统格局、历史风貌和空间尺度。对违反条例修建的不合理建筑，可恢复其原貌或原来风格，对有悖于历史风貌的新建筑可以适当改造，恢复其历史原来的风格，保持历史村落建筑环境的完整统一。改造时必须坚持干栏木构建筑的真实性原则，还原其穿斗木构架、斜屋顶的吊脚楼真实结构特征，保持传统的木墙围合和小青瓦顶盖的真实特点。

新生建筑的规划设计要从人性化的角度出发，考虑在民居建筑的结构处理上主动使用混合干栏结构的办法，使用砖混结构建造厨房和卫生间，卧室和堂屋继续使用穿斗木构架的传统技艺营造，砖混结构的外墙用木材按照传统营造方式进行穿插拼接，保持传统村落建筑群外观的统一，民居内部空间充分考虑壮民们不断增长的物质文化生活需求，把现代的橱柜、卫生间盥洗设备等融入进来，提升干栏民居建筑的人居生活水平。此外，还可以采用钢筋混凝土的技术手段建造架空层，二层以上和三层使用传统的穿斗木构架的混合结构形式，并且使用当地的杉木进行建筑外观的包裹，包裹时不可以一味地进行表皮的拼贴，需要体现出外墙的梁柱结构特点及建筑外表木板的插接特征，建筑的挑檐和挑台结构必须是壮族干栏木构建筑构造的再现，以此增加传统干栏民居建筑的气息。一方面满足现代居住生活的需求，另一方面在壮族干栏文化的发展中保护民镇民村的传统格局和历史风貌，保证壮族传统村落文化、经济和环境的可持续发展。

### 5. 物质文化遗产防火保护

（1）壮族传统干栏民居建筑形制回应当地的地形地貌等自热条件和高温多雨的气候特点。千百年来形成了独具特色的干栏民居建筑体系，其特点为以穿斗木构架为主体的纯木构造，或砖木、石木和土木混合结构。因此，壮族传统村落自然而然地在发展过程中伴随火灾的严峻考验。长期以来，防火问题一直以来都是壮族传统村落面临的重要问题，位于桂北地区的壮族村落尤其严重，桂北地区的壮族传统村落基本以纯木构造为主，木柱立架、木方穿斗、木梁承重、木板铺地、拼木隔墙，耐火等级低，一旦着火很难扑救。同时，桂北壮族传统村落多处山谷坡地，用地紧张，村落布局紧凑，鳞次栉比沿等高线平行分布，一栋接着一栋，着火之后火势蔓延快，顷刻之间发展成为火烧连营之势。大火持续时间长，过火面积广，破坏力强。多造成中、大型火灾。

2017年11月30日拥有百年历史的龙胜各族自治县龙脊镇金竹壮寨发生火灾，火势借助风力迅速蔓延。县消防队及时赶到，但火灾位置在距离地面一百多米的山上，消防队员只能控制火势，不能把大火扑灭。村民只能破除距离火势较近的房屋。开辟防火隔离带，火势才得以有效控制。

金竹壮寨是典型的壮族村寨，被誉为"北壮第一寨"，干栏式建筑风格保持较为完整。1992年被联合国誉为"壮寨的楷模"，2007年被评为首批"中国景观村落"，2014年获国家民委命名"首批中国少数民族特色村寨"，2015年被传统村落保护与发展专家委员会列入"中国传统村落"。此次火灾损失惨重，共烧毁和破拆20户民居建筑，它不仅具有广西壮族传统的文化遗产的特性，而且还具有生活、生产中遗产的特性。昔日原始的自然生态和原貌的历史遗产受到严重的破坏，直接影响到当地的经济发展和社会稳定。传统村落都是"活态性"的民俗博物馆，失火销毁不仅仅是有形的村寨聚落，还毁掉了传统村落的灵魂和精神文化内涵。

（2）桂北传统村落火灾频发的原因除了前面分析的民居建筑以纯木构造为主耐火性差，以及密集分布小火大燃之外，还有诸多问题存在。第一，干栏民居的架空层多放置材草杂物，二层生活空间围绕火塘展开，用火方式落后；第二，随着社会的进步，壮族村落人居环境的改善和人们生活水平的提高，如家电普及度高，用电量大幅度增加。而壮族传统民居建筑原来安装的线路，不能很好地适应目前的用电情况，线路横截面积小、线路负荷与用电规格不匹配，不堪重负。同时村落中的壮民们缺乏必要的用电安全知识，临时线路驳接随意，电器设备操作违反安全操作规范，短路、漏电现象时有发生，容易引起火灾；第三，村民们安全消防意识薄弱，文化水平低下，且农村消防宣传教育极少展开，使当地人普遍缺乏相应的防火、灭火和消防法律有关的基本知识，火灾险情往往由不符合安全规范的用火、用电、用气操作引起。一部分村落消防设施不完备，消防蓄水池水量不足。村寨组建的消防队系统化消防训练少，就算配置有消防栓、水带和消防机动泵，也很难应对火灾的危害；第四，壮族传统村落大多位于大山深处偏远地带，交通闭塞，山高坡陡，道路狭窄，大型消防车很难快速到达火灾现场。甚至一些小型的村落组团还没有修建公路，消防车不能驶入施救，靠加接水带灭火，浪费救援时间，错过火灾初期时的大好灭火时机，造成大火的蔓延。

（3）针对壮族传统村落面临火灾险情的种种现状，一方面需要各级政府部门强化政府职责，结合消防部门和政府相关部门人力、物力和资金，加强壮族传统村落的火灾防控工作力度。另一方面，从村寨消防安全管理制度的建立和完善，到村寨环境。水系统、建筑结构、电网、厨房和灶台的改造和合理利用中找到村寨防火保护的对策。

第一，加强政府各级领导对壮族传统村落消防工作的重视，支持和参与村寨的基础建设，把消防工作作为壮族传统村落发展建设的一件大事，列入工作日程。建立健全壮族传统村落消防安全管理机制，认真落实消防安全责任制，建立健全消防组织。制定工作措施，努力构建"政府统一领导、部门依法监管、村委全面负责、村民共同参与"的村寨消防安全管理机制。（桂西北少数民族地区村寨防火工作的对策引用）真正把各项防火工作责任落到实处，组织多方人力、物力、财力有效的预防壮族传统村落火灾发生。

第二，壮族传统村落地处偏远的山区坡地，民居用地紧张，造成干栏民居建筑户户相连，户与户之间靠得很近，甚至贴在一起，针对这一情况，当地规划部门连同消防部门在地方政府的领导下，制定长远发展规划和短期计划，规划村寨防火隔离带，把大寨分割为若干组团，每个组团大约由30户组成，防火隔离带宽度在12米以上，隔离带范围内的民居建筑在不触及文物保护条例的原则下，另外安排宅基地新建。有条件的村寨建设环村公路，一来方便当地民众日常生活和劳作，二来在火灾发生时也方便外部消防车辆驶入村内，提高火灾的控制能力和灭火能力。

第三，在壮族传统村落水网改造上，利用村寨依山而建的有利条件，建立高位水池，通过高压给水管网为村寨中合理化布局的消防栓提供灭火所需的水源。有条件的村寨，可以在干栏民居内部铺设喷淋管网，利用高位水池自身的压力和流量满足喷淋系统的压力要求，火灾时自动感应并启动喷淋系统灭火，阻止火势变大。在水源缺乏的村寨，结合人畜饮水工程将高山的水引入村寨，在村寨中修建若干低位水池、鱼塘并配备消防机动泵、水带、水枪，火灾发生时利用手提消防机动泵取水灭火，提升村寨自防自救能力。

第四，桂北壮族传统干栏民居建筑基本是纯木构造的结构体系，年久失修，容易产生倾斜变形的情况，并且木材属于易燃品，防火性能极差，近年来许多壮民在架空层和一层后侧利用砖墙维护的办法，调整和校正房屋的倾斜，实行房屋的局部改造。将厨房安置于砖墙砌筑的空间中，有力地控制因使用明火产生的火灾现象，或者使用钢筋混凝土结构，建造房屋的架空层，二层以上空间为木结构体系建造的混合干栏结构形式。把厨房安置于防火相对独立安全的区域，避免火灾的发生。

第五，针对壮族传统民居用电的无序状态，可以结合农村电网改造，整改和更换户内老化的线路，规范各家各户用电的线路，铺设PVC阻燃管和漏电保护装置、空气开关等。把冰箱、电饭煲、烤箱、电磁炉、洗衣机等大功率的家用电器放置在一层的混凝土结构空间中，以保证日常生活用电的安全。

第六，将传统的火塘材料由石板改为耐火程度更高的耐火砖，火塘的高度设置比木楼板地面高出5厘米，火塘及其周边1～1.5米范围内的楼板由传统的木楼板改为钢筋混凝土结构，便于用火控制。同时结合沼气技术推广把老虎灶改为节能灶或煤气灶，并且在厨房增加排烟管道，改善传统村落民居建筑空间的人居环境质量。

壮族传统村落的防火保护工作，不仅关系广大壮族民众的切身利益和壮族传统社会的和谐与稳定，还关系到壮族传统干栏民居文化的保护与延续，壮族传统干栏民居建筑是壮族物质文化遗产的重要组成部分。因此，壮族传统村落的防火保护工作必须按照《历史文化名城名镇名村保护条例》规定："历史文化街区、名镇、名村核心保护范围内的消防设施、消防通道，应当按有关的消防技术标准和规范，确因历史文化名城名镇名村的保护需要无法按照标准和规范设置的，由城市、县人民政府公安机关消防机构会同同级城乡规划主管部门制定相应的防火安全保障方案执行。"（中华人民共和国国务院令第524号）

## （四）壮族干栏木构建筑营造技艺的传承与创新

壮族传统村落中由于种种原因和修建年代的差异，造就了不同的民居建筑形态，也造成了传统村落中的乱象，针对这些问题文物部门和住建部门也出台了相关的保护条例和规定，并且在未来的发展中也做出了相关的政策规定。宏观上指出保护古村落应充分考虑并发挥地方特色、充分发挥传统村落"一村一品"的发展思路，避免在保护和旅游开发过程中造成"千村一面"的尴尬境地。中观和微观上强化村落空间结构和空间形态的特色，增加壮族村落风貌特征的辨识度，在古民居建筑利用中分类保护合理开发，根据不同的村落发展定位和建筑类型分别采取就地保护利用、异地保护利用、外迁保护利用、功能更新保护利用和古村落整体保护利用等，最终达到提升当地人居环境质量，传承少数民族文化的目的。从干栏木构建筑营造技艺的发展角度来看，传统建筑的创新应用及现代材料，现代结构技术的适应性探索，是文化更新与传承的重中之重。

长期以来，壮族干栏木构建筑的材料选用与当地的地理环境、气候条件和自然资源息息相关，广西北部和西北部的壮族干栏木构建筑以木材为主要建筑材料，很少使用泥、土或其他的材料作为主体结构的围护体。这与该地区盛产大量的杉树有关，木材收入是当地人在旅游业开发之前作为主要的经济收入维持平时的生活开支，百姓也自觉地把砍伐与种植联系起来，砍伐一批种植一片，杉木的成材时间不长，一般为15～20年，长期以来年来桂北和桂西北地区使用杉木作为干栏木构建筑的主要材料成为习惯，并一直延续至今。广西西部的大石山区石漠化严重，木材缺乏。南部地区主要种植甘蔗等经济作物，很少种植树木，使用木材需要购买。因此，西部和南部地区除了房屋的梁架、穿枋、檩条使用木材之外，围护体大多使用其他材料修建，如夯土泥墙、木骨泥墙、泥砖墙、石墙等，使得这些地区的传统干栏民居建筑呈现出土木干栏、砖木干栏或石木干栏的结构模式。

当地出产的自然材料广泛使用于干栏木构建筑，还得益于自然材料本身具有的一系列优点。因地制宜、就地取材、当地材料当地使用，降低运输成本，建筑围护的成本低廉。木材、泥土、石块等自然材料都具备良好的蓄热性能，对稳定的传导反应迟缓，造成了干栏木构建筑冬天暖和夏天凉爽的室内空间环境，对室内湿度调节也有很好的效果。自然材料的再生性强，泥土可以重复使用，没有顾忌，甚至还可以还田作为耕种的肥料，杉木为速生材，处理好取材和种植的关系就可以维持生态平衡的状态。自然材料本身加工成本低，工艺技术要求不高，非常适合壮族地区传统村落的生活需求，相对简单的技术操作要求，使建房时的"帮工"成为村民生活的日常。木材、泥土、青石块的材料加工和建房使用情况都属低能耗、无污染的过程，对乡间的环境没有危害。

当然，自然材料也具有与生俱来的缺点，如木材使用时间长久变黑、开裂变形、腐烂，木板隔墙密封情况不佳，防噪声性能差，这也是造成干栏木构建筑倾斜，室内环境普遍黑暗，生活隐私没有保障。同时，干栏木构建筑的防火性能、防水渗透性能差等都是干栏木构建筑不尽如人意的地方。而在土木结合的混合干栏建筑方面，其夯实的生土墙或泥砖墙不仅存在着防潮性能差的缺点，还存在着墙体因力学原理建造普遍偏厚的原因，使室内空间变得狭小的问题，这些力学和耐久性方面存在的缺陷制约了其在物质文明发达的今天成为当地百姓所喜爱的民居式样，其安全性能和居住质量难以满足当地百姓日益增长的物质文化需求，在当地民众和部分政府管理部门看来，传统壮族干栏民居建筑基本就是贫穷落后的代名词，欲铲除而后快，有些地方的管理部门甚至认为不铲除传统的干栏民居建筑就没有达到脱贫的目标，把传统村落中的干栏民居建筑同等于危房看待，使传统干栏木构建筑的保护和发展面临窘境。

## 1. 传承的定义

### （1）影响壮族干栏木构建筑传承的三个要素

传承是更替继承、传递、连续，指继承并延续下去，一般只传承好的方面，取其精华弃之糟粕，有承上启下的意思。壮族干栏木构建筑作为壮族传统文化的代表，是经过千百年来的实践探索逐渐演化而来的。事实上，我们今天看到的壮族干栏木构建筑形式一直处于不断演进的动态发展之中，不同的地理环境、地形地貌、气候条件，不同的生活习俗、家庭结构的使用诉求与不同的营造条件、经济水平都可以影响到壮族干栏木构建筑的发展，是推动壮族干栏木构建筑发展的主要因素。也就是说，壮族干栏木构建筑的形成和发展是世代壮族人民根据自身的经济能力和营造经验，在与自然环境的磨合中不断实践和探索，地方的适宜性技术，来满足壮族人民的物质文化需求和精神文化需求的整个过程。

由此可见，影响建筑发展的"自然性因素""需求性因素"和"适应性技术因素"相互作用，三者的关系中，自然性因素决定了不同区域的壮族干栏木构建筑所选用的材料类型和结构类型，自然条件类似的地区的干栏木构建筑类型高度相似，如桂林龙胜的古壮寨和百色西林那岩的古壮寨的干栏木构建筑所选用的材料类型和建筑制式几乎是一致的。需求差异导致建筑形态和空间布局产生变化，如民宿与民居的差异。而适宜性技术的选择也决定同一地区的干栏木构建筑存在不同的类型模式，如纯木结构和砖木等混合结构的区别。这三重因素使得千百年来的壮族村落始终处于发展演进的状态，这些因素的存在相互作用，促进当社会水平的提高，促使当前地百姓合理的选择适宜性技术手段提升自身的生活水平。

### （2）壮族干栏木构建筑的发展演变

在干栏木构建筑的发展过程中，为了满足生活、生产、生存所需要的条件，结合自然因素，利用已有的适宜性技术条件不断地尝试和升级建筑，当某种新型的建筑形态为当地人所喜爱，达成普遍性共识的时候，该建筑模式就会为大家所模仿和复制推广，久而久之形成经验的积累和某些约定俗成的习惯、规制、甚至形成了某些观念和价值取向，所以说社会的不断进步和科学技术的发展，人们的生活观念和行为习惯也在不断地变化，这又促使了原有建筑形制和技术体系的革新，并反过来对原有的规制、观念、习俗和价值取向再次进行调整，循环往复，成螺旋式上升状态。

### （3）壮族干栏文化的传承

在形成规律并开始延续的时候，实际也就形成了传承的事实。今天在新农村改造和乡村振兴建设中，壮族干栏文化的传承显然是壮族传统村落发展的首要任务，我们不能一股脑地把老祖宗经过千辛万苦积累下来的经验和规制甚至是价值观念统统置之不顾，把传统干栏民居的缺陷无限放大，否定传统建筑干栏文化的一切，生硬地把现代科技和强势文化的成果嫁接到壮族传统村落的发展建筑中，既造成了村落建设的盲目性，又造成了种种乱象的发展误区，并且在不尊重地区自然条件特点的基础上，割裂了村落文化的延续性，壮族干栏木构建筑丧失了地域性文化特征，破坏了传统村落可持续发展的生态环境，在发展建设中造成了一系列环境问题。此外，一味地强调传承文化就不能有发展、有变化，传统的材料技术和结构技术全盘照搬，甚至让当地百姓继续居住在原有的干栏木构建筑当中，来传承文化。以上两种做法都与我们所说的文化传承不相适宜。我们今天所说的壮族干栏民居建筑文化的传承，是要传承干栏民居建筑的适宜性技术方法以及形成方法背后的自然性因素、居住者的物质文化需求和精神需求所形成的需求性因素、与当地民居建筑发展相适宜的经济条件和科学技术经济条件等能力性因素的研究和探索。这一传承模式不是一成不变的，而是在充分尊重地理环境、气候条件、地形、地貌特点的基础上，顺应今天当地百姓的物质文化和精神文化需求，结合自身的经济能力和科技条件，探索与之相适应的干栏民居建筑形式。传承中既有对过去的风俗习惯、建造规制等因素的尊重和延续，也有与时俱进的生活观念、技术科学的自我觉醒。

### 2. 传承的核心与基础

在传承中，建筑的文化、艺术、礼仪、制度等方面的尝试和经验比较多见，尤其是建筑的绘画、雕刻的传统装饰图案更是如此，而有地理气候构成的自然性要素，以及经济条件、营造技艺构成的能力性要素，居住者物质文化需求和精神文化需求构成的需求性要素三者共同组成的地方适宜性技术的探索和研究性相对要薄弱一些，对地方适宜性技术的探索和追求需要在这三者之间综合的调配和平衡，其传承的难度和深度显然更大些。在适宜性技术当中，构成能力性因要素的技术条件是其中的核心支撑，壮族干栏木构建筑的材料选用明显与当地的自然条件相适宜，而干栏民居的空间结构样式直接反映了当地百姓物质文化与精神文化需求的水平。由此可见，壮族干栏文化的传承中，能力性因素是传承的核心，对于不同时空的壮族干栏文化的研究，都应该从这三种因素中挖掘其内在的联系，他们相互作用的结果，才是形成壮族干栏木构建筑形态和样式的根本原因。因而适宜性技术的延续和进化才是壮族干栏文化发展的基础，地方资源的适宜性技术的挖掘和创新研究、改良和现代应用研究才是实现壮族干栏文化可持续发展的重要途径。

### 3. 适宜性技术运用的价值

我们把适宜性技术认为是适合地方建筑传承发展的营造技术，建筑营建的适宜性技术多种多样，我国幅员辽阔，自然条件和生存方式、生活习惯各有特点，决定了各地选择民居的营造技术也各不相同，造就了我国多元化的民居建筑形态和样式，这些解决具体问题而存在的适宜性技术因人、因地、因时而异，它们面临的问题和解决问题的手段不一，但是解决问题的思路和方法是可以举一反三、相互借鉴的。这也就是今天建筑设计领域大力推广利用地域性手段营造现代建筑环境的原因，如西北地区侧重于生土建造技术的研究，江浙一带热衷于现代建筑材料中融入自然的竹材，西南地区更多的是探索干栏木构建筑的现代化营建手段等。

研究这些传统材料的现代应用技术并不是排斥钢材料、混凝土材料的现代工业技术，而是在研究研究中传统材料的优缺点，研究它的创新运用方法和嫁接在现代科技基础上的革新式发展思路，挖掘生土技术和木材技术的潜能，让其在今天或未来的村落建设中成为一个主要的选项，既体现了壮族干栏文化的内涵，又与时俱进的满足壮族传统村落百姓日益高涨的物质文化与精神文化需求，不论是壮族干栏木构建筑营造技术还是现代高科技营建手段，都应该纳入到今天的传统村落振兴建设中，从低技术手段和高技术手段的角度探索壮族地区干栏木构建筑的适宜性营造技术，最终达到全面提升少数民族村落人居环境质量的目的。研究和实践出来的成果能否达到地方的适宜性营建技术标准，不是政府管理部门和专家学者说了算，而是需要经过市场化检验，由民居建筑的使用者来鉴定，适合市场需求、为当地百姓所喜爱并认可的营建技术和方法才有推广的意义和价值，这也认证了千百年来壮族干栏木构建筑演变发展的规律。

## 4. 传承创新的手段与方法

在壮族干栏木构建筑的现代化运用和探索中，不同的村落类型有不同的传承创新手段和方法，针对已进入"中国传统村落""广西传统村落"名录的壮族村落和作为文物保护的民居建筑，其传承的主要任务还是以保护为主，保护其传统格局和历史风貌在遵循《历史文化名城名镇名村保护条例》和《中华人民共和国文物保护法》基础上还原传统村落发展建设过程中已有的"异化"建筑，使其与村落的整体风貌相协调统一。

传统民居环境的创新主要体现在内部空间环境上，从内部空间的重新划分、内部结构的防火、防水渗透、内部环境的采光以及干栏木构建筑的倾斜等，结合现代的技术手段进行合理化调整修正，使之既符合《历史文化名城名镇名村保护条例》和《中华人民共和国文物保护法》的规定又能与时俱进的提升壮族传统村落的生活质量，使之与壮族村落的现代生活需求相适应。对于没有入选"中国传统村落"名录、"广西传统村落"名录的村落和环境变化较大、民居建筑"异化"现象严重的村落，其创新营建的手段则更为大胆些。首先对传统民居建筑结构保存较为完整的部分民居建筑进行修缮并保留下来，而已经"异化"了的民居建筑在征得居住者同意并充分考虑其经济成本的基础上使用适宜性技术手段进行修建和改善，让壮族村寨建设有别于城镇建设，保持住绿水青山，留得住乡愁。从壮族干栏木构建筑的适宜性技术手段的探索，可以从地方性材料、适宜性营建技术、外观形态、使用功能等四个方面入手，综合性考虑其传承创新的方式方法：

（1）旧材料+旧技术+旧外观形式=旧（新）功能

（2）旧材料+新技术+旧外观形式=旧（新）功能

（3）新材料+旧技术+旧外观形式=旧（新）功能

（4）新（旧）材料综合+新（旧）技术综合+旧外观形式=旧（新）功能

（5）旧材料+新技术+新外观形式=旧（新）功能

（6）新材料+新技术+新外观形式=旧（新）功能

（7）旧材料+旧技术+新外观形式=旧（新）功能

前四种传承创新手法在文化传承型村落营建中比较常见，因为这类村落保护较为完整，多为已录入或正在申报录入"中国传统村落"名录、"广西传统村落"名录，如龙胜各族自治县和平乡龙脊村古壮寨、金竹壮寨、西林县马蚌乡浪吉村那岩屯、隆林各族自治县金钟山乡平流屯等，其发展的目标是保护并传承壮族传统民居文化，保护并还原其村落及民居建筑的传统格局和历史风貌，保护村落中的历史建筑、乡土建筑、文物古迹，使之具有传统特色和地方代表性。并以历史文化古迹作为乡村振兴建设的有利条件，其使用功能可以是传统的民居的居住功能，也可以是民宿，甚至是酒吧、餐厅、商店等新功能。

第一种手法基本上就是真实的还原壮族传统及民居建筑的历史风貌，目的是削除壮族传统村落中的"异化"现象，用"修旧如旧"的手法维护古村落原貌和村落自然环境，保留其农耕文化特色（图217～图219）；第二种手法有传统材料创新应用的意思，发挥

图217　文化传承型村落以保护和还原民居建筑的传统格局、历史风貌作为建设的目标（来源：自摄）

图218　文化传承型村落以保护和还原民居建筑的传统格局、历史风貌作为建设的目标（来源：自摄）

图219 文化传承型村落以保护和还原民居建筑的传统
格局、历史风貌作为建设的目标（来源：自摄）

图220 挖掘传统夯土技术的潜力，提高夯土建
筑结构的稳定性是夯土建筑发展的目标（来源：
蔡安宁 摄）

传统材料的特点，在保持建筑外观不变的基础上使传统材料性能得到更大限度的发挥，
挖掘传统材料的潜力，达到建筑环境质量提升的目的（图220）；第三种手法为局部变
更，主要是为了规避传统材料缺陷带来的问题，如用现代的深灰色树脂合成仿古瓦片代
替传统的小青瓦，以解决小青瓦受风力影响、受猫和老鼠等动物的影响而产生的漏雨现
象等（图221）；第四种手法为混合干栏结构，在保留干栏木构建筑整体形制和外观不
变的基础上改变它的构造的方式，使民居建筑既保留了原始的状态，建筑构造和空间质
量又可以得到提升和改善。此外还可以单独针对厨房和卫生间的防火和防水渗透问题做
专项思考，用组装式的构件作民居建筑的外挂式结构处理，把厨房和卫生间结构独立于
建筑之外，便于干栏木构建筑的使用和管理，这种组装外挂式的创新手法对桂北地区干
栏木构建筑的使用安全和空间环境质量的改善有很好的效果（图222）。

　　第五、第六、第七种手法，由于材料肌理和民居建筑外观产生变化，使民居建筑的
建设与《中国历史文化名城名镇名村保护条例》和《中华人民共和国文物保护法》规定
相悖，因此，不适宜在村落生态环境和古建筑保护较为完整已录入或准备申请录入"中
国传统村落"名录和"广西传统村落"名录的古村落建设中使用，但其与时俱进的改造
思路和手段在乡村振兴建设中可以发挥巨大作用（图223）。除了文化传承型村落之外，
还有生态保护型村落、环境整治型村落、休闲旅游型村落等不同类型，这些不同类型的

图221　利用树脂合成仿古瓦片，替代传统的小青瓦，可以规避传统材料存在的缺陷问题
（来源：www.baidu.com）

壮族村落在乡村建设中可以挖掘自身独特的潜力和村寨资源禀赋以及产业发展的特点，丰富美丽壮乡建设的途径。

　　第五种手法是乡土材料结合新技术手段营建有别于传统模式的新型民居建筑形态，新的技术加上新的外观形式在传统的乡土材料作用下，仍然具有传统干栏民居建筑的基因，而不至于过于突兀，尤其是在生态环境较好的村落更容易使民居建筑与自然环境很好地结合在一起，其营造技术有别于传统的榫卯结构，更多的是依赖于现代的节点技

图222 混合干栏构造既保持了干栏文化的延续性，又提升了民居建筑环境质量的稳定性和安全性
（来源：自摄）

术，利用五金配件把建筑的构造组装起来。第六种手法是一种全新的手法，新材料与新技术相结合营建造的建筑模式，其新的建筑技术偏向于轻质复合型结构体系；第七种手法是使用传统的乡土材料、传统的营造技术，但是建筑的外观形态有别于壮族干栏民居的传统形态。第五、第六、第七种营造手段与前四种相比最大区别在于外观形态的塑造上明显区别于传统干栏民居建筑形态，这也是后三种营造手段不适合在文化传承型村落建设中使用和推广的原因。

图223 干栏木构建筑外观的改变具有新时代的特征，更符合在其他类型的传统村落建设中使用
（来源：蔡安宁 摄）

这些手段营建出来的新民居式样，虽然外观上具有当代技术特征，但这种"新"决不能演绎成为壮族村落民居建筑中的"异化"形式，其外观形态在具备简洁、概括的现代审美要求基础上，要赋予传统韵味，要适宜乡村营造推广，并成为具有文化延续性的现代壮族民居建筑新式样。

## 5. 传承创新的初级层面

初级层面的创新主要是规避式的创新，首先作为文化传承型的壮族传统村落，在村落创新营建中需要严格遵守《历史文化名城名镇名村保护条例》和《中华人民共和国文物保护法》规定，在乡村振兴建设中主动规避破坏村落的传统格局的历史风貌的现象，避免传统村落中的"异化"现象滋生，破坏其文化的系统性和完整性。其村落的环境和建筑外观以修缮为主，还原村落的传统格局和民居建筑的传统外观结构特点；其次要规避传统材料耐久性差的特点，创新主要集中于室内部分，可以对室内的空间重新调整划分，可以使用耐火、耐水性能好的建筑材料修建厨房和卫生间，提高干栏木构建筑的使用安全系数，架空层用砖块进行围隔，避免因干栏木构建筑年久失修榫卯结构松动而造成的房屋倾斜问题等。

这种规避式的传承创新正视了传统材料本身存在的缺点和问题，但从传承角度来看，这一手段仅限于对传统材料和技术的挖掘利用上，对于传统材料存在的缺陷也仅用规避式手段对待，因此其创新的手段略显消极，然而其创新思路却是严谨和科学的。

## 6. 传承创新的中级层面

广西少数民族地区的壮族传统村落长期以来沿用的木构干栏或土木干栏和砖木干栏民居建筑式样，在很长一段时间内被广泛地接受和推广，成为壮族文化的基本形式，给世世代代的壮族民众带来了生活、劳作的理想环境，为壮族人民所喜爱。随着时代的变迁，这些干栏民居形式也在不断地变化，尤其是信息化发展带来的现代文明对传统壮族干栏民居建筑冲击很大，大家自觉或不自觉在新建住宅时，把房屋修建成现代"方盒子"或西式小洋楼的式样，体现出大家对壮族传统居住条件丧失信心。另外随着乡村振兴建设工作的深入开展，许多急于甩掉贫困帽子的地方领导和管理部门，也鼓动大家拆除传统的建筑，传统的干栏木构建筑的存在影响了脱贫工作的指标，因此在广西西部百色、河池的大部分壮族地区已经很少看到壮族传统村落的存在，充其量剩下几栋未拆除的干栏木构建筑跌落其中，失去了传统文化应有的活力。这种现象在百色地区那坡县城厢镇吞力屯、达文屯都可以看到。

壮族的黑衣部落——吞力屯，至今沿袭着传统的劳作方式，他们自己种植棉花、织布和染布，用草本植物（蓝靛草）把布料染成黑色，以黑为美。他们在音乐领域也有自己一套独特表达方式，其中"尼的呀"填补了我国少数民族音乐多声部稀缺的空白。每年的传统节日里，吞力屯男女老幼身着黑色的民族服装，年轻人唱着情歌、跳着舞蹈，他们生活单纯而独特，被称为黑衣壮的活化石。但是近年吞力屯的干栏木构建筑遭受破坏情况严重，全村四分之三的建筑变成了混凝土的"方盒子"。传统生活习俗保存如此完整的村落，其传统的民居文化却几乎已经丧失殆尽，试想当地壮民们在现代"方盒子"的村落环境中穿着传统的黑衣，跳着古老的舞蹈，唱着独特的"尼的呀"，多少有些许遗憾。

从文化保护与传承的角度来看，最重要的方式就是传统文化的整体性保护，传承的应该是整个文化体系而不仅仅是其中的一两个方面，只有这样才能展示的少数民族文化艺术的生命力和感染力。因此壮族传统村落及其干栏文化的还原和质量提升是乡村振兴工作的重中之重。相对于规避式的传承营建方式，改良式传承的营造方式，更提倡用现代技术对传统的木构干栏民居建筑的固有缺陷进行改良，并逐渐形成了一套"传统+现代"的系列技术措施，这种简单易行、经济适用的混合模式，极大地提升了干栏民居建筑的室内生活条件。同时很好地保护了壮族传统村落的整体文化环境，这种改良式传承的结构的做法，在桂北的龙胜地区极为广泛，为当地少数民族群众所认可和喜爱，外出打工的年轻人和已经赚了钱的人回乡建房时，同样青睐这一传统+现代的干栏木构建筑营造模式，这一营造模式有对于传统文化浓郁的壮族村落有极大的影响力。推广运用潜力大，对当地的乡村振兴建设意义重大。

## 7. 传承创新的高级层面

传承创新的高级层面，主要是实践和探索壮族地区的自然条件、物质与精神文化需求以及与之相适宜的经济能力和营造技术相互作用给现代壮族村落带来的效能，在传承传统文化基础上出"新"，"新"既合理的延续了壮族传统民居文化特色，又以新的姿态与现代工业技术兼容并蓄，发展出既符合现代科学技术标准、现代生活方式和现代行为特点，又具有鲜明民族特色的新干栏民居建筑模式，归根到底就是壮族干栏文化的可持续发展。采用新的材料加工技术、新的节点技术、新的构造技术和新的建筑形态等。用发展的眼光看待问题，回应时代发展过程中产生的种种新诉求，保持与时俱进的发展规律。由于民居建筑的表皮肌理和外观形态存在不同程度的变化，因此这种新型建筑模式除了不适合在文化传承型村落中使用外，其他类型的壮族村落都可以使用。

### （1）木构技术的创新

现代木构建筑的发展以木材加工技术和木构营造技术为导向，现代工程技术的发展给木构建筑的创新提供了很大的自由度，在当今的民居木构建筑领域，经常可以看到新类型的出现，其结构和技术的美学特征具有巨大的感染力，成为吸引众人眼球的主要因素。

第一，新材料技术：利用现代木材的集成产业加工技术，生产实木复合材料、木基复合材料等建筑工程材料，经过加工的复合木材在形状和稳定性方面得到很大程度的提高，克服了天然木材易开裂、曲翘变形、腐蚀等影响材料强度的缺点，其材料特点是不再受限于木材本身的长度和截面尺寸大小的限制，哪怕是较小的木材，经过胶合技术也可以优化成为性能稳定的复合木材，不仅提高了木材的使用效率，还使得复合木材的功能性能大大提高，尤其是木材本身的防火性能好，具有阻燃效果，其表面会烧结成碳化层，起到滞火和延缓木材燃烧的效果，保证使用者的安全。

第二，节点连接技术：节点连接技术是现代木构建筑区别于传统木构建筑的另一个主要特征，木构建筑普遍采用金属构件，可进行钢、木等材料的连接，连接强度大、装配简单，为木构建筑的结构形式提供了多种选择。此外节点连接的结合方式便于工程施工的装配，配合现代的施工器具，灵活性大、工作效率高。由于传统的木构民居建筑在施工工艺上强调榫卯连接的结构体系，无法满足现代建筑多角度、多方向的复杂连接，因此体现工业化优势的金属节点成为现代木构建筑、钢木建筑的最佳选择。它能很好地将木材、钢材、混凝土不同的材料等结合起来，提升木结构的性能和造型能力。钢、铁等金属节点的样式可以根据建筑造型进行定制，比传统的木构建筑构造的榫卯连接方式更为丰富，力学方面的技术优势明显。钢构节点在木与木、木与钢、木与混凝土材料之间的衔接过渡中起关键的链接和支撑作用，成为现代木构建筑和钢木建筑的重要部件。

第三，新结构技术：传统的干栏木构建筑主要以梁柱结构承受水平荷载和垂直荷载所产生的重量，最后将荷载传递到基础上。现代的木构建筑主要分两种结构体系，一种采用轻型木框架结构体系，另一种采用复合式结构体系。轻型木框架结构体系是传统榫卯结构体系的延伸，由主要结构构件（主要承重构件）和附属结构构件（房屋的地面、楼面和墙面）组成，荷载通过附属构件传递至结构构件，最后把整体荷载由结构构件传递至地基上，这种结构形式灵活、经济，北美、澳洲地区大量使用这一类型的建筑结构；复合式结构体系主要由木结构、钢结构、混凝土结构组合而成，其中木结构作为结构的主体，钢结构作为结构的辅助部分穿插在木结构中起加固作用，保证主体结构的稳定。混凝土结构作为建筑的基础部分平衡地面与建筑的关系，复合式结构体系在一定程度上解决了传统木结构的局限性和约束性，钢与木的结合不仅使结构体系具有木结构的抗弯抗剪性能，还具有钢结构抗压抗拉的性能，是两种结构的优化组合。复合式结构的诸多优势可以根据空间组合的需要灵活地体现出来，未来必定成为发展潜力巨大的木构民居建筑结构。

（2）生土技术的改良和创新

生土建筑是使用未经焙烧泥土制作的夯土墙、土坯砖墙以及木骨泥墙为主体的建筑。在加工过程中，使用三合土，即黄土、石灰、沙子结合秸秆、木棍、石头等常见的天然材料混合而成。将红糖、糯米浆等有机质加入三合土中搅拌夯建，可以增加夯土墙的强度。生土属于可再生资源，生土建筑所使用的泥土在自然环境中取之不尽用之不竭，很容易得到，生土建筑在建造和使用过程中，不会对环境产生副作用，旧的生土建筑拆除后其主体容易被环境吸收。夯土建筑的材料大部分都可以就地取材，成本低廉，其施工工艺简单，易于掌握，在夯建时，将导入固定好的模板中的生土材料用杵等简单工具逐层夯实即可。

广西西部、南部、中部地区的壮族传统村落中这类建筑颇为多见。生土建筑具有良好的保温效果，在高寒地区和昼夜温差明显的区域可以调节室内温度、保持室内的湿度，其气候的适应性强，与砖混建筑相比，生土建筑的居住舒适性高。然而生土建筑也存在自身的缺陷，如耐水性能和耐久性能差、抗震性能弱，生土本身的耐久性良好，但长期遇水容易软化、膨松、剥落、开裂，甚至是坍塌丧失强度。生土材料抗拉、抗剪、抗弯曲强度低，整体的抗震性能不佳。我国的滇、黔、川等西部和西南部地区的地震活动频繁，地震给生土民居建筑带来了严重的破坏，给人民群众的生命安全带来危害，地震的破坏同样危害到广西西部的壮族村寨，因此生土建筑的水稳定性和抗震性能是制约其现代化发展的主要原因。

现代生土技术的改良包括生土材料性能的改良、生土施工技术和机具的改良三个方面的内容。

第一，生土材料性能的改良：延续其材料的隔热性能和保湿性能好的优点，克服耐水性能、耐久性能差、强度低的缺点基础上，夯建时加入水泥、矿渣、石灰粉、煤灰等矿物质，以及增加材料强度和整体性的麻秆、藤蔓、草料等纤维物质，混合糯米浆、红薯、淀粉、蛋清等进一步增加生土墙的坚硬度，用这些材料夯实的墙体干固后异常坚硬。改良后的生土建筑在稳定性、耐火性等方面较传统的生土建筑有很大的提升，而且配方多种多样，但在夯土墙的改良实践中要注意保持其材料的环保属性，环保属性是生土建筑区别于砖土建筑的重要特征，没有环保属性的生土建筑失去了其存在的意义，应根据当地土质特点，因地制宜地进行材料性能的改良工作。

第二，生土施工技术的改良：现代的夯土墙所使用的竹胶板等新型模板体系由竹胶板、钢架、螺杆、螺母组成，相较传统的生土墙夯建模板体系，在模板的组装上更为灵活多变，模板在拆卸之后还可以重新组装成其他模板反复使用，成本低、效率高，还可整体式的移动，可以直接夯建建筑的门窗等开口结构以及建筑的转角结构，增加夯土建筑薄弱环节的结构强度和稳定性。

第三，生土施工机具的改良：传统的生土夯实技术依靠的是杵等简单原始的施工工具，效率低，只能用于小面积夯土墙的制作、施工机具的力量小，夯制出来的墙体整体性弱、泥土密度低、松散、坚硬度不够、遇水容易软塌、耐久性差。现代的生土夯实技术，用搅拌机将夯筑用的三合土混合均匀，采用现代气动夯筑机具配合现代模板技术，夯制出来的夯土墙保持生态性能的同时在稳定性、耐久性方面都得到很大提升，居住其中能够感受到保温、隔热性能良好的舒适环境质量。

### （3）生土建筑构造创新

生土建筑的基本构造由基础、墙体、门窗、斜屋顶等构件组成。其中基础及墙体的稳固与否决定了生土建筑的耐久性，基础不好的话房屋将倾倒。现代生土建筑可以结合现代建筑技术，采用生土结合钢技术或钢筋混凝土技术，可以大大地提高生土建筑的坚固性与耐久性，可以使用土料加入水泥、石灰等夯实基础底层，基础的上部用素石混凝土夯筑，完成基础的建造。在基础之上构筑混凝土地梁，闭合的地梁不仅增加了水平向的刚度和整体性，还可以作为生土墙的承托梁，减缓地基沉降影响，使夯土建筑更加牢靠；设置型钢或混凝土结构柱，可大大增强夯土建筑的整体刚度和稳定性。型钢框架的优点是材料的质量轻、强度大、柔韧性好、易加工等，将其融入生土墙的结构体系可以优化生土墙本身的刚度弱的缺点。钢筋混凝土框架抗压、抗弯曲、抗拉强度高，防火、防水、耐久性好，是现代建筑领域使用最为广泛的建筑结构体系，将这一技术嫁接到生土建筑体系中，用钢筋混凝土技术的优势有效解决生土建筑存在的诸多问题，同时不论是使用何种框架结构优化生土建筑，其墙体都必须做整体性增固处理。

夯土墙体的增固，一方面需要做墙体结构的增固。型钢框架的夯土墙增固做法是把刷好防锈漆的型钢框架及型钢构造柱固定好，并加筋处理，用钢网或废旧钢件把型钢构造柱及型钢框架连成一个整体，用模板将型钢框架包裹到夯实的墙体中，最后在墙体的顶部用型钢的砖梁或混凝土的圈梁完成型钢框架的整体结构；混凝土框架的夯土墙增固做法是在稳定的地基上使用现代的钢筋混凝土框架结构技术，地梁、构造柱和顶圈梁结合为一个整体，同样做加筋处理，使用钢网或废旧钢件与混凝土构造柱及混凝土框架连接形成拉结筋，以增加夯土墙的坚固性，顶部用混凝土浇筑顶圈梁，形成现代的混凝土框架体系下的夯土墙体。就经济成本而言，型钢框架夯土建筑相对混凝土框架夯土建筑成本要低些，在传统村落的民居改造中使用率更高，而混凝土框架夯土建筑成本相对高些，因此在修建多层民居建筑或公共建筑时较多采用。

夯土墙增固处理的另一个方面，在夯土墙体上做人工钙化层处理，增加夯土墙的水稳定性。生土建筑怕水是人所皆知的常识，水蚀作用使生土墙体产生凹陷、坍塌，可见墙体的防水渗透是保护生土建筑和生土建筑现代化的重点问题，我们也曾经看到一些不怕水的神奇"老墙"，在失去屋盖和其他支撑之后，任凭风吹雨打，即便是经过上百年的时间，千疮百孔、伤痕累累，仍然傲立在残存的遗址上。究其原因乃是墙体自身产生了钙化，形成钙化层有关。夯土墙体产生钙化属于自然现象，所有的夯土墙都会产生钙化现象，区别在于钙化的程度不一样，有多有少，主要受夯土材料的种类、特性影响，也与地理气候条件、季节有关。绕过这些自然的因素，通过人工的手段进行生土建筑的钙化干预，使夯土建筑产生表面的钙化肌理，同样可以提高夯土墙的防水效果。三合土和白灰中最重要的成分是生石灰$CaO$，生石灰受潮或加水变成了熟石灰$Ca(OH)_2$，熟石灰在潮湿状态下会与空气中的二氧化碳$CO_2$反应生成碳酸钙$CaCO_2$，释放出水分，即产生钙化，碳酸钙是一种无色无味的无机化合物，几乎不溶于水。根据这些原理，只要将熟石灰$Ca(OH)_2$的水化合物和溶液喷涂到夯土墙上，这些吸附并渗透在墙面的熟石灰$Ca(OH)_2$通过与空气中的二氧化碳$CO_2$发生钙化，从而形成夯土墙的防水保护层，这种人工钙化的保护层不影响夯土墙的直观效果，钙化的保护层同样具有透气性，不影响生土建筑的保湿、隔热特点，是夯土建筑现代化的水稳定保障手段之一，给生土建筑的创新改造提供更多的可能性。

**（4）新形式、新内涵——传统干栏民居文化的升华**

纵观建筑发展的历史，影响建筑创新发展的因素很多，气候条件、自然环境、科学技术、传统、历史、生态、经济、风俗、美学等都可以对建筑的功能、形态、空间、布局产生影响，这些影响建筑发展的因素可以总结为地域性因素、文化性因素和时代性因素，今天的新干栏木构建筑形式的探索，也必须从建筑地域性因素、文化性因素和时代性因素三个方面进行整体的研究。第一地域性因素：包括壮族干栏区域的自然环境、气候条件。第二文化性因素：干栏民居建筑作为壮族文化的载体，承载了当地的传统文化习俗和道德观念等因素。第三时代性因素：时代的发展和科学技术的进步，都会给干栏木构建筑提供更好地营造条件和手段，社会的变革也带来了新的道德观念和行为规范。三种因素是一个整体的概念，地域性是建筑赖以生存的根基，文化性是建筑的内涵品位，时代性则体现建筑的精神和发展。

壮族村落的发展模式除了村落传统格局、历史建筑保持较为完整和已录入"中国传统村落名录"或"广西传统村落名单"的村落必须按《历史文化名城名镇名村保护条例》规定执行之外，其余村落的现代化改造设计也不能是各种"异化"形式的堆砌。应该按照干栏木构建筑地域性、文化性、时代性特征去实践干栏木构建筑的功能、形式与空间布局的新式样。

首先，必须尊重自然，回应当地的地域性特征，力求使建筑与周边环境融为一体，讲求"天人合一""依山傍水"的理念，顺应自然，进而造就自然。针对壮族地区多坡地和潮湿的特点，建筑采用传统"离地而居"的形式，用架空层解决坡地地形地貌条件和潮湿气候条件带来的不便，体现出新干栏木构建筑的地域性特点。

其次，在空间布局上，新干栏木构建筑既要保留传统干栏"底层架空"的基本形式，又要打破干栏木构建筑"下畜上人"的基本格局，实行人畜分离，保持较好的人居环境卫生情况。

再次，新干栏木构建筑的竖向空间应控制在三层半高度以内（不超过12米）以避免新干栏木构建筑的体量过大，对周边环境产生影响，破坏村落的生态格局，新干栏木构建筑要通过自身文化的回归展现干栏木构建筑的底蕴，在现代的钢结构和钢筋混凝土结构体系中展现传统干栏民居建筑的挑廊、挑檐和坡屋顶结构特征，对某些干栏木构建筑的特征加以改造和创新利用，用抽象、概括、简化的手法创造出具有传统干栏民居文化韵味的新干栏木构建筑形式。

最后，在营造技术上可以采用向前看的方式，用先进的钢结构技术和钢筋混凝土技术营建新干栏民居建筑，解决传统干栏民居建筑的结构稳定性问题和人居环境质量问题。也可以采用向后看的方式，用传统的木结构技术手段、生土结构技术手段创造新型干栏民居建筑的空间形式和简约、抽象的现代建筑外观。不论是采用何种手段和营造方式，都不是单纯模仿传统干栏民居建筑形式，而是在干栏木构建筑模式的基础上，结合现代的生活需求、审美倾向和价值观念等因素进行创新，才能使新干栏民居建筑能够适应时代的发展，适应当今壮族百姓不断增长的物质和精神生活需求，创造符合当代人行为规范和思维特点的新壮族村落环境，体现出新干栏木构建筑的时代性特征。干栏木构建筑的创新是有限度的创新，要避免建筑风格的混杂，尤其是西式小洋楼等不伦不类的现象，用整体的理念和视角规划村落环境，使之与自然生态、文化生态相和谐，形成永续发展的新壮族干栏民居建筑文化形态。

第八章

壮族干栏木构建筑技艺
发展模式探索

文化遗产是民族村落的灵魂，也是推动乡村旅游业发展的核心。中国共产党第十九次全国代表大会提出乡村振兴战略是全面建成小康社会和社会主义强国的基础，是建设美丽中国的关键举措。保护好民族文化遗产，是振兴乡村战略的重要基础。广西是多民族地区，聚居于此的少数民族有11个之多，民族文化艺术形式多种多样，壮族干栏木构建筑技艺是广西少数民族文化艺术皇冠中的明珠之一，其蕴含着壮族先民与自然和谐相生，天地合一的生态思想，是人类智慧的结晶。

近年来的乡村建设，使壮族传统村落面临诸多问题，由于某些地方政府部门急功近利，在壮族村落发展中大拆大建，把脱贫指标与拆除旧房数量划等号，造成了传统村落中的乱象比比皆是，在缺乏专业指导的情况下，村民新建房屋时建造了大量的混凝土"方盒子"建筑，造成了传统村落历史文脉的缺失，失去了特色文化的传统村落毫无生机可言，使得"千村一面"现象屡见不鲜。

针对传统村落发展中的乱象问题，国家农业农村部科教司对外发布中国美丽乡村建设十大模式：文化传承型模式、休闲旅游型模式、生态保护型模式、环境整治型模式、产业发展型模式……为全国美丽乡村建设提供可借鉴的范本，每一种美丽乡村建设模式，分别代表了某一类型乡村在各自的自然资源禀赋、社会经济水平、产业发展特点以及民俗文化传承等条件下，建设美丽乡村的成功经验和案例，在发展中逐步形成"一村一品""一镇一业""一寨一艺"的发展思路。

干栏木构建筑的创新营造模式多种多样，但是创新前提需要根据村落发展的定位来探索。传统村落的形态和干栏木构建筑外观的保护意味着对传统格局、历史风貌的回应，因此更显示出其智慧性特点，更适合在"文化传承型村落"建设中使用和推广，既传承了文化，又有适当的革新，提升干栏民居建筑的生活质量，是广西少数民族建筑可持续发展的思路之一。

不论采用何种辅助材料和技术手段进行创新营造，只要建筑外观形态上产生较为明显的改变，皆不适合于"中国传统村落"建设中使用，这种建设模式介入"中国传统村落"的发展，会给传统村落带来文化的错位与混乱。

创新外观的营造模式，在环境整治型模式、生态保护型模式、休闲旅游型模式等村落发展建设中拥有更高的自由度，营造符合现代生活方式和行为特点的新型建筑，但这种"新"绝对不能演绎成为村落民居文化中的"异化"形式，其外观形态在简洁概括的基础上要赋予传统韵味、要适宜乡村建设推广，成为具有文化可持续发展的、符合壮族百姓需求的干栏木构建筑新式样。

# 一、龙胜县龙脊镇龙脊村特色民宿改造思考

## （一）龙胜龙脊村的地理环境及气候特点

### 1. 地理环境
龙脊村位于龙胜景区的东南方向，其海拔为600米左右，风景秀丽。村内水系发达，溪河遍布，四周群山环绕，绿荫掩映，保持着原生态的自然景观和人文景观。

### 2. 气候特点
广西龙胜隶属于亚热带季风性气候区，夏季高温多雨、冬季温和少雨。丰富的降雨使得当地拥有充沛的水源（山涧溪流、地下水等）以及茂密的杉木林，杉木作为桂北地区常见的植物，具有坚韧、耐腐的特点，适合用来建造房屋，可以说当地干栏木构建筑的产生有赖于当地的杉木资源。此外充沛的水资源为当地特色景观梯田的形成做出了贡献，从而造就了龙胜地区以龙脊梯田闻名遐迩的人文景观和以干栏木构建筑为主要居住形式的"百越干栏文化"。

## （二）龙胜龙脊村的人文历史

### 1. 人文景观
龙胜龙脊拥有着2300多年历史的壮观梯田，从秦汉时期开始，龙胜先民便开始耕作梯田，一块块的梯田不仅是历史的瑰宝，也是人为的奇迹，龙胜也因此被誉为"梯田之乡"。龙胜地处山区，较其他低海拔地区缺少大面积用来种植水稻的土地，因此梯田这种依形就势的耕地形式就产生了，梯田沿着山的轮廓开垦，形成阶梯状，远看被梯田包裹的群山高耸入云，宛若通往天国的阶梯，向世人传达了龙胜壮民"天人合一"的生活理念，也由此造就了龙胜的一大人文景观。

### 2. 传统文化资源

龙脊村拥有广西保存最完整、最古老、规模最大的壮族干栏木构建筑群，古老而富有神韵。龙脊村的地形为山地，坡度较大，且由于当地交通不便，很多建材运往此处费时费力，故院落式建筑不适合在此地修建，为了节省人力、物力，当地壮民因地制宜、就地取材，他们运用当地盛产的杉木、石块等天然材料建造房屋，逐步发展出独特的干栏木构建筑形式。干栏木构建筑适合修建在地形崎岖的山地上，能够依据建筑所在地的地形状况灵活地调整柱子的长短以顺应地形，建筑结构紧密协调、层层出挑，整体呈现外向开放性的特点。除此之外，干栏木构建筑能够适应山区的气候，内部空间环境舒适，随着时间的推移，干栏木构建筑内部温度随之发生变化，这归功于干栏木构建筑的木头及石块所具有的温度感应的迟缓性，白天阳光照射进建筑内部，木头与石块吸收并储存热量，使得白天室内温度较室外温度低，到了夜晚山区温度下降，干栏木构建筑材料开始释放白天所储存的热量，使得室内温度上升，从而起到调节温度的作用。干栏木构建筑作为广西壮族特有的建筑形式体现了自然生态和传统文化相交融的地域美，其中有5处木楼已经有超过100年以上的历史，其中最老的木楼有长达250年的历史，古老而富有神韵，它们见证着当地的历史发展，彰显着龙脊村的地域特色。

## （三）合理利用当地丰富的自然资源和文化资源

### 1. 潺潺流水与民宿设计

龙脊村位于广西龙胜各族自治县的龙脊镇，高山为主的地形特征让世代居住在此地的壮民获得了生存的启示，壮民们通过开垦良田，逐步形成了富有自然特色的梯田景观，这也使得龙脊村成为了众多旅游者向往的目的地。随着旅游业逐步取代了当地传统的种植业，当地壮民逐步利用干栏木构建筑改造而成的民宿进行营业获取收入，旅游业发展态势良好。自然的馈赠不仅让壮民们创造出了富有地域特色的吊脚楼，还使得他们可以世代生存繁衍下去，而这一切还要归功于大自然的又一馈赠——水。除了梯田这个得天独厚的自然资源，当地的水资源也很丰富，由于龙胜的气候属于亚热带气候，高温多雨和常年的水雾使得丰富的水资源随处可见，四周的高山使水雾在抬升过程中凝结成水，吸附于山坡的植物和植被上，并渗透到泥土中，形成地下径流，在山坡的较高位置露出地表，形成汩汩溪流自上而下，溪水清澈，流水潺潺，但遗憾的是，当地百姓除了将水引入稻田中用于灌溉之外，却没有思考将"水"这一无消耗能源与当地民宿生活结合在一起，营造可观、可赏、可嬉、可戏的水主题空间环境，增加民宿空间的附加值。在龙脊地域特色民宿的营造过程中，将当地特有的水资源引入民宿这一特定的空间中，运用园林理水的造景手法和表现形式，对室内水景进行处理，创造出与自然和谐的室内环境，这是一条打造地域特色民宿的思路。

## 2. 民族文化与民宿设计

龙脊村拥有着悠久的历史，形成了以壮族为主灿烂的少数民族文化，随着经济的发展，当地居民为了过上更为便捷的生活，竞相修建起混凝土民居建筑，当地民居建筑正逐渐失去其自身的地域文化特色，使得当地干栏文化的保护与传承变得岌岌可危。为了改变这一不利局面，以保护和传承干栏木构建筑为核心的旅游产业在民宿的营造过程中对其外表进行了全方位的保护，摒弃过去为了便捷而舍弃传统建筑风貌的做法，以干栏文化作为古村落的灵魂，以生态资源作为民宿空间的源泉，以文化的传承和创新作为村落发展的根本动力。除此之外，深入挖掘壮族传统文化、传统习俗等无形资源，将其运用至龙脊村民宿空间的营造中，使之成为富有地域特色的民宿集群，反映壮族本土世代相传的文化，将影响一代又一代生活于此的壮民及外来游客对于壮族传统村寨的看法。

## （四）地域性特色民宿营建思路

对于龙脊村民宿的发展，有多种多样的思路，其中比较富有创新性的思路是在发挥地域文化特色的前提下，将当地丰富的水资源（山涧溪水）从外部引入室内中来，提升室内空间的品质，因地制宜地创造出一个可持续性的、生态循环的室内空间环境，让到此观光度假的游客可以放松身心，轻松自在地领略龙脊优美的自然风光，感受迷人的壮乡文化，体验山寨的生态环境，这些综合性的优质资源和山寨特点是吸引游客前来游玩的重要因素。最终达到遗产保护、乡村振兴从而提高百姓生活水平的目的。

### 1. 传承与改良干栏木构建筑的结构形制

桂北传统的壮族干栏木构建筑是以吊脚楼为主的建筑形式，其具有通风凉爽、冬暖夏凉、自然生态的优点，建筑各部件榫卯相连，不用一颗铁钉，最大程度地体现了壮族先民对于建筑的营造智慧，是宝贵的值得保护与传承的少数民族文化瑰宝。相对现代生活而言，它也存在一定的缺点，如通水通电差、防火性能差、防潮性能不佳、年久而倾斜、室内昏暗等缺点，为了改善生活条件，久居此地的部分壮族百姓，便自发地在传统村落里修建起混凝土"方盒子"建筑，因此造成传统古村落的乱象问题，严重破坏了古村落的传统生活、传统文化的秩序。因此在龙脊村民宿建设中，一方面需要合理地改良干栏木构建筑的结构形式，避免大拆大改、面目全非的营建模式；另一方面对于新建筑的外观风貌一定要保持与古村落干栏木构建筑风貌的一致性，而不至于破坏古村落的传统格局和历史风貌。

### 2. 挖掘与使用当地的自然资源和文化资源

地域性特色由该地区的自然因素与人文因素共同组成，龙脊村当地具有丰富的水资源以及优美的自然风光，桂林山水甲天下，桂林的自然风光闻名遐迩，是全球著名的旅游胜地，每年吸引大量的国内外游客聚集于此，领略桂林的山水美景，龙胜梯田是山水桂林旅游文化圈中的一个重要组成部分，龙胜梯田距今2300多年历史，在漫长的岁月中，壮族先民们在大自然中求生存的坚强意志，在认识自然和建设家园中所表现的智慧和力量，在龙脊梯田中充分地体现出来，是劳动美的结晶。龙脊梯田景色秀丽，其带状线条、高低错落、层次丰富，如同音乐般节奏感和韵律感，如诗如画、美不胜收。因而当地百姓在修建民宿时，有意识地把龙脊梯田的主要观光点作为吸引游客的关键因素，以此增加自身民宿的竞争力。实际上龙脊村的水资源丰富、清澈，是上天的恩赐和馈赠，遗憾的是当地百姓没有意识到这一无消耗能源利用的重要性，将其引入民宿环境中，营造宜人的水主题空间，增加民宿建筑的附加值，这一再造思路在远离主要观光点、特色不明显的民宿中更具表现力。

### 3. 拓展与形成创新环保的营造意识

在进行龙脊村特色民宿的改造过程中，应以创新环保为民宿的营造理念，传统村落民宿建筑要避免完全的复制，应从先人的智慧中去其糟粕，取其精华，在民宿室内环境的改造提升方面下功夫。如在民宿室内环境的改造过程中，由于传统的木构建筑通风采光不佳，故作为商业功能的民宿应去除部分的墙面，用更为通透的落地玻璃窗或玻璃门将室外的阳光引入室内，以此改善传统吊脚楼建筑采光不足的弊端，更好地把窗外的美景引入室内，使人与自然零距离。纵观建筑发展历史，无论是何种建筑形式，都必须在时代的背景下，形成超越过去的创新思维，方可营造出优秀的建筑作品，因此在进行龙脊村这样的传统村落民宿改造时要与时俱进，在前人的基础上挖掘村落资源，根据民宿个体的地形地貌特点营造出更多具有时代特征的优秀建筑。

## （五）地域性特色民宿发展思考

优秀的地域性民宿空间营造要依托现有的地域特色，除了需要解决传统建筑中存在的弊端之外，管理部门还要制定出相关的营造方法和营造模式对民宿的营造加以引导和规范。地域性特色对于民宿的经营非常关键，地域特色的挖掘有利于体现出地区的差异性，地区差异性的存在使地域性特点丰富多元，成为具有吸引力的潜在因素存在，聪明的经营者在民宿营造中都以地域特色作为民宿的卖点，充分利用民宿所在地的自然资源和人文资源，使得二者成为民宿环境中的特色承载物。

# 二、龙胜各族自治县龙脊镇平安村发展模式思考

近十年来，乡村旅游业发展迅猛。特色村寨发挥固有的文化优势百花齐放，旅游经济蓬勃发展。但是一些急于求成的旅游开发可能会导致村落文化特质的变异和生态环境的破坏。龙脊平安寨于1990年开通至龙胜的第一条公路，使得平安寨成为龙脊镇第一批旅游开发景区。平安寨的龙脊梯田是广西北部壮族文化的载体。然而随着旅游业的发展，"混凝土方盒子"的建筑问题在平安寨层出不穷，严重影响了当地壮寨的干栏文化，这些不合时宜的旅游开发不仅无法保障传统村落的可持续发展，反而加速了村落传统风貌的异化和出现严重的乱象问题。针对这种发展中的破坏现象应予以足够的重视，建立和完善相应的机制，使乡村振兴与民族文化的传承发展有机地统一起来。

## （一）地理位置、气候特点

平安寨位于桂林市龙胜各族自治县龙脊镇，人口约1000人，全村98%的人口是壮族，保留了比较纯朴的民风。平安村的梯田是龙脊梯田的主景区，整个平安寨建在海拔700米以上的山腰间，梯田分布在海拔300～1100米范围内，属桂北高寒地带。龙脊镇地处亚热带季风气候区，境内气候温和，雨量充沛，无霜期长，光照充足，热量丰富，夏长冬短，四季分明且雨热基本同季，气候条件十分优越，由于海拔较高，形成高山、深谷的大落差，使得龙脊梯田长年云雾缭绕，与河谷急流一同形成了冠绝一方的自然生态环境。

## （二）旅游开发的基本状况

随着经济的发展和时代的变迁，平安寨的传统民居建筑也发生了潜移默化的变化。很多村民把卫生间移至二楼、三楼，一楼设置现代的厨房代替传统的火塘，室内平面格局逐渐汉化。

平安寨由于地形地貌的限制，不适宜建造大型酒店，而民宿这类具有当地壮族特色的住宿方式更能得到游客的青睐。为了追求更高的经济效益，扩大接待量，民宿一般建造高度为4～6层，有些甚至到达7层，每层的开间扩大，因此民宿的建筑体量远远大于民居，导致平安寨的整体建筑体量超标，建筑外观风貌不统一。

放眼望去平安寨几乎全是餐馆和民宿，村民为拉客四处奔走，为了满足游客在村寨中游、玩和饮食等需求，村民们纷纷开起了农家乐餐馆，推出KTV、麻将、浴足等娱乐和服务项目，他们没有考虑到游客真正的需求和目的，相反用都市的娱乐活动取代了壮族文化风情和歌舞表演的民俗活动，使传统村落中文化乱象比比皆是。

## （三）旅游业开发与干栏木构建筑改造中的问题

### 1. 建筑外观异化

平安寨一些干栏民居建筑改变了原有的居住功能，变为以经营为主的民宿。为了向游客提供服务和盈取利益，村民兴办起民宿与餐厅。但是原始的干栏式建筑内部格局较小，满足不了当前的商业需求。为了利益最大化，村民不断地扩大开间，增加建筑楼层，对原有建筑风貌造成损害。木头是干栏木构建筑采用最多的原材料，为了安全起见，平安寨许多超体量建筑改用钢筋混凝土作为建筑材料，房屋由纯木结构变为砖混结构，榫卯结构消失了，只剩一个"带有传统符号的外壳"。在传统建筑群中新修的这些"混凝土方盒子"，无论是建筑风格还是建造方式都与平安寨历史风貌有着巨大的差异。

由于民宿餐厅的增多，经营者为了争抢客源，用一些夸张的招牌悬挂在建筑的外立面夺人眼球。如今壮寨的吊脚楼被招牌和宣传标语所占领，浓重的商业气息对平安寨造成负面影响。

### 2. 村寨生态环境遭到破坏

当大量的观光游客进入平安寨时，不可避免地给村寨的自然环境带来噪声、空气污染、水质污染、垃圾污染等方面的负面影响。虽然平安寨的生态环境具有一定的自我修复能力，但是一旦超出自然负荷，生态环境必将遭到破坏。平日里平安寨来往的游客车辆多，人流量大，交通工具排放大量的废气，大量游客的到来和娱乐设施运行造成的噪声和空气污染；餐饮场所和娱乐场的固体垃圾及污水排放量增加，带来环境卫生问题；为了追求经济效益，扩大接待量，村民们就要盖房子开旅店，于是难免要砍树挖土取石，会降低植被覆盖率、破坏生物多样性，造成环境恶化；现在很多村民建造民居和民宿时，大多数村民不再选择纯木结构的营建方式，而是选择现代化的砖混结构。砖混结构建造的民宿建筑楼层高，要到达安全的标准要求深地基的构造方式，导致了水循环的破坏。

### 3. 壮族文化特征的流失

平安寨旅游发展，当然是以村寨的自然风光和人文特色作为主要热点和卖点，在饱尝美丽景色之余，体验原生态的壮族文化实在惬意至极。原生态的壮族文化本身就是现实存在的活标本，倘若不加以保护很快就会失去原有的吸引力，村寨中的这类文化景观有传统干栏民居建筑、龙脊梯田、"三月三"歌节、特色饮食文化等。

由于崇尚现代文化和缺乏相应的民族文化保护意识，新建的房屋建筑越来越偏离当地的干栏式风格，变得"泯然众人矣"。更令人为之惋惜的是，由于受现代物质文化的影响和外来文化的冲击，使得独具魅力的壮族传统文化、壮乡民俗风情在村中少有展现。全村的男女老少，几乎都身着汉装，没有壮族传统的技艺和歌舞表演，少有精美的壮族工艺品的出售，民俗活动也越发不受重视。三江侗族自治县的程阳八寨景区，民俗文化展示则较为成功，景区内可以看到村民们穿着侗族的服饰参加当地传统的百家宴、篝火晚会，游客们与村民一同吃饭，手拉手跳舞，亲身感受侗族的民风民俗和节庆礼仪，体验一段难忘的侗乡之旅。

在民俗文化的展示上平安寨明显地表现出变质或隐退状况，干栏木构建筑外观异化，民俗活动得不到重视，恰恰民族文化正是开发旅游的宝贵资源，一旦变质或同化，村寨将失去特色，吸引力也将随之丧失。

### 4. 村寨人居环境质量不高

平安寨缺少科学的村寨规划，村寨发展具有一定的盲目性。存在的主要问题有：村寨交通、防火、通信等基础设施不完善；部分居民住房环境差，阴暗潮湿，导致村民生活质量难以提升；村寨建筑分布密集，没有达到防火安全距离，存在严重的安全隐患，村民的人身和财产安全得不到保障等。

## （四）对平安寨旅游开发与干栏木构建筑改造的建议

### 1. 规范传统建筑整体风貌

管理部门应制定好干栏木构建筑新建与改造的相关规定，规范村落寨内传统建筑外观风貌。景区内禁止修建不符合当地壮寨面貌的混凝土建筑。新建筑采用新旧结合的方式，营建传统外观的新民居模式，对已有的方盒子建筑要融入传统干栏的真实结构，结合干栏木构建筑特征采取传统材料、传统技术和传统外观的还原模式，重现壮族民居原始风貌。控制建筑体量和外观特点，保存壮族传统干栏民居特色，杜绝用混凝土建筑代替干栏木构建筑现象的出现。

### 2. 提高村民的资源和环境保护意识

大部分村民受教育程度较低，只注重眼前短浅的利益，对资源和环境的保护意识较差。因此对一些为了自身利益而采取的破坏性行为要予以制止并进行相关的处罚措施。对村民进行自然生态和文化生态保护宣传与普及教育，提高对民族村寨资源的认知，使他们成为平安寨真正的保护者、建设者和受益者。

### 3. 发扬民族特色，促成发展与传承的良性循环

壮族特色是平安寨能够源源不断吸引游客的原因，在壮寨里开设KTV、咖啡厅等现代娱乐场所并不能为其增色。壮族传统文化的保护与传承可以从身边入手，村民们的日常生活以及农耕生产本身就是鲜活的特色文化，向游客展示自身文化特色和赖以生存

的真实环境才是最具吸引力的。以平安寨深厚的文化底蕴为基础，开发壮寨特色型旅游商品。深入挖掘壮族传统文化，开发能体现壮族风情的旅游商品，如绣球、壮族服饰、木刻艺术品、鸡血玉雕工艺品等，村寨内自产自销的绿色食品、如云雾茶、罗汉果、百香果酒等特产。

### 4. 提高村寨的人居环境

平安寨要进行科学的村寨规划，村寨发展要具有一定的秩序性，村寨的新建筑务必根据相关防火条例规定的安全距离进行修建，杜绝火灾发生。同时完善村寨交通、防火、通信等基础设施，提倡村民在保持干栏木构建筑外观风貌统一的同时自发进行室内基础设施和功能升级，提高村民的日常生活质量。

# 三、龙胜县龙脊镇金竹壮寨再造模式思考

## （一）金竹壮寨概况

金竹壮寨地处龙胜县龙脊镇，它的名字来源于村子前的一片金竹子。寨内有98户人家，430多口人，被誉为"北壮第一寨"，其建筑具有鲜明的壮族风格，传统吊脚楼建筑风格独特，古建筑群历史风貌保持得比较完整，1992年曾被联合国教科文组织誉为"壮寨的楷模"，2014年被国家民委命名为首批"中国少数民族特色村寨"。2015年被传统村落保护和发展专家委员会列入"中国传统村落"。

## （二）干栏木构建筑之殇

桂北地区壮、侗、苗、瑶等少数民族的民居建筑多为木质，由于材料的局限性，经常受到火灾的侵袭。2017年11月30日晚，龙胜各族自治县龙脊镇金竹壮寨一木楼起火，火势迅速向周边房屋蔓延。由于干栏木构建筑是易燃物，村民直接泼水灭火仍无法阻挡火情，不得以采取掀瓦拆房的方法设置了一条隔离带，保住了其他房屋。消防车之后赶到，并于次日凌晨将余火扑灭。据龙胜官方通报，此次火灾共烧毁民居9户，破拆11户，没有人员伤亡。

还有很多类似案例，2015年1月2日零时20分，融水苗族自治县滚贝侗族乡发生一起村寨火灾。火灾没有造成人员伤亡，但烧毁房屋21栋，致130多人受灾，寨子几乎成了一片废墟。2010年10月19日凌晨，龙胜各族自治县龙脊金坑景区内的全景楼旅馆意

外起火，这栋4层高的木楼里当时居住着92名游客。由于火大水少，尽管来了200多名村民救火，仍未能挽回旅馆被烧毁的命运。干栏木构建筑频频发生火灾，教训惨痛，当中暴露的一系列问题应予以重视，一是木制建筑的局限性，防火系数较低。二是消防栓的水压不够，消防水池储水量也不够，只能从山下的河里抽水，增加了救援时间。三是传统村寨缺乏整体规划，组团之间没有达到合理的安全距离，导致火势蔓延迅速，造成多家房屋被烧毁的惨痛教训。

### （三）金竹壮寨传统干栏民居再造策略

#### 1. 以传统模式营建为主导的新民居建设

金竹壮寨烧毁和破拆的建筑再造时在风貌上与原建筑应保持一致，并且把村寨分隔成若干防火区域，开辟防火隔离带，采用传统材料+传统技术=传统外观的营造模式，重现壮族民居的原始风貌。此外控制建筑体量、规模、风格，保存干栏木构建筑技艺，充分发挥村民自觉升级民居功能，完善基础设施建设，采用控制性保护与引导性更新相结合。建筑肌理方面，墙体皆为杉木本色，瓦件采用小青瓦，保持色泽的统一。新民居在营建过程中，可以采取钢筋混凝土砌筑一层架空层，二层、三层使用纯木构造的混合干栏形式，规避干栏木构建筑地基不稳，易发生倾斜现象，推进传统干栏文化与现代技术的完美结合。这种混合干栏的再造模式是合情合理的，在提升人居生活质量的同时保持壮族传统村落传统格局及历史风貌的完整性，这是"活态"传承少数民族特色村寨的方法之一。

#### 2. 传统村落发展应采取多种保护方式并存的原则
##### （1）杜绝火灾发生、提升村落人居环境质量为根本

桂北少数民族村落防火问题是至关重要的问题，干栏木构建筑防火系数低，近年来很多案例都有显示。对于防火问题，在村落环境升级建设中提出以下几点建议：第一，在规划建设中要把村落分隔成若干防火区域，以30座房屋为一组团，用不小于12米的道路进行分割并作为防火隔离带，避免"火烧连营"；第二，扩宽进入村落的主道路，防止出现消防车进不来，上不去的现象，错过救火的最佳时机，延长救援时间。第三，合理利用自然水资源作为防火资源，增加村内消防蓄水池和山顶水库，同时利用村内消防蓄水池养鱼，必要时便于取水灭火。

内部环境的问题也很突出，例如房屋耐火等级低，原来线路老化严重。目前，虽然经过电网改造，但仍有相当数量的村寨用电线路为20世纪80年代左右安装的，直接敷设在房屋木结构上。随着社会的进步和经济的发展，人们的生活水平不断提高，用电设施不断增加。同时，由于当地村民缺乏必要的电气安全知识和消防安全意识，常常出现私

自乱接电线线路的现象，违反操作规程，从而导致火灾事故的频频发生。近年来桂北地区发生的少数民族村寨火灾近一半因用电引起。另外，因生活用火不慎引发的火灾中，火塘四周为起火部位的案例占50%。针对以上问题提出几点建议：第一，一方面是将火塘下的木质构建及周边1.5m范围内的楼板改为钢筋混凝土结构，既提高了其耐火性能，又不改变建筑的使用功能和传统风貌，而且投资小，易于推广；另一方面是将一层改为混凝土结构，把火塘、厨房等用火空间安置在一层，二层以上的楼层沿用传统木结构。第二，改造进户线，不应把电线直接安装在木质墙面和其他可燃材料上，应做特殊处理；更新室内电线，室内电线应预留负荷增长余地且穿阻燃管敷设，旅游村寨应使用颜色与建筑物相近的阻燃管，保护村寨原有风貌。第三，提高村民的防火意识，加大村寨消防宣传。立足校园加强对学生的消防安全教育，利用当地农村传统节日、民俗集会等活动，融合消防知识于民俗文化之中，引起村民的重视。

**（2）以文化的保护与传承为前提**

金竹壮寨于2015年被传统村落保护和发展专家委员会列入"中国传统村落"。2013年住房城乡建设部颁发《传统村落保护发展规划编制基本要求（试行）》，指出编制保护发展规划要坚持保护为主、兼顾发展、尊重传统、活态传承、符合实际、农民为主的原则……金竹壮寨村落比较完整，由于旅游产业的兴起，村落迸发出新的活力。其人口增长较快，原有的产业结构得到丰富和补充，民族传统得到较好的保存和发展，建造活动依然旺盛。桂北地区独特的自然地理环境和社会历史发展背景孕育了具有特色的壮族传统干栏文化，应当科学地保护和合理地开发，通过旅游业的开发来寻求新的产业发展是一条适合自身特点的道路，龙胜处于大桂林山水的环境中，其著名的龙脊梯田景区是"山水桂林"的重点旅游项目，每年吸引大量游客到此观光旅游，其保存完好的干栏木构建筑群作为文化遗产也是吸引游客到来的主要原因之一，游客的到来对壮寨的生活环境提出了新的要求，因此对传统村落和民居建筑进行动态保护和有机更新是科学和合理的。落实中国传统村落的保护和修缮的相关规定，保护金竹壮寨的壮乡风貌，才能不断吸引外来游客，带动当地第三产业的发展，实现金竹壮寨社会环境的长治久安，达到经济和环境的可持续发展。

根据政府保护条例，对传统民居进行分类，以便在引导其保护和传承过程中区别对待、突出典型。对待不同的传统民居建筑类型制定不同的发展与保护的规划，制定不同类型再造措施。

（1）村落中少部分的方盒子建筑严重影响了金竹壮寨的整体风貌，因此有必要进行传统文化的还原，使其在风貌上与原建筑保持协调。新建筑采用旧材料+旧技术=旧外观的再造模式，重现壮族民居原始样貌。

（2）村落建筑功能的更新需要在政府主导下进行，随着旅游业的发展、游客的增多和经营模式的改变。村落中出现了越来越多的民宿和酒店。目前，村落新建筑基本控制在三层半以下（不超过12米），通常在3至5开间。民宿建设必须在开发规模、建筑风格和体量上严格控制，在引入业态类型上严格把关，控制村落的荷载量，实现传统村落生态环境的可持续发展。

壮族干栏文化是壮族村寨的灵魂，保护和利用好壮族干栏文化和建造技艺至关重要。在传统民居建筑的再造过程中，应当注重壮族干栏木构建筑的原真性和整体性原则，才能具有人文观赏价值。干栏木构建筑的防火保护是壮族传统村落传承和发展一个重要环节。吃一堑长一智，汲取往日的火灾危害的教训，加强村民防火意识和防火能力，保证村民生命和财产安全，保护干栏文化遗产。落实中国传统村落的保护和修缮的相关规定，保护好金竹壮寨的传统风貌，才能不断吸引外来游客，盘活金竹壮寨经济状况，从而达到金竹壮寨的经济和文化的可持续发展。

# 四、西林县马蚌乡那岩古壮寨发展模式思考

## （一）那岩古壮寨发展现状

西林县那岩古壮寨是桂西地区的特色村寨，2012年入选第一批"中国传统村落名录"。关于那岩古壮寨的建寨时间无法考证，但据寨中世代相传的故事来看，那岩寨的形成起初由当年"古句町国"后裔战败后搬迁至此，依靠着陡峭的山形地势作为屏障，依靠得天独厚的自然环境生存繁衍，从而形成如今的那岩古壮寨，现在寨中居民仍织土布、穿土布、讲土语，这些习俗都与西林县历史上的"古句町国"有着重要的联系，也从侧面印证了那岩古壮寨由来的真实性。那岩寨的干栏木构建筑结构与桂北壮族干栏木构建筑不完全一致，其特点为"走马转角"式干栏，空间尺度较大。除居室空间外，其余空间通透宽敞，无隔断分割，以满足壮民们日常生活的需要。

### 1. 自然条件

那岩古壮寨地处马蚌乡西北部山地，该区域属亚热带季风气候，光热充足，冬无严寒，夏无酷暑、雨水多，年平均气温差值较小，年平均降雨量在1100毫米，月平均湿度约在62％，水利资源、林业资源、野生动物与矿产资源丰富。

### 2. 社会环境

由于壮族先民世代生活于此，在生存与发展的过程中不断摸索生活技能、开垦荒地、种植粮食、饲养牲畜，在促进生活质量的提高与推动经济发展的同时也保留了独

特、完整的民风民俗等传统文化产物。但是随着现代社会的发展与城乡一体化进程的加快，最初因交通闭塞很少受到外界影响而保留下来的物质文化遗产及非物质文化遗产正逐步受到外来文化的冲击和破坏。造成这一情况的主要原因是当地村民对自身的宝贵文化遗产价值的认识不足，无法正确处理传统壮寨生活与现代文明之间的关系问题。

### 3. 建筑形制

那岩壮寨的范围涉及坝南、坡玛嵩、小寨三个山峰的区域，陡峭地形造就了古壮寨传统的干栏民居建筑形制特点，建筑采用木柱与木枋榫卯相连，构成建筑承重构架，以六柱式、五进深，五榀、四开间居多，穿斗架内柱间距等距分布，柱径为200～300毫米。建筑特点与其他地区大多数干栏木构建筑一样，底层架空、下畜上人，梁柱结构咬合紧密，屋顶出檐深远，既能防止雨水对木构架的侵蚀，也能很好地遮挡阳光。且在柱间有多层穿枋，多为一瓜穿三枋，结构稳固，檩条直接搁置在瓜柱上，形成一柱一檩的穿斗木构架结构形制。由于大量使用穿枋结构，建筑内部空间相对高大，可利用空间多、使用性强。

## （二）那岩古壮寨目前存在的问题

### 1. 交通问题

从外部环境看，从马蚌乡到西林县没有高速公路，只有一段68公里的二级公路，所以交通问题严重制约了那岩壮寨的旅游发展。目前广西壮族自治区交通运输厅正在抓紧建设广西百色田林至西林（滇桂界）高速公路，途径那岩古壮寨，西林县至那岩古壮寨二级公路经西林县政府批准也正在建设。通过高速路与二级路的修建，可以极大地改善那岩古壮寨的交通状况，对当地发展旅游业具有积极的影响。从内部环境看，由于那岩古壮寨地处山区，经济发展落后，基础道路建设滞后。目前古壮寨通向外界的主干道依旧是一条20世纪90年代人工修建的小路，道路崎岖狭窄，只能勉强容许一辆车通行，这样的内部环境制约了那岩古壮寨人们生活水平提高和旅游开发工作的推进。

### 2. 建筑"异化"问题

在那岩古壮寨入选"中国传统村落"保护名录之前，核心护区内的部分传统建筑和控制区的大多传统建筑已遭到当地村民的破坏，追求现代生活的村民在原有的地基上大拆大建，修建起大量的混凝土"方盒子"新居，这一"异化"现象甚至影响到保护区内的传统建筑，虽然后期责令拆除部分"方盒子"建筑，但目前仍有少量的现代建筑留存在核心保护区内，突兀的混凝土建筑在古壮寨中显得格格不入，破坏了古壮寨整体的历史建筑风貌。另外，村寨中一些年久失修导致房屋倾斜、结构缺失的废弃老屋不予以修补管理，同样破坏了古壮寨历史风貌的完整性。

### 3. 公共设施缺乏问题

由于那岩古壮寨的硬件设备与公共设施无法满足当地居民日益增长的生活质量的需求，因此当地居民为了提高生活环境质量开始对村寨设施进行自发性改造，如加建砖混结构的卫生间、村落道路铺设水泥、不按规定驳接电路等，这些设施的改造极大地破坏了村寨的整体风貌。

### 4. "新旧秩序" 对立问题

随着城镇化建设进程的不断升温，地处偏远的那岩古壮寨也受到影响，其空间布局与结构形式开始发生转变。外出务工的原住民因受到现代都市文明的影响，在价值取向上将传统干栏民居建筑视为落后与贫穷的代名词。一些急于改善居住条件的村民们在修建自己的新居时自然而然地把混凝土"方盒子"建筑作为修建的首选，这极大地侵害了村寨中原有的空间形态。随着村寨中现代建筑越来越多，庞大的"方盒子"建筑与古村寨中的干栏木构建筑形成了"新旧秩序"之间的对抗。

## （三）那岩古壮寨文化遗产的动态保护与发展策略

### 1. "造血与输血" 相结合的持续性营建策略
#### （1）积极强化古壮寨的 "造血" 功能

为使那岩古壮寨能够形成良性的发展，应增强村寨自身的"造血功能"，依据自身发展特点统筹兼顾以开发更多领域的综合利用，最终实现村寨自身的可持续性发展目标。那岩古壮寨地处偏远，经济基础与基础设施建设薄弱，遗产保护所需要的资金庞大，使得古壮寨建设时往往会捉襟见肘。西林县用于古壮寨保护的财政预算额度有限，分配到那岩古壮寨的经费不多，根本无力支撑那岩古寨基础建设的需要。在这种情况下，可以考虑试行"多主体共谋式"的保护模式，这种保护模式的核心就是重构权责关系，确定政府的主导地位以及村落保护的核心思想，以村民致富为目标，吸引社会力量来共同进行古壮寨的保护与发展，因社会力量具有的综合性管理优势与资金优势，所以会为古壮寨的发展带来更多的机遇。引进有相关资质的公司或个体志愿者等相关资源，由他们负责承担古壮寨内的相关基础设施建设，作为回报，给予他们古壮寨内举办活动的空间、经营餐饮的摊位等，实现社会力量与政府共同促进村寨的保护与发展的目的。另外也可以采用"公司+村民"的经营模式，由社会力量出资，村民通过等价的资产入股，如传统的民居建筑及人力等入股，建设后由村民自己进行经营，公司则对设施和人员进行管理分配。这样既可以惠及于民，也可以带动古壮寨村民自觉保护传统文化的积极性，激活古壮寨的发展潜力与活力，在实现村寨经济发展的同时，促进文化遗产的保护与传承。

在进行旅游开发的同时，也应当加强村民对自身传统文化价值和发展潜力的认知，引导企业与村民将旅游所得用于成立传统文化保护基金，避免因一味地迎合消费者而导致传统观念的变异，最终导致生活方式的转变。保证对干栏木构建筑修复与非遗文化传承给予充足的资金支持，或通过对干栏木构建筑的修缮和人居环境质量提升，创造其他收入的可能性。

**（2）合理利用财政拨款的"输血"功能**

对于外界的资金扶持，除了关于传统村落保护的国家专项财政拨款以外，那岩古壮寨还应多从其他方面争取国家财政支持以助力那岩古壮寨的发展，以村寨整体保护与合理开发为基准，保护传统村落整体风貌的同时带动村民共同致富。可以以"爱国教育基地"为项目主题，突出那岩古壮寨曾经作为剿匪战场的历史故事，保留遗存的战斗掩体、射击孔等革命遗迹来塑造"红色革命记忆"主题申请专项拨款；此外，当前古壮寨内依然有部分贫困家庭可以申请"精准扶贫"项目拨款，应利用好扶贫款项帮助村民脱离贫困现状。

## 2."保护与控制"相结合的原真性营建策略

根据《住房和城乡建设部　文化部　国家文物局　财政部关于切实加强中国传统村落保护的指导意见》中提到的："保护村落的传统选址、格局、风貌以及自然和田园景观等整体空间形态与环境。全面保护文物古迹、历史建筑、传统民居等传统建筑，重点修复传统建筑集中连片区"，[①]保护那岩古壮寨应从整体出发，除了建筑和村落景观等人文要素之外，还应当包含自然景观要素，如控制范围内的山体、植被等要素。此外，为保护与维持传统村落特色景观而划分的村落建设控制用地区域，为适应现代生活的需求和满足公共设施扩建而产生的用地区域，在这些区域范围内的建设需要按照相关规定及规划进行。在建设前需确立其高度、样式，最终使新建筑与传统村落的整体风貌和形态相适应。

为满足当地发展需求，对那岩古壮寨的整体保护应采取"新旧分开，有机更新"的办法，将古壮寨划分为核心保护区与建设控制区，根据分区更好地进行干栏木构建筑保护与改造工作。其中坝南峰之上的遗产区为核心保护区，核心保护区内的干栏木构建筑应保护其完整性。此外，该保护区内的古树名木等自然资源也应按保存的情况进行分类保护。由于当地财政支出有限，在对那岩壮寨整体性保护时应按照保护的类别及等级加

---

① 《住房和城乡建设部　文化部　国家文物局　财政部关于切实加强中国传统村落保护的指导意见》建村〔2014〕61号

以分类，对干栏木构建筑进行优先保护，确定保护的对象，并以此进行修复工作，这样使少量的资金得到合理的分配，使古村落的保护达到最优的效果。古壮寨的建设控制区设于坝南峰外的其他两个山峰，在满足村民现代生活需求的基础上对建筑的高度、体积、样式等做相应的控制要求，在营造房屋前需按规定明确房屋尺度等问题，使村落风貌保持一致性与完整性。

那岩古壮寨实际发展较为落后，村中仍有部分居民尚未摆脱贫困标签，因此整合那岩古壮寨文化资源，以传统文化旅游和康养度假作为旅游开发的重点，构建以传统文化体验、康养度假风情游为核心的乡村旅游发展定位，重塑那岩古壮寨特色与亮点，以解决那岩古壮寨民众生活水平不高和保护经费不足的问题。

### 3."还原与整合"相结合的整体性营建策略

随着城乡一体化进程加快，新材料、新结构的现代混凝土"方盒子"建筑在那岩古壮寨内逐渐增加，依托自然环境长期发展而来的独特村落文化肌理正受到严重破坏，因此传统村落的保护应当从整体性出发，系统地看待保护与发展的关系，在现代建筑与传统建筑之间找到平衡点，在发展中使传统村落丰富的历史遗韵得到保护和延续。

混凝土"方盒子"建筑外观与干栏木构建筑相差甚远，新建筑的材料及质感极其突兀，因此需要对其外观进行局部还原使其与干栏木构建筑保持外观上的呼应。如屋顶造型依然使用木构架搭建，保持传统斜屋顶的形态；在外部墙身出挑干栏式的挑台结构形式，使用杉木立柱做结构支撑，突出真实的木构建筑的构造；使用杉木板覆盖外墙，使之与传统的建筑样式进行匹配。这种"还原式"改造能既满足于村民对生活质量的要求又能对古壮寨传统风貌的整体性进行有效的保护，避免新旧建筑的冲突，造成传统村落历史遗韵的破坏。

### 4."民生与旅游"相结合的活态性营建策略

现阶段我国传统村落保护与发展的关键在于以改善当地村民的生活质量及经济收入为前提，注重传统文化保护和环境氛围的打造，将传统的民俗文化同休闲度假相结合，自然观光同乡村体验相结合，营造一种"民生与旅游"相结合的空间营造模式，以民生问题作为发展的龙头，围绕当地文化特色打造独有的旅游度假体系，最终带动传统村寨的发展。

"民生与旅游"相结合的营建模式是指将当地传统的民风民俗、手工艺品及传统美食与旅游体验相结合。以独特的少数民族传统风情唤醒人们对于乡愁的怀念，旅游开发创造出大量的就业岗位可以吸引乡村人口回流，从而达到提高文化传承主体的文化自信的目的。开发中可以突出表现那岩古壮寨的历史文化背景，如句町文化背景，通过对当地传统民风民俗的解读来表现句町文化的魅力，运用直观的表达方式，如歌舞表演、情景模拟、物品展示等表达方式表现出句町传统文化的勃勃生机，如已开发的歌舞表演类节目《句町情韵》很好地诠释了文化展示的直观性。另外关于句町国传承下来的服饰、刺绣、扎染、饮食习惯等文化遗产可以通过特色餐厅或文化展示给游客提供体验的机会，同时开展手工艺品体验区让游客体验传统手工艺的魅力。除此之外，那岩古壮寨坐落于重山顶端，树木植被茂密、空气宜人、所含负氧离子高，可以打造以养生为主题的康养中心，给当地就业提供更多的机会。用民声与旅游相结合的营建模式带动传统村落的经济发展。

现代社会的快速发展与城市快节奏的生活使人们感受到许多无形的压力，使人们对大自然的渴望愈发迫切，这种情况下，保留着传统韵味的古村落往往成了人们向往的好去处，因此如何激发传统村落潜在的活力，给更多外来游客感受当地传统文化的魅力，成为传统村落保护与发展的重点。改变是必然的，在可控范围内激活传统文化内在潜力的同时，带动传统村落的可持续发展则需要长久的规划与坚持。

# 五、桂西达文屯、吞力屯、那雷屯传统村落发展模式思考

## （一）达文屯、吞力屯、那雷屯传统村落的自然条件和人文历史

那坡县龙合乡共合村达文屯、那坡县城厢镇龙华村吞力屯、德保县足荣镇那亮村那雷屯是位于广西西部百色市范围内的三个生态型原始村落，这三个原生态村落在乡村振兴战略的发展建设中失去了自我，丢失了世代相传的民族文化和引以为傲的传统干栏营造技艺，试图通过跨越式的发展，使村落早日摆脱贫困，没有从村落整体的资源条件去思考科学合理的发展途径，尤其是在贫瘠的自然环境中思考如何利用原生态的少数民族文化资源推动桂西民族风情游，实现当地第三产业的发展。

### 1. 自然条件

达文屯以及吞力屯所在的那坡县是广西西部的一个县，德保县那雷屯是边境地区靖西市、那坡县与百色右江河谷相连接的咽喉要道。三处村屯都属亚热带季风性气候，冬天温和少雨、夏天高温多雨。达文屯和吞力屯境内天然森林植被较差，是典型的喀斯特地貌区，由于山体土壤较少，当地石漠化较为严重，生活条件恶劣。

### 2. 人文历史

吞力屯居住着58户黑衣壮族居民，壮族有许多分支，而黑衣壮族是崇尚黑色的

民族。隐藏于层层大山之中，保持着与世隔绝的传统原始壮寨风貌，是淳朴的壮寨代表。吞力屯由于处于深山之中，土层较薄，不适合种植庄稼，当地居民只能通过种植一些类似红薯、玉米一样的农作物勉强为生，可就在这样艰苦的条件下，吞力屯还是形成了属于自己村寨的传统民族文化果实。吞力屯的壮族染织、独特的舞蹈和山歌、饮食和风俗等都让人过目不忘，特别是传统的干栏木构建筑更是成为了吞力屯靓丽的风景线，使人流连忘返。近年来交通道路的修建和乡村振兴建设的实施，由于缺乏正确的导向指引，村民们将居住了多年的干栏木构建筑拆除，取而代之的是修建起大量的混凝土"方盒子"建筑，随着吞力屯历史风貌和传统格局的改变，村民们也不再穿着传统的黑衣服饰，村落的传统已经逐步消失，过去的壮族民歌以及古朴的风情随着建筑的拆除以及习俗的更改已经很少再现，这不禁让人唏嘘。达文屯在大石山腹地，三面环山、坐东向西，村内保存着壮族传统的干栏木构建筑，具有非常浓郁的少数民族气息。壮民们为了躲避战乱隐居于此，长期的居住和耕作形成了特有的黑衣壮文化。达文屯位于西南、朝向东北，在山坡上，居住着梁姓、黄姓、马姓壮民，村落整体为阶梯交错的特征，逐步往低处发展，全村以传统的壮族土木干栏木构建筑为主，这些民居建筑修建在用石块堆砌的石头地基上，四周为田地，房屋之间间隔一定的消防距离，形成了"开门见山、下楼种地"的建筑布局，这样的布局十分方便农业耕作活动。达文屯现有的干栏木构建筑始于清末、民国时期，以木结构和悬山顶为主，屋子跟前用木板进行围合，山墙以及后面多用木条扎成并涂上草泥，局部开小口采光的方式营建，整体材料就地取材、因地制宜，体现了世代聚居于此的壮民智慧和能力。德保县城郊的那雷屯形成于明代，拥有历史悠久的夯土建筑72间，都是古朴的壮族干栏木构建筑，老旧的村落中留下的房子如今变成了饲养牲畜和堆放杂物的地方，这也在无意之间将这些古老村落的原始风貌保留了下来。德保县的文化、艺术活动，俗称"呀嗨戏"或"马隘戏"，它具有浓郁的民族风俗和地方特色，很受群众欢迎，现壮剧常用的唱腔曲调有马隘调、平板、叹调、喜调、哭调、采花、高腔等，拌奏乐器有马骨胡（是主奏乐器），配乐器有土胡、二胡、三弦或秦琴及笛子等，演奏时具有和声色彩，深厚悠扬，悦耳动听，很有民族情感。

## （二）在"千村一面"中呼唤地域特色

民族村寨的灵魂就是其与众不同的特色文化，特色文化的承载主体是建筑文化，传统的干栏木构建筑是壮族先民世代聪明才智的优秀遗存，在新时代应该焕发新的活力与生机，而不是任其荒废、始乱终弃，最终使新农村建设打造出来的"美丽乡村"成为千篇一律、千村一面的状态。

肆意拆除传统建筑，新建筑以混凝土为主，这样的做法在少数民族村寨普遍存在，达力屯、吞力屯和那雷屯虽然具备民风淳朴、耐人寻味的传统文化资源，可是其发展正遭受灵魂的拷问，出于种种因素的影响，这三个村寨放弃了对传统建筑的保护与传承，或将村寨中的夯土建筑全部拆除，或将村落搬迁至公路边另建新楼，修建起现代的"方盒子"混凝土建筑，这样的做法虽然顺应了时代的发展，可是难免过于偏激。达文屯和吞力屯作为广西桂西地区重要的黑衣壮族村落，承载了黑衣壮族文化世代传承的文脉，其干栏木构建筑别有韵味，应该利用新的技术融合对其进行保护、修缮和升级改造。可是这些历尽千年的民族文化遗产却在乡村振兴发展中逐步消失，毁于一旦，这是十分可惜的，随着充斥着与城市建筑别无二致的混凝土建筑的大肆营建，少数民族村寨的建筑文化正面临崩溃，处在一个岌岌可危的边缘，然而，当地村民对传统文化的保护漠不关心，有部分专家学者把传统文化与贫困落后划等号，甚至给出了任其自行毁灭的极端说法，这极大程度上破坏了少数民族文化的发展，影响了中华民族文明的延续。过去的遗留变为了不可逆转的历史，未来的子孙看不到一个国家应有的留存，这无疑是一个民族的悲哀，也是世界的悲哀。同属于百色地区的那雷屯是典型的壮族村寨，村寨于明代形成，村内有各式保存良好的历史遗存，村内房屋大多是联栋或独栋构成，屋子的外墙大多是泥土砌成的夯土实墙，房屋分为三层，下畜上人，最顶部用于储存粮食，以石头柱子作为房屋支撑，是值得欣赏和留存的壮族干栏木构建筑。那雷屯一共有黑瓦红墙的土木干栏房屋七十多间，最古老的距今约有200年历史，古老的建筑凝聚了壮民生活的结晶，非常古朴迷人，可是，近年来，随着传统村落遭受山体塌方的影响，村民们陆续搬迁到大山脚下的公路旁边，并相继建立了运用钢筋混凝土作为材料的现代化房子。古老的建筑放任于老旧村址任其自生自灭，并未实施太多的保护措施，使得久未修缮的房屋开始出现了倾斜，甚至倒塌的情况，这大大破坏了村寨的传统原始风貌，是对自然和传统的蔑视。作为广西最美的五大古村寨之一，那雷屯有着得天独厚的自然和文化优势，然而，搬迁至公路边的新那雷屯完全由混凝土"方盒子"组成，明显缺乏专业的有效引导，村民们为了追求更高质量的生活，纷纷摒弃传统，这种单一性的发展割裂了村落传统文脉，使得村落整体文化断层，逐步失去了少数民族村寨应有的浓郁的地域特色。

广西的旅游业靠三级支撑，第一级是桂北的风光，例如龙胜、三江等少数民族风格浓郁的传统旅游胜地，第二级是依托北海等沿海城市的沿海旅游，主要让游客感受海洋风光，而桂西风情游作为旅游中的第三级，必须着重体现桂西的自然风光以及浓郁的传统民族文化，特别是黑衣壮传统文化。可是近年来类似于达文屯、吞力屯这样的少数民族村寨对于传统建筑大拆大建，另建新居，这样的做法是十分不可取的，大大地破坏了壮族传统村落文化的完整性。而类似于那雷屯这样的原生态村落，有着别的村寨所没有的美好的生态资源和原始的自然气息，这样的村寨理应保持文化的单纯和美好，而不是在历史发展进程中盲目照搬不属于本地区特色的发展模式，为了过上美好的生活而忽视了传统文化的维持和保护，村民们渴望过上现代生活的愿望是顺应时代潮流的，本应是无可厚非的，可是为了过上便捷的生活而完全摒弃传统，对传统文化进行"一刀切"的做法是十分不可取的，真正有吸引力的少数民族村寨必须依靠传统文化的支撑，否则将会变成千城一面的景象，不利于人类文明的发展和延续。

### （三）以创新的方式活化传统文化

文化的传承是应该循序渐进式的，而不是跨越式，没有衔接的，大拆大建的做法，只会使得传统文化变得岌岌可危。吞力屯的多声部壮族大歌是珍贵的少数民族非物质文化遗产，其独特优美的唱法享誉中国甚至于全世界，非物质文化遗产的保护与传承离不开物质文化的支撑，如果一味地大拆大建不考虑建筑文化的保护，只会造成少数民族村落整体文化的缺失，大大地影响了民族文化的蓬勃发展，如果未来只能在现代混凝土房屋的环境中感受壮族大歌的魅力，那无疑是十分滑稽和遗憾的。传统干栏文化的消失是壮族传统文化消失的开始，传统村落整体风貌消失了，其他文化艺术形式也就失去了存在之土壤，经济条件允许的情况下，应对少数民族村落的建筑加以保护，特别是建筑的外观风貌。而对于建筑的室内环境质量的提升可以采取新旧材料相结合的方法营造，保持室内居住环境的舒适性和便捷性的同时传承和弘扬传统文化，让古老的文化在新时代历久弥新。维持村寨文化的延续性，使传统与创新相融合。如果仅仅通过拆除旧建筑营建新建筑的方式进行村寨的发展，不久的将来少数民族村寨传统格局将不复存在，不利于少数民族村寨的发展和少数民族文化的延续。历史遗留的传统不能完全被抹去，而是以适当的方式进行延续和更新，传统的壮族干栏木构建筑应该在新时代以合适的方式重新焕发新的功能，例如，可以通过发展村寨旅游业的方式促使干栏木构建筑成为民宿或者酒店的载体。让游客体验当地特色和风土人情的同时以最直观的方式，体验壮族传统文化。无论何时何地，以"一刀切"的方式对待传统文化的手段都是不可取的，人类的文明丰富多元，富有差异性，这也是壮族村落立足于现代、立足于世界之林的基础。

## 六、大新县硕龙镇隘江村陇鉴屯发展模式思考

### （一）陇鉴屯概况

#### 1. 地理位置
大新县是广西壮族自治区的一个边境县，也是崇左市的辖县，位于广西西南部，地

处云贵高原南路，地形北高南低，山岭间形成许多小盆地。硕龙镇位于大新县城西面，与越南隔河相望，陆地有公路与越南相通，与越南高平省下琅县、重庆县接壤，是大新县生态边贸旅游城镇。硕龙镇内的隘江村陇鉴屯，距边境线1公里，属德天跨国大瀑布景区内，也是前往德天瀑布的必经之路。

### 2. 气候特点

当地气候特征属于亚热带季风气候，冬春微寒，夏季炎热，秋季凉爽，夏季雨量较多，有时出现汛期，秋、冬、春三季降雨量较少。硕龙镇水利水电资源十分丰富。

### 3. 人文特点

陇鉴屯居住着广西壮族最古老的两大支系："黑衣壮"和"蓝衣壮"，两大支系都是以颜色作为支系名称命名并以颜色作为群族的标记。作为壮族两大支系，他们以高度聚居的形式来增强群族凝聚力以克服不利的自然条件。两大壮族支系能够在共同的地域上通力协作，团结互助，表现出吃苦耐劳、热情好客、生性善良的人文特征。

由于陇鉴屯与越南仅隔一条归春河，归春河对面的越南居民自称"岱族"，与本地居民同讲壮话，其风俗习惯也基本相同，所以当地中越边民来往密切。通过大新县西北的归春河边，广西与越南西路49号界碑处的硕龙口岸，中越边民方便进行两地的边境贸易等来往活动。许多越南居民在中国境内进行小商品的售卖，如橡胶制品，水果，越南当地特产零食等，以进行小额贸易活动。两国边民通婚现象也很常见，因此，陇鉴屯凡与越南女子通婚的人家必须在民居建筑上插有中国国旗以表达领地特征。

## （二）保护性开发利用的状况

陇鉴屯又被称作德天壮家古寨，是硕龙镇面积与人口最多的一个村寨，也是当地原生态保存最完整、最具民族特色的壮族古村落。对于传统的壮族民居建筑，当地政府及当地村民共同实施了相关的保护与开发措施。

### 1. 强调传统建筑的保护

由于现代生活需要，部分原居住在干栏木构建筑里的村民已经搬到路边交通方便的地带重建新居，村民外迁一方面改善了当地村民的现代居住环境，另一方面百年古寨中的传统壮族民居又得以完好地保存下来。陇鉴屯内保护完好的壮族干栏木构建筑以矮脚干栏为主，左右及后壁多用石块、土坯或夯土筑成。干栏民居建筑分上下两层，底层用来饲养牲口，二层为居住层，层高较其他干栏木构建筑要矮些，大约2米左右，门前阶梯用石料铺砌而成。由于位于平地，因此户与户之间互相间隔较宽。寨内几乎每户都有用小石块和竹篱笆围隔起来的矮墙，内部为自家小院，用于栽种果树，如木瓜树、黄皮果树等，以及多种蔬菜供自家食用。各类果树与矮脚干栏相得益彰，也是陇鉴屯古寨的一大特色。

陇鉴屯入口，利用一户干栏民居打造了一座简易的"边关壮家历史民俗展馆"。馆内展出了具有较高历史文化价值的传统器皿和生产生活用具，如壮民的石磨、老式织布机、纺纱机、水磨轮盘、木质风谷机、旧式方桌、石碾子、古式搅棉机、石槽、古式犁耙、木铲、石水缸、石舂、木舂、老式木质榨粉机、毛草披肩等，一件件物品向人们展示边境壮族人民生产、生活、生存的必需品。通过对当地传统文化的梳理，打造文化传承基地，实现对壮族传统民居建筑及其文化的保护与传承。

### 2. 打造旅游生态观光点

陇鉴屯位于德天瀑布景区附近，是通往德天瀑布景区的必经之地，德天瀑布作为亚洲第一、世界第四大跨国瀑布，被划为国家级5A景区，来往游客众多。近年来，陇鉴屯在当地政府引导下，通过与旅游公司合作，让更多的游客在观赏瀑布景点之后体验古壮寨的传统文化，走自然资源与文化资源相结合的旅游发展线路。从德天瀑布参观游玩返程的游客途经陇鉴屯，感受民族意韵，参观边境壮族古村寨和民俗展馆，体验当地壮族百姓的日常生活习惯。旅游公司的介入能够更全面系统地对当地古老的干栏木构建筑进行修缮和保护，使得古寨的整体风貌得以很好地保存下来。

旅游公司接手运营后，修缮旧屯民居建筑、屯内道路，在古寨内搭建民俗小舞台，聘请当地民族歌手和舞蹈演员演唱中越边境民间山歌、表演天琴节目等。嫁入古寨的越南媳妇身着越南传统服饰"奥黛"在传统干栏民居内进行弹唱表演，给前来参观的游客带来更为浓烈的边境民俗氛围。此外在寨子里建立银饰展示与体验区，请当地银饰品工匠现场展示银饰加工和制作过程，以及特色银饰售卖等活动，不仅展示了当地壮族银饰特色与传统手工艺，同时也增加了当地居民的收入来源。游客参观结束后，统一品尝传统壮家待客之礼"壮王宴"，由当地自然栽培的农作物组成大的拼盘供客人享用，增加深入体验古寨壮民的日常生活和饮食文化的经历。

## （三）基于现有保护性开发措施的反思

### 1. 完善旅游设施

为了更好地实现乡村振兴战略，使传统村落保护和旅游开发相结合，实现传统村落文化保护和经济效益共赢，有必要完善旅游设施，提高传统古壮寨氛围与游客体验舒适度。古寨应设置合理的休息区、指示牌与各类介绍标志。各类旅游设施应与壮族传统元素相结合，与传统壮寨意韵相协调，打造古寨旅游整体性。接待游客体验"壮王宴"的餐厅是用现代钢架结构，并覆盖蓝色压型瓦搭建的简易棚子，与当地传统古壮寨文化格格不入。可以考虑运用传统材料与传统技术营造传统建筑的模式，营造一个体现壮族干栏木构建筑特色的新型餐厅，增强古壮寨文化完整性与协调性，使游客在体验壮族饮食的时候拥有一个良好的环境与氛围，加深壮族文化的美好印象。

### 2. 加强游客体验

古寨中游客现有的游玩路线大致为进寨——参观边关壮家历史民俗展馆——参观传统壮族民居建筑——欣赏传统歌舞表演——用餐。整个流程过于刻板无趣，缺少互动性，体验性较差。传统的走马观花、被动参观游览的旅游方式，已经不能满足现代游客的需求，他们更加渴望的是能够多参与为前提，体验为核心，可以在新奇与参与中获得更加深刻的经历和感受。古壮寨应当充分利用传统文化优势对当前旅游功能进行更新，以传统壮族民居建筑为主体，围绕中心开展互动性体验项目，使得古壮寨旅游开发价值最大化。如向游客展示壮族传统食物的过程中邀请游客参与进来，一起打糍粑、制作五色糯米饭等，再将游客亲自做好的美食分给大家品尝，文化的展示过程因游客的加入变得富有趣味性，同时也加深游客对壮族传统美食文化的印象；模拟壮族传统婚嫁场景，游客自愿扮演其中角色参与婚嫁流程，更加直面地让游客感受到壮族传统的风俗习惯。通过各种活动增强游客的体验性和参与度，使游客更深入地感受到古壮寨淳朴的民风和乡土的人文气息。

随着时代的变化，人们的需求也在不断地变化，壮族传统民居逐渐不能满足当地村民的居住要求，为了杜绝传统干栏民居文化的衰败现象，保护传统杆栏建筑，政府、相关部门及村民要合力采取措施，以科学合理的方式对传统建筑及其文化进行有效保护。保护性开发是有效保护的一种形式，也是一种共生关系，合理的开发利用能够使百年传统壮寨得到最有效和及时的维护和修缮。文化遗产保护、农民利益、乡村振兴有机结合在一起，成为一个时代发展的有机体。

# 七、上林县巷贤镇长联村鼓鸣寨发展模式思考

## （一）鼓鸣寨发展现状

鼓鸣寨隶属上林县巷贤镇长联村，地环境优美，清代建筑保存完好。全庄民居大部分为清代和民国时期修建，充满了历史痕迹。鼓鸣寨是一个民风淳朴，湖水清澈，绿树环绕的壮族村寨，如田园牧歌般的世外桃源，原名"古民庄"，其中的民居建筑多为夯土结构的地居干栏建筑，大部分是清代和民国时期修建的，至今为止依然保存完好。

2015年被列入第五批"中国传统村落"名录。上林县巷贤镇隶属于广西壮族自治区南宁市，位于广西中部，南宁市东北部，大明山东麓，西南毗武鸣区，南接宾阳县，东北邻来宾市兴宾区，西北连马山县，北靠忻城县，与宾阳县思陇镇及太守乡为交界，原村落居住的村民以韦、陈、苏三姓为主，且全部为壮族。鼓鸣寨由于其悠久的民居而闻名于世，寨内有57座合院式民居120个的单体建筑，且全部来自于清代与民国时期，这使得其成为了一个历史悠久，具有厚重文化感的村落，随着旅游业的发展，鼓鸣寨已经变为了旅游开发区，村民们大多已经搬到了旅游开发商安置的回迁房中居住，村民由"农民变为了股民"，未来可以通过鼓鸣寨的旅游发展从中获得收益，这样的村落发展模式也是众多少数民族发展模式中的一个典型。

鼓鸣寨虽然位于绿水青山之间，可是由于其耕地较少，林地居多，对于居住在此地的传统以农耕为主的壮民来说并不合适，村民们仅仅依靠务农是无法获得生存空间的，这使得过去的鼓鸣寨家家户户都十分贫穷。

在政府的支持下，鼓鸣寨旅游项目在"因地制宜、政府主导、公司运作、群众参与"的原则基础上，变成了2015年国家旅游扶贫试点村。鼓鸣寨旅游开发有限公司为当地村民提供工作并给予他们征租地的租金，村民的生活开始有了起色。再加上上林县以创立国家全城旅游示范区和广西特色旅游名县为发展的主要目标，为了促使类似鼓鸣寨的贫困村摆脱贫困，上林县政府积极促进少数民族村寨变为旅游村，促使这些具有悠久自然文化资源的贫困村摆脱贫困，变为"家园变公园、民房变客房、村民变股民、上山变上班、忧老变养老"的"五变"创新。真正地让村民在旅游开发中获益，在保护传统民居的基础上发展经济。

鼓鸣寨的村寨开发交由上林县鼓鸣寨旅游开发有限公司处理，该公司属于广西五福投资集团，其具有各行各业多种项目的开发经验，公司秉承"敬畏自然、珍惜资源"的开发原则，重点开发和打造"鼓鸣寨养生旅游度假区"项目，目的是通过挖掘鼓鸣寨独有的历史文化资源，结合多功能、多角度地对村寨进行综合开发，全新的鼓鸣寨从陈旧的古老村寨摇身一变变成了拥有生态休闲游乐区、生态景观保护区、入口区、养生区、居民安置区的综合性区域。发展旅游业替代传统务农或者发展旅游业与传统务农相结合的村落发展模式是壮族传统村落适应新的社会需求而所发展出来的。在时代发展中探索可以使传统和创新相融的新的发展模式，才是人类文明得以延续和发展的必然之路。

## （二）鼓鸣寨的特色发展之路

### 1. 依托传统壮族夯土建筑的旅游开发

鼓鸣寨的村寨特色是其建造历史悠久的壮族夯土建筑，全村现存从清代与民国时期陆续建造以来的民居120座，其中有较好保存的民居64座，清代的学堂一座，建筑的形式主要以夯土为墙，使用当地黄土中混合石灰、糯米浆等粘性物质进行夯筑，土木作为承重，通过天井式合院建筑，沿袭了壮族传统的"四水归一"的建筑理念，直到现在仍然连片地保存着完整的壮族土木干栏建筑，村落依山傍水而建，经历了几百年的风风雨雨，具有十分悠久的历史，直到今天依然屹立不倒，是广西目前现存的整体保存较完整、规模最大的夯土民居建筑群，拥有着不容小觑的社会文化地位。是壮族人民在鼓鸣寨世代居住时留下的难得的宝贵财富，理应在村寨旅游开发过程中起到主导的作用，使其成为鼓鸣寨生存发展的重要依靠。

## 2. 活化当地生态及文化特色资源

鼓鸣寨地处大明山东麓，位于海拔400~800米之间的山峦地带，属南亚热带季风气候，湿润温和，夏长而不酷热，冬短而无严寒，年平均气温20.9℃。境内河流为红水河水系，均属小河，既窄且浅。此外还有兰干河，自南向北流入忻城县，因此上林县拥有丰富的水资源。除水资源丰富外，上林县动植物资源也相对富饶，被列入中国濒危动物红皮书的濒危及易濒危物种有27种。鼓鸣寨环山抱水，绿树掩映，四季如画，古韵悠长。人们行走在其中，感受到来自自然与时光交错的山水画卷。

独特的自然资源优势使得鼓鸣寨轻而易举地成为吸引城市人前往的旅游目的地。除了有优质的自然资源，上林县的长寿老人也很多，是"中国长寿之乡"，北京时间2019年5月20日，联合国官方机构联合国老龄所积极老龄化专家委员会在马耳他正式授予广西南宁市上林县"世界长寿之乡"荣誉称号。长寿文化的形成每年都吸引着很多的外来游客前往鼓鸣寨，在其中的青山绿水之间感悟到长寿的基因和密码。独特的自然和文化资源使得鼓鸣寨形成了村寨旅游发展的新特色，这也是村寨发展过程中对于传统的自然、文化资源的重新包装与推广。这样的举措不仅惠民利己，还彰显了新时代少数民族村寨的特色文化，从而为少数民族村寨形成品牌做出了很好的铺垫。

## 3. 运用多渠道推动村寨经济发展

原来，鼓鸣寨的壮族百姓世代依靠村寨周边的耕地进行务农活动，村民以种植八角、茶叶、玉米为主，生活十分贫困，交通闭塞，收入不易。经济收入途径十分单一，在现代社会发展日新月异的年代已经不能满足于人们的日常生活需求。因此，推崇多渠道的村落发展，是鼓鸣寨发展的必由之路。鼓鸣寨在政府的扶持下鼓励村民转变传统的务农角色，坚持村民为主体的村落发展模式，依托旅游开发为主导，鼓鸣寨旅游项目建成并运作以后，村民在家门口就有很多的就业机会，旅游公司优先安排贫困劳动力就业，村民依托鼓鸣寨项目，可以通过门票收入分红和土地流转收入、劳务收入、林地及水库出租收入四个项目获得收益，并且公司还为村民们购买了失地养老保险。景区的运营还可以带动鼓鸣寨及周边农民经商，发展土特产销售及农家乐等，成为了一条脱贫致富的新路。村民们感受到了村落发展的新动力，不再排斥传统夯土建筑的劣势，而是从心里接受传统建筑给自己带来的生活收益，真真切切地感受到村落旅游发展与文化保护相结合的道路带来的好处。旅游公司将鼓鸣寨由传统的破旧村寨变为了以传统文化为依托，配以创新相结合的新型度假区后，鼓鸣寨的道路、环境、务工以及村民收入带来了很大的改变，现在村庄环境变得越来越好，与以前的没有规划，随意浪费自然、文化资源的状态有了很大的不同，村寨的发展也变得越来越好，地域性和人文关怀互相融合，当地村民们也意识到了村落保护与村落发展之间的联系，"方盒子"混凝土的民宅建筑越来越少，使得自己世代生存的村子焕发出新的生机，既传承了文化也谋得了更好的发展，这不管是对于当地村民还是社会的发展来说都是十分美好的事情。

## （三）鼓鸣寨发展模式思考

### 1. 以惠民为主体、旅游为依托、效益为目的的发展

类似于鼓鸣寨壮族传统村落发展规划，有着十分重要的社会价值、经济价值及文化价值。首先，让少数民族村落得到发展，而不是任其消亡，丰富了少数民族传统文化内涵的同时又可以让少数民族村落重新焕发生机与活力。随着全球经济的一体化发展，地区间的发展已经呈现出国际化特征，千篇一律的"方盒子"建筑的出现，使得地区差异性逐步减弱，这种发展模式的后果是各地区趋于雷同，没有了丰富的民族文化支撑，很多产业包括旅游业将面临衰落，地区的发展会因此陷入停滞，所以，让有条件的少数民族村落，以旅游业为发展的依托，传承和保护本民族的文化特色，使其变为自身吸引游客的法宝，这样的做法有助于少数民族地区的和谐发展，具有很高的社会价值。其次，以少数民族文化特色（建筑特色、服饰特色、非物特色）的旅游开发模式，有助于推动当地经济文化的发展，少数民族地区的发展有赖于传统的农耕经济，模式单一且收益不高，这样的经济模式无法满足人民日益增长的物质需求，无法满足人民的生存需求，所以，只有谋求新的发展途径才是硬道理。而村落的旅游开发是依托于自身的自然资源和文化资源，本身投入的成本较少，通过旅游获得的回报较高，适合少数民族村寨的发展。少数民族村落的旅游发展模式具有惠民的特点以及保护传承优秀少数民族传统文化的优势，经过历史的发展和变迁，少数民族村落的文化历久弥新，通过旅游开发重新焕发出了它应有的价值和活力。传统的文化资源、自然资源，必须得到保护和利用，特别是类似于鼓鸣寨这样的少数民族村寨建筑，极具地方特色和人文情怀，是世代壮民智慧的结晶，有很高的文化研究价值。通过村落旅游开发和利用，达到保护和传承少数民族文化的目的，是少数民族村落文化以旅游为目的发展和传承的重要途径。

### 2. 以生态为背景、文化为源泉、保护为目标的发展

鼓鸣寨的发展模式以旅游开发为主体，一方面充分利用当地青山绿水和优美环保的自然资源，以"长寿文化"为核心，发展旅游业。另一方面依托当地的文化资源，特别是壮族传统夯土地居干栏文化，干栏文化作为壮族村落的灵魂，必须加以保护，而使其换发新活力的途径必是在传统的基础上注入新的功能，将保存完好的传统建筑转变为其他用途在少数民族村寨的旅游发展中已经越来越常见。因此在少数民族村落的保护中应该最大化地保留少数民族村落的传统格局和历史风貌特点并赋予其新的功能，达到新旧统一、文化和谐的目的。少数民族村落的文化资源十分难得，是居住在当地的先民世代流传的技术或重要的物件，值得挖掘和保护，以免文化的流失。上林县是以壮族为主的少数民族聚居地，所以当地传统节日从古记载至今并且保留了下来，上林民歌的唱腔多种多样，"三月三"是壮族的传统歌节，清朝康熙年间（1654—1722年），上林县就有民歌记载。所以对于传统的文化资源以及生态的自然资源，必须在保护的基础上合理利用，而通过什么形式去保护，就是值得思考和探索的课题了。单纯地任其自生自灭只会让传统消失，人类的历史也将变得越来越单薄和没有支撑可言，而过度地保护就会变成静态的、产生疏离感的资料性博物馆，不利于文化焕发生机与活力，因此旅游业的引入让游客深入体验当地的生态环境与特色文化，是目前保护和传承少数民族村落文化和自然资源的最佳途径，也是乡村振兴建设的新途径。

# 八、龙州县上金乡卷逢村白雪屯发展模式思考

## （一）白雪屯传统村落基本状况

白雪屯位于广西壮族自治区崇左市龙州县上金乡卷逢村，同时也位于"左江花山岩画文化景观"龙州遗产区的中部，距龙州县城32公里。从民居建筑布局来看白雪屯可分为上片区和下片区，临山环水的白雪屯因其独特的地理位置、宜人的景色和保存完好的建筑风貌，于2016年11月列入"中国传统村落名录"。也曾被评为"自治区生态村"以及崇左市"魅力村屯"。

白雪屯呈半岛状，一面临山，三面环水，地处花山岩画龙州遗产区的中部，自然环境优美，人文环境独特，其地居式干栏建筑保持完好，是人类不可复制的文化遗产，作为第三产业开发的村落资源前景看好。但是白雪屯传统村落也存在社会环境变迁、基础设施缺乏、自然与人为破坏、规划与管理缺失等问题，因此如何强化遗产空间的真实性、保证传统文化的延续性、还原历史格局的完整性、提升室内空间的宜居性、强调旅

游开发的合理性等等是需要认真探索和研究的课题。

### 1. 自然环境

左江流域属于西南喀斯特地区的南缘地带，山峦奇峰俊秀、陡峭如削，左江水川流不息，见证了世代壮族人民的生息和繁衍。依山傍水的白雪屯三面环绕水，发源于广西与越南交界处的左江流域绕村一周形成半岛地形，对岸群山环绕。左江流域是壮族最为集中的聚居区，白雪屯处于南亚热带季风气候区域，全年气候温暖，阳光充足，非常利于甘蔗等经济作物的种植，是全国种植量最大的地区之一。

### 2. 人文环境

白雪屯处于花山岩画遗产区内，在这里的山体密布、河流纵横、台地平缓，优美的自然环境与村落文明共同构筑了左江花山岩画文化景观区域，左江花山岩画文化景观于2016年入选《世界遗产名录》，填补了我国岩画类入选世界文化景观遗产的空白，花山岩画的画像之众、分布之广、面积之大、气势之恢宏、风格之独特在国内乃至全世界可谓之最，甚是罕见。遗产区内传统村落的保护和开发利用，对于左江花山岩画景观区域建设也具有重要的意义。也是文化遗产保护的重点之一。始于宁明县经左江流域绵延至龙州县、凭祥市、大新县、崇左市江州区、扶绥县等县市区，形成了一条200多公里的文化景观长廊，沿河分布的花山岩画节点与河流的动线以及位于村落内遗产区壮族聚落房屋及蔗田构成的面共同构筑了人类历史的篇章，形成了自然景观优美、地域特点突出的文化遗产保护区。

### 3. 村落资源

"择山而憩、临水而居"是壮族民众在择地建村立寨时首要考虑的因素，不仅要"借山势之藏纳、江水之灵气"，还要考虑有大片肥沃的土地可以耕作，白雪屯男女老少秉承着日出而作，日落而息的生活方式，也是择居时天人合一、共生发展的心理反映，把人与自然和谐共生的思想发挥到极致，以至于这里山水、民居和田地共同构筑了美丽乡村丰富的内部资源。

从山地、坡地搬迁至山下的平地，壮族传统村落的布局特点从线性的布局方式变为网状的布局方式。宽敞的平坦地势使白雪屯村落交通流线呈明显的网状型布局，与传统山地型干栏木构建筑底层架空便于适应山地复杂多变的地形特征不同的是，建筑在平整的地面上直接立架穿斗，搁檩铺椽盖瓦，外部墙体为砖，内部空间多用木板分割，建筑多以两层为主，底层住人，二层作为存贮空间堆放杂物的地居干栏结构；这类地居干栏建筑多为三开间，也有部分建筑为两开间。屋顶为悬山顶，屋前设柱，用于支撑挑出的房檐，白雪屯普遍设置的檐廊结构和当地的气候条件密切相关，因当地气温高、多雨，其檐廊可以起到遮阳降温和避免雨水对墙体的侵蚀作用。地居干栏建筑的墙体多使用土坯砖砌筑，土坯砖的选材因地制宜，制作工艺简单、成本低廉，非常符合当地百姓的经济条件，因而一直延续至今仍在使用。屯内也有部分建筑使用烧制的青砖和红砖结合土坯砖修建地居干栏建筑的情况，建筑勒脚和柱子采用烧制的砖块，其余墙体依然采用土坯砖，反映了当地壮民趋利避害的折中选择。

白雪屯传统村落的内部交通系统不尽完善，虽然配置有机耕道、村道和巷道，但由于机耕道、村道宽度不够，会车时行驶较为困难，因此村道要考虑单向行驶的管理或在宽度上有待进一步扩宽；村落里乱象问题严重，杂物的堆放占用村落巷道、路面污水横流，严重影响整个村落的生活和行走，也破坏了村容村貌；村落内的道路缺乏照明设施，交通系统的作用还有待提高。

## （二）白雪屯传统村落存在的问题

### 1. 社会环境的变迁

信息社会的发展使传统村落的生活条件和生活水平远远不能满足当地百姓日益增长的物质和精神文化生活需求，因而大量年轻劳动力选择到城市务工以实现生活水平的提高，老人与儿童成为村落留守人口。外出务工的村民经济条件得到改善后大多选择在县城或城市购房，村落中许多民居建筑沦为闲置状态，使得原本居住人口比例不协调的村落"空心化"问题严重。这种传统村落中普遍存在的"空心村"现象不仅浪费国家有限的土地资源，对传统村落文化的保护与延续也会产生不利的影响。

长时间的外出使回乡者与当地村民的居住观念产生了很大差异，体验过现代城市生活的务工回乡者不再满足于传统民居带来的生活状态，力主打造混凝土"方盒子"建筑与城镇接轨，造成干栏建筑营造技艺被摒弃，被新材料、新技术取而代之，混凝土"方盒子"建筑成为传统村落中"标新立异"的存在，与原本安静质朴的传统村落格格不入，严重影响村落的传统格局和历史风貌。

### 2. 基础设施的不足

白雪屯被列入"中国传统村落"后，越来越受到来自各方的关注，因此前期也进行了乡村休闲旅游开发，目前的基础设施有休闲广场、特产部落、公共卫生间等，但作为"左江花山岩画文化景观"旅游性整体规划还存在许多的缺失，如缺少公共文娱设施、公共服务设施、旅游停车场等。随着村民物质文化生活水平的不断提高，村落内的篮球场、大榕树家庭教育课堂、村民之家、村民停车场等设施建设是不可或缺的，村落公共设施的建立将对白雪屯百姓物质和精神文化生活水平提高起举足轻重的作用。

### 3. 自然与人为的破坏

从自然方面来看，对于传统地居干栏建筑而言，由于其营造技艺与材料选择存在一定的局限性，因而受自然灾害的影响远远大于城镇中的现代建筑。地震、洪水、大风、大雨等不可抗拒因素都会对地居干栏房屋造成一定程度的损害。近期广西境内发生了2次地震，一次是2019年10月12日发生于玉林市北流市的5.2级地震，距离白雪屯400公里；另一次是2019年11月25日发生于百色市靖西市的5.2级地震，震中距龙州县仅64公里，并且在11月28日发生了4.3级的余震，地居干栏建筑的抗震性能遭受极大的挑战。龙州地区属于热带季风气候区，全年雨水多，易发生内涝、地居干栏建筑的土坯墙极易受到雨水的冲泡坍塌变形，严重威胁居民的生命安全。

从人为方面来看，由于白雪屯垃圾处理系统落后于城镇，没有规范的垃圾处理方式，导致村民生活垃圾随意处置，焚烧、随地倾倒至沟渠的方式不仅会造成环境污染，而且破坏了人与自然的和谐关系。对于传统村落历史风貌的破坏，火灾的破坏性最为严重，由于干栏建筑大多都是砖木结构且房屋间距较小，村民用电不规范以及电路年久失修等情况极易造成火灾。2009年的广西三江县林略屯火灾，摧毁了该屯的196座房屋；2014年的贵州报京大寨火灾，大火造成1000多间房屋被毁；2018年9月30日龙胜各族自治县龙脊镇小寨村小寨片发生民房火灾，火灾烧毁民房29栋，为防止火灾蔓延，破拆民房19栋。被大火侵袭的干栏建筑不胜枚举，火灾的原因基本都是人为因素造成的。此外，村落历史风貌的人为破坏还包括拆旧建新，在拆掉的干栏建筑原址上建造现代混凝土"方盒子"建筑；由于生活水平不断提高，干栏建筑的生活空间已不能满足村民们生活、生产的需求，因此部分村民在自家院落内用钢管与蓝色彩钢瓦搭置简易棚架，更有甚者把院落大门改为现代化两三米宽的防盗门，尺度与传统木质门相差甚远。这种改造方式对传统村落的历史风貌造成极为明显的破坏。同时在干栏建筑的修葺工作上，当地居民为了省时省力，直接用水泥砂浆填补墙体裂缝，灰色的水泥"补丁"在干栏建筑的土坯墙体上格外显眼；坡屋顶砖瓦出现脱落、破损情况，有部分村民直接使用大片彩钢瓦等现代材料覆盖。种种"异化"现象的出现，反映了当地村民对传统村落的保护意识薄弱、对传统文化的内在潜力和价值不够重视。

### 4. 规划与管理的缺失

对于传统村落的传承与保护，过去只有那些被列为"中国历史文化名城名镇名村"或"中国传统村落"名录的村落能够受到系统、科学的管理和资金支持外，其他村落往往得不到足够的重视与合理的规划安排，规划管理部门工作不到位导致村民肆意改建传统民居而无人约束的现象横生。白雪屯在入选"中国传统村落"名录之前，村落发展的规划和管理一直处于缺失状态，对于村民随意采用现代材料搭建棚架、房屋的现象管控不到位，这些都对白雪屯的整体风貌产生了不利影响。

### （三）白雪屯传统村落保护性利用的总体策略

#### 1. 强化遗产空间的真实性

《历史文化名城名镇名村保护条例（第三十三条）》规定，历史建筑的所有权人应当按照保护规划的要求，负责历史建筑的维护和修缮。县级以上地方人民政府可以从保护资金中对历史建筑的维护和修缮给予补助。历史建筑有损毁危险，所有权人不具备维护和修缮能力的，当地人民政府应当采取措施进行保护。任何单位或者个人不得损坏或者擅自迁移、拆除历史建筑。[①]对于白雪屯传统村落遗产空间真实性的保护来说，要以村落原本的历史风貌为依据，对传统村落进行保护。在白雪屯遗产空间真实性保护过程中，核心保护区内不应随意拆建，保留传统建筑的整体风貌，以修复为主，运用传统技艺与材料，秉承"修旧如旧，以存其真"的理念对传统村落遗产空间进行合理保护和修复。

#### 2. 保障传统风貌的延续性

白雪屯传统村落文化遗产的保护与延续要体现循序渐进的特点，在循序渐进中弘扬传统文化的特质，循序渐进思想中包含了与时俱进的思维方式，这是一种活态的延续性发展策略。这种活态的延续性发展策略离不开村落的历史文脉延续，也离不开民族技艺、风俗习惯、农耕文化的延续。它是保持白雪屯传统村落的真实性发展的重要举措。

#### 3. 还原历史格局的完整性

传统村落是一个有机的整体，村落中的水田、沟渠、民居建筑等各种要素相互协调构成完整的村落系统，这些构成要素是密切相关、相辅相成的，所以传统村落历史格局的保护也应该考虑到其完整性和一致性的特点。在整体风貌统一的前提下，对不协调的要素进行整改，对破坏整体风貌的新事物进行修复和还原，保证传统村落的整体与统一，使人与自然和谐共生。

#### 4. 提升室内空间的宜居性

传统民居建筑及室内空间的环境质量往往能反映出相应的生产力、生活方式和经济水平，具有时空上的适宜性特点。今天随着信息社会的发展和进步，传统民居现有的简陋居住条件和不佳的空间环境质量已不能够满足人们追求高质量生活的需求，如果一味的采用静态式保护策略，不顾及当地民众对高质量生活的期望，那么传统村落文化的保护就没法展开。根据2014年住建部颁发《住房城乡建设部　文化部　国家文物局关于做好中国传统村落保护项目实施工作的意见》要优先保护村落内濒危的文物保护单位、

---

① 中华人民共和国国务院令.《历史文化名城名镇名村保护条例》524号条例，2008.

历史建筑等文化遗产。重要文化遗产核心保护范围内严重影响整体风貌的建筑可适当拆除，新建建筑要在风貌上与原有建筑保持协调一致。核心保护范围外的风貌不协调建筑可适当进行外观改造，不宜大规模拆除。一般性的传统建筑修缮和改造要谨慎推进，每个中国传统村落可先选择1-3处代表性传统建筑（民居）进行示范改造，在保持传统风貌和建筑形式不变的前提下对室内设施进行现代化提升，避免不经试点示范就盲目大规模推进。传统民居的外观改造要运用传统工艺、使用乡土材料。涉及文物保护单位的保护修缮，应符合文物部门的相关规定。①因此，在保持外观与原有建筑外观协调一致的基础上对白雪屯传统干栏民居建筑的室内空间进行适宜性的现代化提升是符合传统村落保护和发展需求的重要举措之一。

### 5. 强调旅游开发的合理性

入选"中国传统村落"名录的村屯往往地理位置偏远、交通闭塞、经济发展落后，也正是由于这些原因使得传统村落能够较为完整的保存下来，成为传统村落未来发展的优势条件。现阶段，随着乡村振兴战略的实施，传统村落的保护与发展也要紧跟政策，通过合理的村落开发使当地村民脱贫摘帽，实现传统村落保护与发展的最大价值。白雪屯作为贫困村，在乡村振兴战略背景下利用旅游业开发带来经济发展与文化传播上的效益是较为合理的举措，旅游业的开发不能一味追求利益发展而忽视当地村民生活需求，更不能忽视传统村落整体风貌的协调统一。

## （四）打造白雪屯"花山岩画文化景观康养园"的具体措施

乡村振兴战略提出了"产业兴旺、生态宜居、乡风文明、治理有效、生活富裕"等五个重要内容，白雪屯要合理利用花山岩画遗产区内得天独厚的自然环境和人文景观的优势，打造集文化遗产观光旅游、农耕体验、田园风光、健康养生、服务接待等功能于一体的环境优美、生态宜居、设施完备的花山岩画文化景观康养园。养生园的规划体现出"一环两片三中心"的思路，一环即观光环线，两片即白雪屯古村落的上片区和下片区，三中心即度假酒店中心、康养中心、花山文化展示中心。具体的打造措施总体上包括了传统村落保护和沿江旅游景观带开发利用两个方面，完善传统村落旅游配套设施，如新建游客服务中心、特色民宿等。新建沿江旅游观景平台可近距离的观赏和拍摄对岸的花山岩画文化遗产，新建康养中心为人们提供各种时段的康养休憩服务，让人们在远离喧哗的城市归隐于山林和田园之中，修身养性，新建花山文化展示中心让人们全方位

---

① 2014年住建部颁发《住房和城乡建设部　文化部　国家文物局关于做好中国传统村落保护项目实施工作的意见》建村〔2014〕61号.

的感受花山岩画文化遗产的独特魅力，新建度假酒店为游客提供住宿和餐饮等功能的服务等。

## 1. 修旧如旧与涵旧于新

一方面传统建筑的保护与修缮应当使用与原建筑一致的乡土材料和传统工艺，以保证建筑的原汁原味，就是原来怎么样就修成怎么样；如损坏的墙面在修补时，应当选择与原建筑一致的土坯砖，不光要保持土坯砖的大小一致，还要选择同样成分制作的砖块，并且使用传统的工艺进行砌筑；另一方面在新的框架主体中赋予旧的、传统的材料和工艺，使之成为新建筑的一个部分，并且与旧建筑保持视觉肌理的一致，如对影响村落建筑风貌的混凝土"方盒子"建筑予以改造时，采用当地的材料、传统的工艺进行合理的还原和塑造，使之与村落传统建筑的肌理相协调。屋顶结构采用当地传统的大斜屋顶，屋顶倾斜度应与传统做法一致，斜屋顶材料应首先考虑选用与传统建筑瓦件色泽一致的青瓦，不允许使用色泽、质感跳跃的金属、塑料或其他人造构件。村落中严重影响建筑风貌的彩钢瓦构架应予以拆除，混凝土"方盒子"建筑墙面的改造可以在建筑的表面喷涂与泥土色泽一致的外墙漆，也可以增加一层较薄的土坯砖，使之与传统建筑风貌相呼应，采用"修旧如旧，涵旧于新"的办法，最终使传统村落的生活环境得到提升，历史文脉得以传承发展。

## 2. 传承文化与创新发展

在乡村振兴发展过程中，利用得天独厚的自然环境与人文环境大力发展旅游业是传统村落脱贫致富的关键举措，而且在脱贫摘帽的过程中能够更好地保护与传承传统文化，让更多人了解感受传统文化遗产的魅力与内在活力。同时，乡村振兴战略强调：要坚持农民主体地位，坚持城乡融合发展，坚持人与自然和谐共生，坚持因地制宜、循序渐进的创新发展。

由于白雪屯现阶段公共旅游设施缺乏，所以在新建筑的规划中增加了花山文化展示中心、康养中心、度假酒店等新的功能区，在运用现代技术与钢筋混凝土等材料建造框架结构体系的基础上使用土坯砖砌筑新建筑的围合体，用以解决传统生土建筑抗震性差的问题。虽然白雪屯传统民居建筑使用的土坯砖易于取材，但是其耐水性、抗震、抗压性、耐久性都比较差，在雨水、大风的侵蚀下容易出现开裂、脱落、变形等情况的发生，因此需要在材料的强度和耐久性方面进行强化，将细沙、黄土、石灰与秸秆、石子等材料相混合，并加入糯米、红糖等有机材料制作土坯砖，可以与传统建筑保持风格一致，生土墙砌筑完毕之后，在墙体上喷涂碳酸钙溶液的钙化保护层，以加强建筑的稳固性。建筑屋顶依旧采用传统坡屋顶的形态，材料选用较为轻质的合成树脂瓦片，在色泽上与传统建筑保持一致。

随着相关村落保护性开发政策的颁布，传统村落的保护不再是针对单体建筑的保护，而是从村落的整体性出发，实施保护与利用相结合的策略，强化村落的动态发展思路。白雪屯的旅游开发项目从一开始就以整体性的保护结合动态发展的思路进行具体规划。在保障传统村落旅游开发秩序的情况下，以保护为原则，采取"修旧如旧，涵旧于新"的改造手段，向人们展示传统村落的历史风貌和传统文化魅力、在促进旅游产业蓬勃发展的同时实现当地村民收入稳步增长。生态环境的持续改善，使白雪屯传统村落保护在完整性、真实性的前提下散发新的活力。

# 九、扶绥县山圩镇渠楠屯发展模式思考

## （一）渠楠屯概况

### 1. 背景概况

#### （1）地理环境

渠楠屯位于广西崇左市扶绥县山圩镇昆仑村，地处低纬度地区，总面积达到10.1平方公里，距离南宁市73公里。村庄坐落在崇左白头叶猴国家级自然保护区岜盆片区九重山的东南部。这里地形主要以喀斯特地形为主，暗河纵横，石山耸立。当地广泛分布着山地、峰林、洼地、地下河流等多种地貌形态，形成多种多样的地域性气候生存空间。

渠楠屯处于桂西南地区，当地气候温和，水分充足，属南亚热带季风气候。受季风气候的影响，年平均气温在21.3℃～22.8℃之间，历年最低温度为-6℃，历年最高气温为39.5℃。年平均日照达到1693小时，无霜期长达346天。年均降水量1050～1300毫米。

喀斯特山区气温变幅比一般地区都要大，表现在冬夏温差大、昼夜温差大。湿度也表现出明显的差异，山地部分有森林覆盖，常年湿度大，以至于旱季来临，土壤的含水量仍高度饱和。

#### （2）自然资源

①动物资源

渠楠屯生活着白头叶猴和猕猴两种灵长类动物。其中白头叶猴是喀斯特石山环境中特有的灵长类动物，为国家一级重点保护动物，仅分布于广西西南部，是世界上最稀有的猴类之一。它们在形态、行为等方面产生了特殊的适应性特征，体重多在8～10千克，身体纤细，身体的结构能够让他们在悬崖峭壁之间攀爬、跳跃。白头叶猴多以植物的嫩叶、嫩芽、茎和果实为食，夜间栖息于岩洞或石缝间。夜宿地多选择在其天敌不能到达的悬崖峭壁上的天然洞穴。

②植物资源

渠楠屯森林的原生类型已荡然无存，次生林也很少。原有森林分布的地段一部分（如较宽阔的圆洼地、槽谷地）已被辟为农地，为甘蔗、橘子、花生等人工植被所代替，仅在社区内部的"土地庙"周边、风水林及一些比较封闭的圆洼地及其边缘或狭谷的谷底两侧才残存着一些近原生或次生的森林片段，大面积的峰丛石山广泛分布的则是以灌木和小乔木以及有刺的藤本植物所组成的次生藤刺灌丛或次生灌草丛，其组成多是以适应干热环境、阳性或中生性的植物种类为主。人工植被主要为尾叶桉林、秋枫林、甘蔗草丛等。

（3）人文特点

渠楠屯目前有110户450多人，其中常住人口为300余人，是一个以壮族为主的自然村屯。由于得天独厚的自然气候条件，雨量充沛，日照充足，无霜期长，适宜发展特色农业，因此当地的生活水平相对比较富裕，除了甘蔗种植外，还发展剑麻、西瓜、柑橘等农产品的种植。当地居民的一些传统观念和习俗与自然保护有着紧密的联系，他们的村规民约反映出了一种可持续利用的观点，如对村落附近的"风水林""土地公"和"神龙庙"周围树林的保护，村落居民区的后山不许砍伐和放牧等，都对当地自然生态的保护起到了重要作用。


## （二）渠楠屯保护发展面临的困境

### 1. 村落建筑风貌问题

渠楠屯虽然保留有21间具有地域特色的地居干栏建筑，但如果要打造为一个生态景观旅游的村落还有待开发研究。由于村民大多外出打工，许多地居干栏民居建筑房屋早已无人居住，有大量老宅存在破损变形和局部垮塌的现象。地居干栏建筑由于长期无人居住，遭受蛀虫侵蚀，雨水腐蚀，再加上村民对干栏建筑保护观念的缺乏，对已经破损的房屋进行整修，通常使用的都是新式材料，如石棉瓦和简易塑料瓦等，这样既破坏了整个村落的景观协调性，同时也缺少了传统地居干栏建筑特有的风貌。大量外出务工者受到城市里的消费价值观的影响，将打工挣来的钱用于生活品质的改善，他们有的在城镇买房定居，搬离村落，老屋被废弃无人管理；有的回村盖起了"小洋楼"，用红砖、混凝土等新材料营造成了方盒子形建筑，村落失去了地居干栏建筑的整体性。

### 2. 公共基础设施问题

**（1）村民生活基础设施匮乏**

随着城镇化进程的加快，村民的生活水平，基础设施建设也备受关注，乡村中心有蓄水池塘，水量丰富，为村民提供了充足的杂用水水源，但是村落里缺少污水处理设施、缺少排水沟渠，许多废水流往低洼地带，缺乏消防给水设施。村落中除了村民居住的房屋外，缺少了给予村民业余活动的场所，也没有为村民提供锻炼、沟通的场所区域，环村道路缺失，村内村民停车场没有固定地点，村民停车随意性强。

**（2）旅游观光设施空缺**

随着乡村旅游的飞速发展，乡村旅游逐渐形成了多样化，渠楠屯虽然有着较好的旅游资源，但是由于村民们对乡村旅游理解不深，又缺乏具体的规划，长期处于自发性的更新状态，道路系统也有待完善，缺乏多样的景观游览路线，环境设施脏乱差，没有为游客提供便利性的空间。渠楠屯乡村内部交通不完善，车行道路没有形成系统性，缺乏可达性。村外旅客停车场地规划缺失。旅游业发展的基础设施有待完善，缺少供游客使用的公厕、服务中心等基础设施，且无相应的景观引导。

### 3. 建筑与自然环境协调问题

渠楠屯周边山石耸立，有着得天独厚的自然生态环境，近年来随着混凝土"方盒子"的兴起，村落民居建筑与自然环境极不协调，既破坏了整个村落的整体协调性，同时也缺少了具有独特地域性建筑特有的气息。渠楠屯缺少了整体协调性，除了供村民居住的房屋以外，没有特定为游客们设置的住所，让建筑能很好地融入自然环境中，使村落与周边环境协调统一。

## （三）渠楠屯生态建设保护的策略

渠楠屯的自然资源丰富，生态环境保持完好，使很多地区适应性物种在村落附近得以生存下来，国家一级保护动物白头叶猴的存在反映了该地区的生态环境状况。因此在渠楠屯的建设规划中应按"生态保护型"村落制定发展计划。

### 1. 完善基础设施

渠楠屯依山而建，利于排水，无需设置雨水管道，结合现状地势等自然条件，设置排水沟渠，将暴雨洪水和山洪水就近分散排放至池塘、稻田等现有的储水体中，并将收集的雨水作为农业生产用水和消防用水。在完善硬件设施的同时，也需要丰富村民们的业余生活，为他们提供活动交流的场所也是不可或缺的，在村民人口较为密集的地段设置体育设施器材区，在村落里设置老年活动中心，为村民们提供休闲娱乐场所。

设置多种观光参与性游览项目，致力于为游客带来丰富多彩的感官体验以满足游客的不同需求。当地有国家一家保护动物白头叶猴，可适当增加科普馆，介绍当地白头叶猴的生态习性和村落的生态环境情况，以满足多种形式的游览休闲要求，增加寓教于乐的游览体验。在展示白头叶猴生态文化的同时，为游客提供良好的住宿环境，可以沿池塘边及环山一带，建造树屋，很好地解决当地的气候造成的潮湿现象，让能够让游客更好地体验生态村落的特色文化，不打扰当地村民生活，还能更加贴近自然。

### 2. 修缮传统建筑

对仅有的21栋传统建筑进行修复与周边环境的改善，形成既有传统特色又符合现代人审美需求的乡村环境，这种情况不仅存在于渠楠屯，在其他传统村落也较为普遍存，在修复传统村落时，应主要考虑把现有质量较好、价值较高的传统建筑保存下来，再以传统建筑为中心，对周边环境进行整治，疏通周边的交通。

### 3. 强化生态建设

以生态特色为基底，打造特色旅游生态村，渠楠屯属南亚热带季风气候，森林覆盖率高，动植物资源丰富，有着得天独厚的自然生态环境，依托着有良好自然生态与传统风貌的乡土景观，是渠楠屯发展的坚实基础。

#### （1）利用攀援植物软化建筑

攀援植物在垂直绿化中具有一定观赏性和实用性，对于村落的生态环境及可持续发展是不可或缺的。垂直绿化可以很好地满足建筑对于生态的需求，在沿村道附近的耀眼的"方盒子"建筑和有特殊颜色的房屋使用常春藤作为进行"活态性装饰"，对于村落中的混凝土建筑的外观整治有很好的帮助，在村落中重要位置的建筑上种植攀援植物，可以使村内环境与周边自然环境融为一体，而不至于让混凝土建筑在环境中过于孤立。常春藤不仅投入成本低，可大大地节约村民们的支出。常春藤攀爬到建筑表面上时，其茂密的绿叶可以从视觉上将建筑与自然环境融为一体，给人一种与自然"零距离"的感觉。此外，绿色的常春藤不仅装饰了村落环境，它散落在角落里的灵动也在无形间调剂着人们的生活，有利于人们的身心健康。

#### （2）打造观猴路线吸引游客

为了发展生态旅游，打造骑行道路，以满足游客和村民的日常活动和休闲观光的功能，既可以散步也可以骑行通过。渠楠屯拥有丰富的植被资源，良好的地理环境，为珍稀动物提供了天然的港湾，在这一带一共有13个猴群，在骑行道路的沿途打造生态观猴点，在观猴点配备基础的设施，有可供游客休息的座椅，为口渴饥饿的游客提供自助服务的自动贩卖机、卫生间等简单设施，既为游客解除疲乏饥饿，又能为游客提供良好的接触白头叶猴的机会，设置配套设施是对骑行道路的完善和提升，将骑行道路更好的融入生态村落中，发挥多方面的价值，促进生态村落的一体化发展。

（3）建造生态民宿家园

为游客提供良好的住宿环境，在山脚下的池塘边和沿山树林的边缘，打造10~15栋具有自然生态特色的树屋，既可以控制游客数量，不影响到白头叶猴的正常生活，也能够控制性地接待来自各地的游客，树屋有别于当地建筑，建造在树上，既能够让游客更好地与白头叶猴近距离接触，了解它们的生活习性，观察它们的生活，并且更加贴近大自然，感受自然生态环境的美，更好地体现生态旅游的主题思想。

渠楠屯生态环境的保护性发展策略包括三个方面的内容：加强乡村基础设施建设，提高村民幸福感；改善当地的传统建筑的现状，传承传统文化；结合当地生态资源，围绕国家一级保护动物白头叶猴发展生态旅游，充分地利用地域性自然资源，保持渠楠屯生态环境的可持续延续发展，才能真正打造"生态宜居、文化传承"的美丽乡村。

# 十、桂北地区干栏木构建筑的现代适应性发展模式思考

## （一）研究背景

桂北地区古壮寨干栏民居建筑是广西壮族各区域干栏木构建筑中营造技艺最为精湛的代表。在旅游业发展带动下许多游客纷纷慕名而来观光体验，游客们的到来给这些传统古村落带来了新的生机与活力。然而，为了追求更高的建筑容积率和更好的经济效益，许多壮族百姓把自家的传统民居建筑转变为民宿、酒店，修建了体量超标、超高的钢筋混凝土民居建筑，这种钢筋混凝土"方盒子"建筑破坏并蚕食传统村落原来的传统格局和历史风貌，使村落与自然环境产生隔阂，更有甚者破坏了自然环境的生态平衡，造成一系列生态问题的出现，与乡村振兴发展的目标背道而驰。"方盒子"建筑犹如打开了"潘多拉魔盒"般遍地开花，若不加以约束将成为危害桂北传统少数民族干栏文化的完整性因素。

干栏木构建筑在历史的优胜劣汰中保存下来至今仍在沿用必然有其优越之处，经历千百年来的历练，干栏木构建筑营造技艺历久弥新，其"依形就势""就地取材"以及外露的杉木墙毫无违和感地融入自然环境之中都体现了干栏木构建筑的地方适应性特点。当地传统的干栏木构建筑自身也存在局限性，有诸多问题需要解决。其中房间隔音差、卫生间使用不方便、室内光线昏暗这几个突出问题是当地村民和旅客都不愿选择干栏木构建筑的因素。因此，我们在强调保护传统村落的同时不能忘记把提升当地民众生活水平和居住环境的工作放在首位，保护村落的观念必须由被动转化为主动，让村民自

发自愿地加入到保护队伍中。

## （二）壮族干栏木构建筑再造的思路和方法

### 1. 对已有干栏木构建筑的现代化改造

龙脊古村落传统干栏民居建筑由于自身的全木材料结构决定了其年久失修房屋易倾斜、防火防水性能差、隔音性差、室内光线昏暗等问题。针对这些问题提出相应改造的方案避免资源的浪费，提升村民生活水平和生存环境质量才是改造的根本任务。

### 2. 对现存"方盒子"建筑的历史风貌还原

乡村振兴建设中"大拆大建"既不符合绿色环保诉求，也不利于干栏文化的保护与传承。"方盒子"建筑结构稳固，空间明亮，隔声效果好，防火、防水渗透性能更佳，能够满足壮民们的物质生活需求，如果加以引导，通过局部改造，增加干栏木构建筑的基本特征，将这一类型的建筑改造还原为传统风貌，既满足人们对物质生活水平的追求，又达到保护传承古村落文脉的目的，服务于乡村旅游。

### 3. 传统村落新建筑的思路和方法

对于新建的民居建筑，当地政府管理部门应提供多种营造方法供当地百姓选择，这些新的干栏木构建筑结合了现代钢筋混凝土建筑结构优点与传统干栏民居建筑的历史风貌特征，保留了壮族干栏木构建筑营造技艺精湛的文化遗产的同时满足人们现代化生活标准的要求。龙脊古壮寨之所以能吸引大量的外来游客，除了依托于优美的自然环境外，民族村寨的特色文化是另外一个主要原因。壮族干栏木构建筑营造技艺是壮族村落的灵魂，是壮族村落振兴发展的基石，对其的保护与传承是传统村落可持续发展的根本所在。

## （三）壮族传统干栏民居建筑的现代化提升改造

### 1. "百年老屋"的保护与修缮

龙脊古村落现存5个政府挂牌的"百年老屋"仍然居住着房屋主人的子孙后代，由于保存完好，屹立百年而不朽，其精湛的技艺和蕴含的历史文化价值不可估量，"百年老屋"在龙脊壮寨是不可替代的活文物，针对这种保存完好的历史建筑在村寨中属于特殊保护对象，利用其文物价值较高的特点，作为村落的民俗文化博物馆供游客参观，屋主与政府签约，政府管理部门提供房屋修缮的定期维护费用，采取活态保护的方式，保留原有的生活状态，要求"百年老屋"对外开放，并对屋主发放补贴维持基本生活，作为文化遗产传承基地，供文化保护工作者、研究人员、高校学生学习。"百年老屋"的修缮必须按照政府《关于做好中国传统村落保护项目实施工作的意见》的规定进行原样修缮保护。对其的修缮只能采取"修旧如旧"的办法，使用原材料修复，建筑外观不能发生变动。"百年老屋"的升级改造只能针对房屋的室内设施进行，如引入安全用电设备，电器电路定期检查有无短路引发着火的风险等。

### 2. 现有干栏民居建筑改造提升

建造年限不是太长还能为壮族百姓提供生活所需的干栏民居建筑，提升改造方案为扩建厨房和卫生间，解决防火和防水渗透问题，解决室内空间隔音差、墙面发黑等问题。龙脊古壮寨的干栏木构建筑为纯木结构，防火难度系数大，此类干栏民居建筑在现代化改造过程中解决厨房和卫生间的升级改造是问题解决的最根本手段。可植入厨房、卫生间结构空间。植入混凝土砌体框架的做法可大体分为屋外扩建和屋内建造两种。

#### （1）屋外扩建

屋外扩建的做法十分常见，即在原有堂屋的后方从外部架空层地面搭建混凝土框架柱至顶层房间屋檐下，拆除房间部分外墙与新建部分卫生间相连接。扩建部分的墙面使用砖块砌筑。该方案的优点是不占用屋内空间达到卫生间厨房的独立，并且有利于矫正干栏民居建筑的倾斜现象。缺点是扩建部分的建筑裸露的外墙需要增加木材的表皮包裹（图224）。

#### （2）屋内建造

屋内建造指在房屋内部建造混凝土框架，拆除部分房间木地板调整木屋框架的穿枋、斗枋，在房屋范围内局部修建地基，并使用钢筋混凝土砌筑与房屋等高的竖向砌体结构，在砌体结构内安置厨房和卫生间。一层、二层新建的厨房、卫生间内铺贴瓷砖以增强抗污防水能力，厨房和卫生间与原建筑连接的墙面刷白处理，提高室内空间的亮度，外部墙面使用传统的拼接做法穿插结构细节。其做法的优点是不额外占用土地，建筑外观得到完整保留，内建的混凝土框架结构可增加干栏木构建筑的稳定性，部分室内墙面刷白解决室内昏暗问题。缺点是施工略显麻烦。

#### （3）干栏木构建筑的隔音处理

没有震动就没有声音，干栏木构建筑室内噪音来源于地板的震动，以及各房间的隔墙不能有效阻隔声音的传递。人在室内行走会造成木地板的轻微变形产生震动发出声响。而木隔墙基本都是单层木板制成，木板间的缝隙不平整，使房间的声音传递非常明显，居住其中，隐私得不到保证。因此在单层木地板和木隔墙基础上增加为双层隔板，双层隔板之间填充吸音棉夹层，以达到减少地面震动、保证房屋隐私的目的。

### 3."方盒子"建筑风貌的修复

针对破坏传统风貌的"方盒子"建筑，三层以上高度的房屋部分外墙拆除，取而代

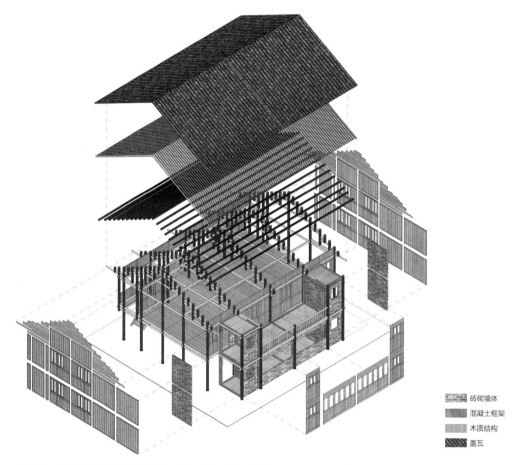

| | 砖砌墙体 |
| --- | --- |
| | 混凝土框架 |
| | 木质结构 |
| | 盖瓦 |

图224　在原有的传统民居建筑外，添加外挂式砖混结构的厨房和卫生间（来源：覃保翔 绘）

之的是使用木构架的斜屋顶形式，二层、三层外墙使用干栏木构建筑挑檐或挑廊的真实结构，增加建筑的真实性，其余外墙按照传统墙面的拼接做法穿插结构细节，保持建筑外墙肌理的统一性，使建筑外观在风貌上与传统建筑保持协调一致（图225）。

（1）"方盒子"还原重在外观结构的真实性

传统村落里的"方盒子"建筑迫于压力，在建筑的表皮用木板进行包裹，但是这种表皮的包裹往往由于缺乏传统的穿插结构细节，在外观上显得假，仿佛只是单单披上了一层"木衣"，外墙面木饰面应还原木构建筑外墙拼接的传统连接方式。此外建筑外墙可层层出挑还原干栏木构建筑的精妙之处。

（2）联排民居建筑的外观改造

联排建造的"方盒子"建筑两侧不需要做木质外墙面，该类型的建筑相邻而建，连接在一起，侧面无开窗。此类建筑风貌修复重点在前后立面以及屋顶上。前后立面与上文做法一致，利用出挑的结构增加干栏木构建筑的细节，保持与传统建筑外观的和谐统一，有效还原建筑的历史风貌（图226）。

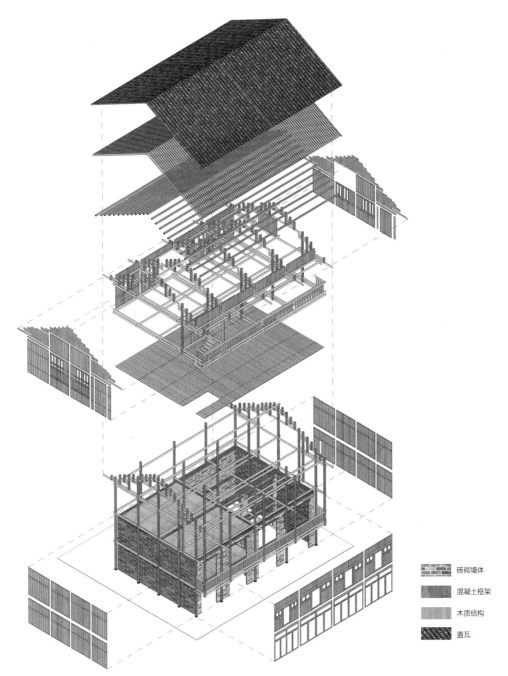

砖砌墙体

混凝土框架

木质结构

盖瓦

图225 原有的"方盒子"建筑可增加大斜屋顶和出挑的回廊结构，还原干栏木构建筑的基本特征（来源：覃保翔 绘）

图226 联排"方盒子"建筑的干栏文化还原（来源：李国升 摄）

### 4. 混合干栏的新建筑营造

混合干栏建筑的营造一方面可以在干栏木构建筑的基础上，主动加入砖混结构，进行干栏木构建筑的局部更新，根据厨房和卫生间大小做局部的地基处理，其上用砖混结构营造一层、二层的厨房和卫生间，避免火和水对干栏木构建筑产生不利影响，提升干栏木构建筑环境的人居生活质量。在混合干栏建筑营造时，不论采取何种手段，其外观结构必须使用干栏木构建筑的木构造进行穿插和拼接，使新建筑对传统村落的历史风貌不造成破坏，保护村落环境的和谐统一（图227）。

另一方面，可以把混合干栏建筑看作是在原有干栏木构建筑的底部加入现代钢筋混凝土框架结构的架空层，并将卫生间延伸至建筑二层、三层的一种混合型结构，钢筋混凝土框架结构有承载力强、抗震抗拉、不易变形等优势。在不影响当地风貌的同时建筑高度不宜过高，一般情况下包括阁楼共三层半（约12米高）为最佳高度。底层结构采用钢筋混凝土做基础支撑，二层以上使用干栏木构建筑技艺营造，卫生间的混凝土框架结构与底部架空层的框架结构相连接。二层、三层卫生间及厨房外墙使用传统干栏的木构造进行穿插和拼贴，保持新建筑与原有建筑风貌的统一（图228）。

壮族干栏木构建筑在新的历史时期，必将展现出新的时代风貌，目前来看混合干栏建筑是干栏木构建筑的新生。一成不变的固步自封，或鲁莽冒进的营造方式只会破坏壮族先民们遗留下来的文化遗产，只有通过不断地改善村民生活质量，践行乡村振兴建设，文化遗产的保护与传承才有意义，两者相辅相成，缺一不可。

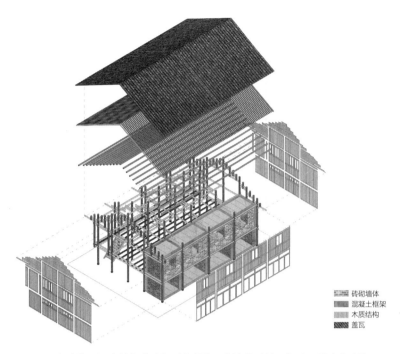

图227　主动使用混合结构营造新型的壮族干栏木构建筑，解决干栏木构建筑
存在的一系列问题，提升人居环境质量之一（来源：覃保翔 绘）

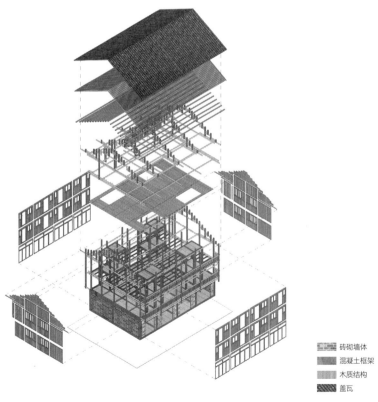

图228　主动使用混合结构营造新型的壮族干栏木构建筑，解决干栏木构建筑
存在的一系列问题，提升人居环境质量之二（来源：覃保翔 绘）

# 第九章

城市发展中干栏木构建筑技艺再造研究

# 一、广西城市发展与现代演绎进程中的全球化、个性化与多元化

## （一）全球化、个性化与多元化的总体背景

信息技术革命使信息传播和信息交流成为全球化发展的基本态势，影响到人类生活的方方面面，以商品为载体的信息和文化输出赋予了老牌经济强国更多的话语权和经济支配权，成为信息传播与交流的主导方。经济的支配权使得经济强国在全世界范围内推行其强权文化和政治理念，在信息输出中，他们的生活方式、行为特点和思维特征以及价值观念等逐渐渗透到其他发展中国家，影响其他国家文化的健康发展，使得发展中国家的文化传统遭受极大地削弱，逐渐丧失自己的特色及对自身文化的认同感，沦为西方文化的殖民地。在建筑领域，信息化的交流使现代建筑在全世界范围内流行开来。现代建筑的优越性造成了世界各地盲目跟风，也造成了各国建筑形态趋于雷同。正是由于现代建筑在全世界的广泛流行，目前许多地方，特别是发展中国家的城市失去了自己的特色文化，作为城市主体的建筑文化辨识度低，城市建筑相似度高。不同国家、不同地区城市规划与建筑形态趋同明显，不论是韩国的首尔、日本的东京、马来西亚的吉隆坡、澳大利亚的悉尼还是中国的上海等城市，在规划和现代建筑方面呈现出于西方国家同等的价值观念，西方建筑语言成为一种全世界的流行语言。

在强势文化冲击的背景下，如何保持住地区建筑文化的特征，延续其青春活力是关系到地域性建筑生命力的重要事情。不受文化趋同的影响，坚持地方特色，在尊重自然条件和人文历史的基础上结合现代科学技术，寻找符合自身文化的可持续发展模式。

由于人类在自身形成和发展的漫长过程中，绝大部分时间所处的环境都是相对封闭的状态，也因此形成了自己独特的文化艺术形式，这些文化内涵和个性化特征强烈的文化艺术形式，是区别于其他文化艺术形式的根本所在，也是立足于世界之林的独特因

素。随着文化的交流与信息的交融，这些个性化的文化形式在现代的平台中呈现出多姿多彩的文化形态，文化多样性是地域性建筑文化的突出特点，地域性建筑的思潮反对以建筑文化特征丧失为代价的发展方式。着重在现代与传统之间寻找发展的平衡点和融合点，使传统文化与现代文化之间能够和谐共生，创造出与时代脉搏同步发展的地域性建筑，既传承了建筑文脉的历史，又使建筑的人居环境质量符合现代人的生活方式和行为规范要求。

## （二）广西城市建设中壮族干栏木构建筑发展状况

目前广西的南宁、柳州、桂林、河池、百色、崇左等主要城市在现代化建设中积极融入传统壮族的文化基因，在现代化的城市框架中把传统壮族文化元素融入进来。如南宁火车东站（图229、图230）、广西人民大会堂（图231）、广西铜鼓博物馆（图232）、广西国际壮族医院（图233）、南宁地铁站入口（图234）、机场高速路入口等一系列重要的城市节点和交通要道都有展现，使南宁这个"壮族之都"和"东盟之都"的城市建设与城市景观充满了多元的文化特色。但是作为广西物质文化形态典型代表的壮族干栏木构建筑形态再现不多，现代干栏木构建筑模式仅仅在一些度假酒店、居住小区、学校校舍中有所体现。在山地形城市环境中使用推广程度不高。干栏木构建筑

图229　把壮族传统文化符号融入建筑与环境设计的南宁火车东站之一（来源：自摄）

图230　把壮族传统文化符号融入建筑与环境设计的南宁火车东站之二（来源：自摄）

图231　把壮族传统文化符号融入建筑与环境设计的广西人民大会堂（来源：自摄）

图232　把壮族传统铜鼓符号融入建筑设计的广西铜鼓博物馆（来源：自摄）

图233　把壮族传统铜鼓符号融入建筑与环境设计的广西国际壮族医院（来源：覃保翔 摄）

图234　把壮族传统壮锦符号融入建筑与环境设计的南宁地铁口（来源：自摄）

选址灵活、造价低廉的特征没能很好地展现出来，人们感受不到壮乡城市建筑的独特氛围和特色，因此从目前广西城市建设的情况来看，干栏木构建筑现代化营建模式缺失较多。城市建设普遍存在以下两个问题：①建筑营建中重民族文化轻干栏文化的地域性提炼。大家对壮族典型元素的利用比较热衷，如铜鼓、壮锦、花山岩画、壮族服饰及壮族图案、绣球等在城市的主要交通节点和主要交通干道都有体现，这些壮族传统元素的运用丰富了广西现代城市中少数民族文化的氛围，并且在一些公共建筑的设计中以"拟形"的手法出现，典型的代表有广西民族博物馆、武鸣体育馆、西林剧院等建筑模拟铜鼓的形态塑造建筑形体，将传统的形式与现代技术相结合，使用现代的材料+现代技术营造传统的文化形式，增加建筑的视觉冲击力。②建筑营建中没有很好的回应地形地貌特点，发扬山地建筑选址灵活、造价低廉的优势，将壮族干栏木构建筑的内涵附加于现代的钢筋混凝土结构当中，营建出既能够在物质层面适应当代生活需求，又能够从精神层面对壮族干栏文化遥相呼应的现代干栏建筑。

# 二、广西现代建筑的地域性演绎策略

## （一）广西现代建筑对气候条件的回应

建筑是人类为了解决气候环境带来的一系列生存问题而创造出来的物质空间形式。建筑可以遮阳、挡雨、抵御野兽侵袭，建筑通过开窗增加采光、通风，通过增加墙体的厚度，保持建筑内部的温度调节。因此气候因素也是影响建筑形态特征形成的主要因素，在气候因素中的日照、降水、温度、湿度、风向、风速等直接影响建筑的形态特点、功能布局和维护体系；气候因素长期作用形成的地形、地貌、水体、植被、山石、土壤等环境状态与气候因素一样，对建筑本身形态起直接影响。气候因素与地理因素的综合作用影响着经济生产和社会生活，形成特有的风俗习惯、宗教信仰、道德观念和审美意识等，间接地影响建筑的形成和发展，正是因为上述因素的影响，使得建筑形态在特定区域范围内呈现出个性化的地域性特征。

广西属亚热带季风气候区，全区大部分地区气候温暖、热量大、季节变化不明显，夏季日照强、雨量丰沛、气温高、降雨多。广西适宜性的建筑气候调节措施主要是针对夏季日照强、炎热的特点，通过遮阳隔热、通风散热的手段，化解闷热天气给人带来的不适，因此广西地域性建筑营造首先考虑的是"隔热"问题，建筑需要通过通风和遮蔽来抵御夏天炎热的日晒和丰沛的雨水，自然而然房屋的大斜顶成为广西传统民居建筑结构的特有形式，屋顶体量大、出挑深远，抵御强烈的日照和辐射；建筑需要适应当地建筑条件便于空气对流，利于散热的形成，因而建筑的围合体多为单薄或透气材料构成。

### 1. 总体布局对气候条件的回应

在广西的绝大部分地区夏季炎热、冬季湿冷，总体布局需要考虑对不同季节气候的回应问题，如夏季的重点是利用自然通风降低夏季日照强度大、室内环境过于炎热的问题和南方冬季没有系统采暖设施而引发的日照有效利用问题。因此在规划设计中要保证建筑主立面的朝向要符合夏季防西晒和冬季争取更多日照以改善建筑内外部空间的舒适度，并且在建筑规划的总体布局中根据夏季主导风向预留通风通道，利用良好的通风散热功能对建筑环境的温度降低起作用。在建筑群体组合上尽可能采取错位、斜置、前短后长、前低后高、前疏后密的手法进行总体布局，避免相互遮挡、减弱通风在建筑群所起的散热作用。此外充分利用可利用的自然条件给夏季的建筑环境降低温度，如在上风向布置水景，利用水体降温的办法和营造环境小气候的办法使建筑外部的热风得到有效的降低之后再进入建筑的内部环境，缓解夏季高温带来的酷热问题，绿化是改善建筑及周边质量的重要手段，树冠宽大的乔木结合低矮的灌木和草皮，可以大大降低城市的热岛效应，在夏季和冬季的主导方向种植乔木可起到遮挡阳光、减弱冬季风的作用，建筑周边环境中的水体，需要随着季节的变化作适当调整，夏季水体吸收空气中的热量降低环境温度，冬季的水面则成了给空气加湿的重要来源，湿冷的空气是冬季南方寒冷的重要原因，因此在冬季水景中的水体可以排干，使用花卉等植物作为环境的装饰和点缀。

### 2. 单体建筑及建筑结构对气候的回应

保持建筑内部空气的畅通是华南地区、西南地区建筑夏季降温、去湿的有效手段之一，在不借助于空调和其他设备的情况下，畅通的室内风对于夏季降低热辐射和空气湿度有很好的效果，要保持室内空气的畅通需要尽可能使用风压通风和热压通风原理加速建筑内部空气的对流，一方面将建筑的主要朝向设置于夏季风主要通道上，因迎风面空气压力增大，背风面空气压力降低，使得夏季风能够顺利的前后贯穿建筑空间，如果条件允许要尽量保证建筑标准层在夏季主导风向上有最大的展开面，让建筑迎风面和背风面产生悬殊的风压差，提升空气动力的强度，另一方面在建筑平面上设置连接各层的通风井，利用室内外空气的密度差和风压差产生热气向上冷气向下的空气流动现象，加速建筑内部空间的空气流动。具体的方法是使空间顶部完全暴露在阳光下，利用高强度的热辐射作用使建筑顶部的通风井温度升高与建筑下部的空气形成温度上的差异，形成建筑内部的抽风现象，建筑通风口的温度与底部空气温度相差越大抽风效果越明显，如果建筑底部的遮阳效果好或种有植物，则抽风效果更佳。

广西壮族自治区夏季时间长，冬季时间短，夏季的日照强度大，下午的阳光西晒使热量达到一天中的最高值，置身其中受干扰程度高。因此在地域性建筑内部的功能布局上要有意识地规避阳光西晒给人带来的不适。建筑墙面和顶面因为位置的关系，是一天中受阳光照射时间最长的界面，普遍的处理方法是在建筑的两侧墙面尽量不做开窗处理，不得已非要在两侧开窗则设置可调节方向的百叶遮阳构件或突出于墙面的侧向采光窗，以减少太阳的热辐射，增加空气的对流。同时使用温度传感不强的竹、木等轻质材料也能起到降低温度的目的。此外建筑的遮阳构件，如遮阳板结构可以过滤阳光，减少阳光对建筑的直射，选择性的适当引入阳光，对人和室内的植物有好处。建筑的双表皮处理形成的建筑构件与建筑间形成空隙，起到隔热作用，并通过空隙中的空气流动降低建筑的温度。屋面作为建筑的最高部分视野开阔，往往成为人们获取额外空间，增加建筑附加值的区域，顶层的双隔热层和空中花园的景观处理可以愉悦人们的心情。空中庭院中的绿化和种植可以起到防晒、隔热的作用。广西壮族自治区的许多地方，屋顶种植普遍受到人们的欢迎，屋顶绿化可以增加城市的绿化面积，种植绿化需要的水土有效地起到建筑隔热降温的作用。空中庭院或墙体的攀援植物等立体式的绿化手段，不仅对建筑降温有效果，同时作为园林景观也给人们提供了极具观赏性的绿色风景。

## （二）区域环境的回应

建筑不是平白无故产生的，它的出现离不开环境的约束和影响，建筑总是在针对具体的场地特点，选择与之环境相适应的建筑类型匹而配之，并且成为环境的一个有机组成部分，而环境则是建筑所面临的外部条件和限定因素的总和。一直以来，人类与环境的关系处于适应和改造之间，作为人工环境的建筑就是这两种关系的最好诠释。

### 1. 自然环境的回应

大自然中的山石、土壤、水体、植被等要素相互联系并相互作用，构成了丰富的自然环境。如高山环境、丘陵环境、平原环境、谷地环境、盆地环境等等多种类型的环境系统。长期的自然变更与生物活动，形成了多种多样的地形地貌。广西整体地形自西北向东南倾斜，多山地、丘陵地形，中部、南部多平地。广西的壮族干栏文化经过千百年的发展不论是形式外观还是价值取向都有质的变化，但是与壮族干栏文化相交织的自然环境却没有变化，壮族干栏木构建筑所包含的因地制宜、积极进取的务实创新精神也没有改变。在影响建筑的地域性特征方面，除了气候因素的作用外，地形因素是决定建筑地域属性的重要条件，气候因素决定了建筑的总体布局朝向、空间组织及屋顶类型，地形因素则决定了建筑的制式、构成方式及相关结构特点。建筑与其所在地形环境的关系是限制与被限制的关系，建筑结构特征与地形的基本特征相吻合，是建筑回应自然、尊重自然的真实写照。壮族干栏木构建筑由于体量小、结构造型简单，场地的回应能力强，因此对建筑选址的要求不是很高。广西现代的山地形建筑因为需要满足现代大体量、多功能的要求，因而暴露出对地形的适宜能力较差的一面。我们看到的大型建筑往往都是使用"大开挖""高堡坎"的场地平整方式修建基础，这种方式修建的建筑造价既不低廉，对周边环境生态平衡的保护也不得力，因此算不上现代山地形建筑的最佳建造模式。相反，如果建筑既可以缓解与场地及周边环境的尖锐矛盾，又可以节约经济成本、保护环境的生态平衡，那么这一类型的营造手段就值得实施和推广。

"大开挖""高堡坎"的场地平整方式和特点有别于干栏木构建筑因地制宜、灵活选址的特点，造成建筑对环境的破坏尤为严重。不仅体现在建筑营建过程中对场地环境的破坏，还体现在建筑使用之后对场地环境的破坏，如植被的情况、排水的情况、地下水的渗透情况等。影响环境的基本因素在一定周期内可以通过自我调节能力或修复能力弥补的，属于适合范围；如果不能自我调节修复弥补的，属于生态系统遭到破坏的范围。大规模的平整场地，结果必然是生态环境的自然循环系统遭受破坏，环境失去自我调节修复能力。基于以上的原因，在现代干栏木构建筑营建中，比较理想的模式是以较小的场地调整来达到高效的场地利用效率，其建筑与地形地貌较为合理的关系可以分为架空式或组合式等类型。

架空式营建手法类似于干栏木构建筑中的"全干栏"类型，建筑依据场地地形地貌不平整的特点整体架空，用混凝土立柱支撑上部的结构方式较为灵活地化解地形地貌复杂多变的问题。在经济成本上和营建速度上更具优势，现代钢筋混凝土框架技术为广西现代干栏木构建筑的架空结构提供了技术保障，无论在架空的高度或跨度上都较干栏木构建筑更具优越性，对复杂地形的适应能力也不亚于干栏木构建筑，它的点式结构支撑基础在获取基本使用面积的同时，大大减少了现代干栏木构建筑对建造场地生态系统的破坏。这种积极主动的营建方式在坡地和临江地段解决地形复杂、地质不稳定状况非常实用，并且在通风性能和防潮性能方面效果很好。

组合式营建手法在场地高差大、地形复杂，建筑难以适应地形需求的情况下，把建筑的各功能部分分解为不同的形体，一部分建筑直接修建于场地中平缓的环境中，另一部分利用钢筋混凝土框架立柱支撑于复杂的地形地貌之中如同干栏木构建筑中的"半干栏"类型。组合式的现代干栏模式同样具备经济成本低、营建灵活的特点，在城市山地型环境中具有良好的操作性。

### 2. 城市环境的回应

如果自然界中的山山水水、风景树木浑然天成，那么城市环境则汇集了人类历史、经济与技术的发展、文化的认同与经验积累等。传统建筑作为城市文化的脉络与肌理，包涵了人类对地域环境的理解，同时真实地反映出区域范围内人们的价值取向和审美观点。不同区域的城市环境各有特点，体现了文化的多样性。城市既是"生活的容器"也是"文化的容器"，城市作为日常生活的场所，担负着生活体验的责任和文脉传承的责任，新建筑的介入不可避免地与原有环境之间产生磨合，形成一个新旧文化整合的整体，这个新的整体既包含了传统文脉的延续，又包含了与时俱进的时代特征，从新的视角反应地区传统风貌，规避城市环境的文化断层。从这个视角来看，现代干栏建筑介入广西现代城市建设，成为城市环境的新旋律是不可避免的。

## （三）契合地域文化

地域文化是特定区域源远流长、独具特色并传承至今仍发挥作用的传统，是特定区域的生态民俗、传统习性的总和。它在一定的地域范围内与环境相融合，因而打下了深深的区域烙印。壮族干栏木构建筑是广西传统文化的典型代表，不仅给世代壮族人民提供了生活、生产、生存所需要的物质基础，更承载了壮族人民的宗教信仰、文化取向、生活观念和艺术情趣的方方面面，是壮族社会历史文化的缩影。这些聚居于此的壮族民众长期生活积淀的历史文化传统，无可厚非地成为当代广西城市建设再造的文化基因，它与现代科学技术相结合，成为广西现代建筑契合地域文化的重要途径。相反脱离了这一历史文化基因，干栏文化就会失去源于自身的内在动力。而单一性的强调历史文化传统，忽视时代特征，干栏文化就会丧失不断进步、不断完善的机遇。壮族干栏文化作为广西建筑文化的代表，在历史发展的任何阶段都需要把时代的要求和生存环境的条件相融合并把文脉的传承视为己任，同时现代城市建筑传承文化并不代表故步自封，而是在考虑在现代生活方式、思维特点的基础上结合现代科学技术，为壮族干栏木构建筑的现代化提供新的方向和动力。此外在现代城市环境中，保护历史文脉的延续，为人们在实现物质文明需求的情况下，保持壮族文化的认同感、归属感，使广西现代城市建设赋予独特的文化魅力。

## （四）干栏木构建筑技术与材料的现代更新

现代地域性建筑除了需要关注地域的气候条件、环境特点和文化基因之外，营造技术和材料选择也是地域性建筑需要关注的因素，特定区域范围内传统的营建技术和建筑材料可以直观地反映出建筑的地域性特征，传统的营造技术是建筑在适应地理环境、气候条件过程中逐步形成的，是地域性建筑文化的重要内容，它与相关联的地理环境、气候条件之间存在着对应的逻辑关系，它的建筑形制、体量大小、外观材料、建造方式等都反映出对自然的尊重。

现代科学技术融入壮族干栏文化，一方面可以提升和改进原有的建造技术水平，有效地规避和挖掘干栏建筑技术的内在潜力。我们所说的现代干栏木构建筑就是要在充分利用壮族地区的传统技术和传统材料，在建筑营造中体现出广西特有的传统文化内涵。传统建筑的现代化是时代的要求，干栏建筑技术的现代更新也是历史发展的必然，这种技术的更新是对原有的传统技术和地方性材料的进化和改良，是考虑了自然环境因素、现代科学技术发展和现代生活方式要求而进行的革新。如在现代干栏建筑大面积的钢筋混凝土材料、玻璃材料、花岗岩材料冰冷质感中融入木材，用木材天然的温暖增加建筑的亲和力。木材的使用不再以建筑的结构方式出现，取而代之的是对木材自然的材料肌理的表现，散发着原汁原味的自然魅力，从材料的使用上展现出现代建筑的地域性回归。另一方面可以借助其现代技术的先进手段，结合可持续发展生态理念，将地域性的自然生态系统融入到现代建筑环境中，改善现代干栏建筑内部的气候条件、增加气候调节能力，让建筑与植物、水体等自然要素零距离，营造舒适宜人的人居环境。

干栏木构建筑蕴含着"低碳"的生态理念，集低成本和适宜性技术、适宜性材料于一体，在壮族地区深受百姓的喜爱，作为经典的民居形式在壮族传统村落中普遍推广。"低碳"化的适宜性技术是壮族传统村落中人、建筑与环境关系可持续发展的主要途径之一。现代科学技术为新干栏木构建筑的营造提供了无限的技术可能，让我们在技术与艺术、实用与生态之间寻找平衡点，这种现代干栏木构建筑的适宜性技术以现代科学技术为基础，从传统干栏营建技术中吸取宝贵的养分，因地制宜地把当今壮族社会的需求与广西的自然条件、经济发展、壮族文化传统等结合起来，改善原有的环境状况，顺应时代发展的需求。现代干栏木构建筑主动的接纳和倡导先进的营建技术向人们展示了干栏文化可持续发展的能力和决心，而现代技术和新材料的组合主动的关注壮族地区社会的发展和社会诉求，在实践中不断更新与整合，强调现代技术与广西自然条件、壮族文化传统以及广西经济的协调发展。

# 三、广西现代地域性建筑创作方法

## （一）传统形态的"复制与模仿"

"复制与模仿"的概念旨在完全仿照传统建筑，它们与传统建筑设计的手法十分相似，并不带有自己的创新与改变。现在的一些仿古建筑，无论是语言、材料、风格、建造方法等都看上去与传统地域性建筑一模一样，甚至从新旧程度上看都难分真假。两者的区别就在于建筑所在地的地域文化不一致，导致建筑带给使用者完全不同的情感体验。地域文化是一种独一无二的文化底蕴的沉淀，是在长时间历练中沉积下来而形成的。从"仿古建筑"这类建筑中的"新兴"类型来看，可以将其分为两大类。一类是完全掌握了传统建筑的精髓，理解了建筑的文化内涵，在相同的文化地区、类似的地形地貌场地上，使用传统的材料和传统的建造技术，真实的再现传统建筑样式，主要目的是为了宣扬传统文化，使更多人去了解探寻传统建筑里蕴藏的传统文化。而另一类则是受经济利益的驱使，为了盈利，减少成本，制造一些既没有文化传承意识也不符合发展规律的类似性古建形式，打着"传统建筑"的旗号招揽顾客，除了经济利益之外毫无内在价值。由此可见，同样是"复制与模仿"，不同的出发点带来的却是不同的结果。

旅游业的迅速发展使得一些开发商将目光投向了复制壮族干栏木构建筑以营造出壮族传统文化氛围这一"捷径"上来，这种为了盈利的做法无可非议，而从保护与传承壮族传统文化的立场上来看，这样的仿真建筑，哪怕是一比一的复制，也是没有意义的。旅游不只是游山玩水，更是与民族传统建筑文化亲密接触的大好时机。为了吸引游客，许多本来没什么特色的地方凭空建出一座座"特色古镇""精品村寨"这样的景点，暴露出的是营业者的急功近利。作为旅游景点的开发人员，可以说没有尽到传承维护壮族传统建筑文化这一责任。对传统的继承是发展新事物的基石，而任何新事物的诞生都离不开对传统事物的继承，继承绝不仅仅是简单的对古建符号的抄写。简单的模仿，只能模仿到建筑的技术、颜色、样式等，而这样的建筑身在现代化的城市里，既没有感情，也显得和城市环境格格不入。南宁相思湖可利江一带，修建了一个集桂北壮、苗、瑶、侗等少数民族建筑为主体的民族风情街，风情街建筑群以鼓楼和戏台为中心，向两侧延伸，建筑的青石砖瓦以及木墙体构成形式与传统做法基本一致。石板小路、河道驳岸、山坡绿地、凉亭雨廊、吊桥水车使整个街区明显的显现出桂北少数民族风情特征。但是风情街与周边环境不相适应，尤其是风情街周边的高层小区建筑的存在，成为该风情街区的硬伤（图235）。现代干栏木构建筑的珍贵之处很大一部分在于其对周边环境的适应与和谐，与大环境有着相辅相成的关系。故作姿态的模仿，体现不出传统建筑的精妙之处也丢失了其潜在发展价值。

壮族文化是壮族社会的命脉，干栏文化是壮族文化中的重要组成部分。拥有丰厚的传统文化资源的壮族地区往往经济落后，旅游业发展是这些地区经济发展较为快捷和有效的方式之一。民族文化遗产和民族风情游最近几年的发展如火如荼，倘若发展模式得当，一方面有利于保护壮族传统建筑文化，另一方面也有利于促进地方经济的发展。所以，在进行旅游开发的同时，我们必须做到维护传统建筑与传承传统文化的良性互动关系。

现如今，我们生活的是现代化的社会，我们所谈的干栏文化也必须蕴含现代的生活理念，不可能脱离时代因素去考量干栏文化。壮族干栏木构建筑虽然具有一些优势，在壮族社会生活中举足轻重，但无法满足现代生活的需求，相反，现代城市的趋同化日渐严重，保护与传承壮族干栏文化的必要性也不可忽视。所以为了传统与现代的齐头并进，我们要学会把壮族传统干栏文化结合现代科学技术，最终达到创新的目的，而不能一味地复制与模仿。干栏木构建筑再怎么独具特色，也只适应于它曾经辉煌过的时代，不是现在。而现代干栏木构建筑形式应该是什么？具有壮族传统风格的现代干栏木构建筑是什么？这两个问题是值得现代建筑设计师去思考的。

## （二）传统符号的"提炼与再造"

"提炼与再造"和"复制与模仿"相关，但又有所区别。"提炼与再造"是用新的设计理念和形式对壮族干栏木构建筑的形式做出改变，是通过领悟壮族传统文化精髓，用现代审美观念对壮族干栏木构建筑中的一些元素加以改造、提炼和再创造，使其具有时代特色。而"复制与模仿"则是单纯的对壮族干栏木构建筑形式的照搬。可以说"提炼与再造"是从"复制与模仿"的基础上更进了一步，也可以说"提炼与再造"相对于"复制与模仿"来说更多了一份灵气。"提炼与再造"的建筑具有时代的特征，但又不完全是对现代化的服帖，它具有自己独特的语言，是一种朦胧的描述，也是一种似是而非的表达，所以似中更有不同，形似而神不同。"提炼与再造"创造方法营建出来的干栏木构建筑是最让人捉摸不透的，你无法肯定地说出它是传统的，亦或者直接用现代的概念

图235 以"复制和模仿"为基本手段的相思湖民族文化风情街（来源：自摄）

来定义它。当你觉得它是传统建筑的时候又惊奇地发现其中还有属于现代的表达，当你觉得它属于现代建筑时又被突如其来的传统元素打乱手脚。有的时候你觉得你猜对了形式但你却错在了根本，有的时候你觉得你理解了根本可又忘记把握了形式，你没有办法能够完整地去描述"提炼与再造"的干栏木构建筑。而正由于它的这种多意性，干栏木构建筑的表现才更为多元。

我们用"提炼与再造"的手法去表达广西现代干栏木构建筑的时候，就已经意识到如果想要做到建筑中的似是而非就不可避免地要去面对这样的问题：建筑中要包含多少传统成分才合适？或者包含多少现代成分才合适？因为建筑中所含成分的多少会直接导致建筑表达的变化，简单地来说就是当量的积累到了一定的程度，就会引起质的改变，这里的质就是指建筑的本身。然而这一切并没有一个固定的定量，这也是"提炼与再造"的一个特征所在。就是说"提炼与再造"的成分是变化的，不像化学药剂实验，一定要精确到毫升或者是占多少的比例加入，否则就会以失败告终。建筑中的量是受各种因素影响的，甚至就受到建筑本身的影响，所以要去取一个绝对值是相当困难的。只有在不断的实践中，在不断地尝试里并且在与时代的联系中才能创造出新的适合当下的建筑语境。那么当我们要去将"提炼与再造"的成分范围化的时候，我们发现不外乎以下两种：其一是建筑中所含传统成分多，现代成分少；其二是建筑中所含现代成分多，传统成分少。

### 1. 传统成分多，现代成分少

当"中学为体，西学为用"时，也就是建筑中所含传统成分的"量"相对多于现代成分，建筑整体给人的感受就会比较接地气。这里所说的接地气并不是说这样的建筑会显得普通、平淡或是俗气，而是指这种建筑能够更大程度地激发起人们的认同感，能够很容易地与人产生沟通和交流并且能够满足人的内在需求与人多年来所承载的环境或者是人文联接到一起。[①]泰戈尔说"我访问过世界很多地方，听到和看到了很多事情，但很遗憾的是，十分重要的事情都已记不清楚了。不过在住所的附近小草的叶子上附着的一滴露水，却让人难以忘却。"可见那些真正能够沁入人心的并不是丰富的物质满足或者是轰轰烈烈特别的经历而是那些对自然文化和历史沉淀的表达，是传统的延续。赐福湖君澜度假酒店位于长寿之乡河池巴马瑶族自治县，其坐拥赐福湖和天香湖，与长寿岛咫尺相邻。在青山绿水之中点缀着两百余栋单体酒店，隐隐约约地散落于缓坡之上，呈现传统村落般仙境的画卷。酒店以瑶、壮文化为基础，以康养为特色，集养生与休闲度假于一体。游客在这里享受的不是华贵，而是天然的温馨，赐福湖君澜度假酒店强调地方传统文化与现代时尚文化的和谐共存，顺应当地自然环境，打造出一个融当地文化又不失现代雅致的世外桃源（图236、图237）。所以即使我们面对的是一个掺杂着现代成分的建筑，我们能感受到的最浓烈的还是其中的传统文脉的延展，我们能够透过建筑看到其中灵魂的美妙。"云舍"旅游度假村落位于南宁

---

① 章俊华. 日本景观设计师户田芳树[M]. 北京：中国建筑工业出版社，2002.

图236　在简洁的现代结构基础上融入部分传统元素符号的巴马赐福湖君澜度假酒店建筑之一（来源：玉潘亮 摄）

图237　在简洁的现代结构基础上融入部分传统元素符号的巴马赐福湖君澜度假酒店建筑之二（来源：玉潘亮 摄）

市经济技术开发区华联村陆连坡，投资商在城郊找到这些很久没有人居住、杂草丛生的旧瓦房，因为看中其潜在的传统文化价值，因此对这些具有乡土风情的村落老宅进行重新的规划设计，在传统基础上融入现代的元素，用修旧如旧的手段，还原一方故土，把这些破败的老宅改造为焕然一新的精品民宿，新与旧的融合，传统与现代的交织，在绿水青山之间，提供一种恬淡飘逸、随遇而安的生活意境（图238、图239），

图238　把传统村落改造为现代休闲区的南宁云舍度假村落（来源：黄惠善、黄晴川 摄）

图239　把传统村落改造为现代休闲区的南宁云舍度假村落（来源：黄惠善、黄晴川 摄）

在达到眷恋乡愁的同时促进了当地村民的经济增收。由于建筑构造和表现方法上还是源于传统建筑的形式，所以酒店整体并没有给人一种超前的现代感，而是将这种现代的成分更被转化为推动传统文脉向前发展的催化剂。

### 2. 现代成分多，传统成分少

当建筑中所含现代成分多于传统成分时，那么建筑给人传递的则更多是关于时代变化的信息。时代当然是在不断变化的，但那也并不意味着一定是传统的流失，与时俱进的传统文化与时代是携手共进的。如百色干部管理学院校园建筑在设计过程中考虑新时代的特点与传统文化相结合的思路，建筑依山坡而建，利用逐层抬高的办法适应场地的地形地貌，校舍布局错落有致，远远望去，校园环境如同传统村落的格局一样，使人、建筑与自然环境融为一体。整齐划一的灰色坡屋顶和灰色的墙面与大面积的透明玻璃幕墙结合，使建筑的主体富于时代精神（图240、图241）。

壮族干栏文化具有长久积累下来的属于自己的独特文化传统。所以从理论上来讲，如果想要形成能够代表不同时代的新型干栏木构建筑风格，是需要从这些传统中去汲取营养的。当这种营养滋润的干栏木构建筑与时代的需求发生共鸣，同时社会、经济、技术条件又能够承载这种需求时，一种新的干栏木构建筑形态就会产生。如果这种形态经得起历史的检验，同样也会成为未来的传统。任何国家、任何民族的建筑文化就是在这种循环中不断变化发展的。完全背离传统的设计显然是不可取的，而对西方现代建筑纯

图240　新时代的百色干部学院将建筑与山水环境融为一体之一（来源：陈秋裕 摄）

图241　新时代的百色干部学院将建筑与山水环境融为一体之二（来源：陈秋裕 摄）

粹的模仿、简单的挪用必将使广西本土的建筑艺术丧失民族个性，所以我们要去学会在传承的内在要求上从外界吸取新的能量，创造出属于我们这个时代的新设计，而这也是干栏木构建筑再造发展的使命之一。

"神似"，是对中国传统建筑形式继承的最高水平。所谓"神似"，就是看似无，时则有。神似境界代表着中国哲学中"天人合一""万物一体"的深厚底蕴。它所呈现的境界是一种无形与超然，是对传统建筑形式的更深层次理解。在今天，无论是材料与技术，还是文化与观念都发生了翻天覆地的变化。要做到合理地对壮族干栏木构建筑的继承与延续，并在现代建筑设计中体现壮族的传统文化，这已经不再是一件容易的事。建筑师要做的不仅仅是对传统干栏形式的简单的模仿，不是简单的套用传统的形式或符号，也不是一味的"穿衣戴帽"，更不应该是某一形式的局部泛滥。而应该集中在能够唤起人们对壮族干栏木构建筑形式中所蕴含的更深层的文化与哲学的认同感。今天的现代建筑系统已不再是依靠由粘土制作的砖瓦建材的时代，可是若不采用砖与瓦，干栏木构建筑的气质该如何表现？对于壮族干栏文化，我们要汲取的不是传统的外衣而是传统的灵魂，不是装饰的大屋顶而是那个大屋顶想要告诉我们的话，就好像把文言文用现代的语言正确翻译出来一样，壮族传统的干栏木构建筑语言也需要被"翻译"成现代的语言来适应新的时代。如何把广西地域性干栏木构建筑形式运用到在现代建筑中是壮族干栏文化的精神内涵的意义与价值所在。南宁园博园东盟友谊馆的设计就运用了大量的传统元素从而表现出"联盟"和"友谊"的愿望，十座建筑相互连接形成了一道弧线寓意着东盟十国"手拉手，心连心。"的美好愿望，同时也影射了广西干栏木构建筑中的风雨桥（图242）。建筑的主体更像是两片镜面的屋顶，给人一种"秋水共长天一色"的美感，虽然在设计上运用了现代的手法，但却表达的相当含蓄，甚至在用材上也有"新材旧用"的嫌疑。干栏文化不仅能够为现代建筑设计提供有内涵的参考素材和广阔的思维空间，还能进一步突显建筑设计的个性化特征，提升艺术文化内涵。将干栏文化融合到现代建筑设计领域，可传承民族文化、突出现代科学特征、彰显特色主义人文情怀，体现时代发展的新风貌。目前看来，广西的建筑过多模仿西方现代主义建筑，缺乏自己的特色。因此在高速发展的同时，应始终保持对干栏文化的认同感，创造更多具有民族性的建筑形式。这当中最为重要的阶段就是重拾本民族区域性建筑的自信心。

"神似"作为中国美学的范畴，其根基在于中国哲学中的"万物一体""天人合一"的观念。若想要传统建筑形式在现代建筑领域中得以发展，就必须理解传统，从文化、从哲学的层面去体悟，才可以更为全面地把握传统建筑的精神，才可以从表面的形式中认知其内在的精髓，从而达到"神似"境界。南宁国际会展中心由主建筑、会展广场、民歌广场、行政综楼等组成，它的建立是为了更好地推进南宁经济发展和对外开放，所以在设计的过程中还是主要偏向于具有国际性的现代风格。建筑整体虽然是依山而建，但它利用逐层抬高的办法来适应地形的走势，形式渐变，前后错落，赋予节奏感。并且主体建筑模仿

图242 南宁园博园东盟友谊馆传统意向的神似表达（来源：谭博 摄）

图243 南宁国际会展中心建筑与坡地关系映射出传统干栏文化的精神内涵（来源：覃保翔 摄）

了干栏木构建筑的底层构造，有序的柱列使整个建筑显得轻盈而不乏味。在建筑的顶部是一朵朱槿花，设计师巧妙地将它变化为传统的坡顶样式，东盟国家的国旗整齐地排列在一起，白色的混凝土墙面和透明的玻璃幕墙的结合让建筑整体更具发展的意味。这种"洋为中用，古为今用，取其精华，去其糟粕。"的办法不仅保护了长久积累下的文脉还在这个基础上做到了再创造，形成了新的符合时代要求的设计语言（图243）。

"神似"作为现代干栏木构建筑美学体系中的独特境界，是现代干栏木构建筑艺术创作的最高价值层次。"神似"的目的和意义就是进入"物我两忘"的深度思想之中。若想使得干栏木构建筑形式在当代建筑语境当中得以延续，成为新的民族建筑形式，必须理解壮族干栏文化传统，从文化的层面去挖掘，从哲学的深度去体会，才能更全面的把握壮族干栏木构建筑精神，才能从外在的形式中认知其内在的精髓之所在，从而达到"神似"的境界。只有在深入的领悟壮族干栏木构建筑的精神、充分的认识现代各种文化思潮的基础之上，兼收并蓄，融会贯通，寻找壮族传统地域性建筑文化与现代科学技术的结合点，才可打造出符合新时代的新干栏木构建筑形式，才可找到真正属于我们本民族的，同时又能够被国际社会所认可的现代干栏文化。"神似"的本质在于发掘壮族干栏木构建筑形式中所蕴藏的深层文化及哲学，其精神内涵不仅能够指导广西现代建筑设计创作，同时也对于人类居住生活方式做出了进一步的思考与探索，而这也正是当下建筑界所正在面临的一大课题任务。

# 总 结

广西壮族干栏木构建筑营造技艺作为广西文化的瑰宝得到普遍的认同，干栏文化是壮族先民们在生活、起居和工作中日积月累积淀而成的。是壮族传统文化体系中文化营养最丰富、最立体的部分。20世纪70年代末期推行改革开放以来，壮族社会面貌发生巨大的变化，干栏木构建筑本身发展的内在动力促使壮族社会经济水平的长足进步和人民生活水平的明显提高，特别是近年来乡村振兴建设与新农村改造政策的制定，给壮族干栏木构建筑技艺的再造提供了大显身手的机会，许多的建筑专家和学者投身其中，深入乡村，与当地居民一起研究和探索利用本地资源及条件解决村落存在的问题，特别是去挖掘、改良和传承营造技术内在潜力和文化特质问题，去再生、复合和重构传统的干栏文化，立足于传统文化再造为基点，实现新的突破与超越，这也是本文研究的初衷和理性的思辨。

## 1. "由表及里"的研究方式

壮族干栏木构建筑营造技艺的研究必然是适宜性技术与艺术结合而呈现出来的地域性生态文化研究，探索适宜性的技术与艺术路径需要用客观、宽容的心态对待技术的选择和对待美的界定。我们研究传统干栏营造技艺不是用传统的技术来代替钢筋混凝土技术以及钢结构技术，而是希望通过挖掘传统技艺的潜能和适宜性美学原理，使其在当下的乡村和城市建设中得到相应的认可，并且成为一个技术的选项，因需致用，而适应性技术和美学特征的评价与检验，不是依靠任何组织、任何机构、最终还是需要经过市场的经验和当地百姓的选择等路径加以实现。对传统技艺的研究，我们更在意利用当地自然条件，尤其是潜在的自然资源去探索地域性建筑的营造方法和模式，干栏木构建筑技艺只是现阶段在具有干栏木构建筑营造传统的地区可以利用的资源而已。

### 2. "科学合理"的文化梳理

壮族干栏木构建筑营造技艺凝聚着世代壮族能工巧匠的聪明才智，其因地制宜的形制特点与科学合理的营建方式可以与现代文化相融合，成为推动壮族地区时代发展的动力。"依山傍水""临田而居""依形而建"不光考虑了场地限制和合理利用问题，还从生态的角度考虑村落与自然环境的关系问题、人与自然环境的关系问题以及生存中的"食""住""行"的关系问题。"底层架空""下畜上人"超越了地形地貌的限制和蛇兽及潮湿的影响，科学合理地分配空间，使人的生活顺应自然，以最小代价从自然环境中争取到利于生活的空间条件。"前堂后寝""顶层置粮"则从人文的角度解释了壮族先民生活、起居、会客等功能布局的合理性，高高在上的粮仓很好地诠释了壮族"那"文化对稻作的崇拜之情。这些重视生态环境、合理布局房屋空间的传统在村落现代化进程中终将成为积极的因素，值得继承与发扬。

### 3. "从高到低"的转变启示

壮族干栏木构建筑在发展中经历了两次"从高到低"转变的过程，第一次是建筑高度上的变化，从高脚干栏转变为低脚干栏或地居干栏，楼居的状况也转变为地居的状况，建筑结构也从传统的全干栏变成了土木干栏或砖木干栏的混合结构方式。第二次转变是干栏木构建筑所处的村落从大山深处的山腰搬迁至山脚下、公路边，选址的变化和不再紧张的用地使房屋与房屋的关系舒展了很多，每家每户出现小庭院，里面种植蔬菜、树木，生机盎然。这两次转变的原因有外在的客观因素存在，也有内在的主观因素作用，村民们对木材资源的过度砍伐与种植更新的不及时造成了生态资源的破坏，可用的树木匮乏，木材的市场价格昂贵。因此人们开始寻找和尝试用泥土、石块作为干栏木构建筑的辅助材料，这是全干栏向低脚干栏、地居干栏转变的客观因素。原始的壮族传统村落大多处于大山的深处，每年下山到山脚下的集市购买食盐等生活必需品极为困难，交通的不变使得每次来往需要几天时间，因此传统村落从深山中迁移至交通条件便利的山脚下，是传统村落选址"从高到低"转变的客观因素。

从主观因素的促进方面来看，全木干栏向混合干栏的转变也是壮族百姓防止火灾发生的内在要求，由于地形条件的限制，传统的壮族村落房屋"相瓦毗邻""檐檐相望"，一旦失火，很难扑救造成重大损失，因此用砖、石砌墙围隔空间可大大降低火灾的可能性。随着壮族社会商品经济的发展，居住山上很不方便，搬迁至山脚下的路旁居住，便于商品的交换，增加经济收入，改善生活水平，成了壮民们发自内心的呼唤。

### 4. 遗产保护与乡村振兴的关联

文化遗产保护是凝聚人心、倡议文明建设的重要途径，广西许多壮族传统村落经历数百年甚至上千年的历史，形成了独具特色、内涵丰富的历史格局、传统风貌、干栏民居、稻作传统、服饰工艺、生活习俗等文化遗产的复合体系。离开了文化遗产，乡村就没有凝聚力，只能让人产生索然无味和陌生感。从龙胜各族自治县龙脊镇古壮寨活用"梯田文化"、大新县硕龙镇陇鉴古壮寨保护利用古民居文化、西林县马蚌乡那岩古壮寨重视保存干栏木构建筑群可以看到，优秀的文化遗产与现代文明发展有机结合、相得益彰，村民安居乐业、邻里和睦，利用自身的文化优势吸引大量游客，实现第三产业的发展进步，乡村振兴目标得以实现。

文化遗产保护是促发展、兴产业的根本保障，广西的壮族聚居区覆盖面积广，不同地域条件的乡村有自己特色的文化资源，这些独特的资源可以为推动壮族村落特色产业形成、农民致富、农业持续发展提供强有力的支持的保障，如龙州县上金乡卷蓬村白雪古壮寨世界文化遗产保护区的"花山岩画"旅游线路、扶绥县山圩镇渠楠屯生态保护区的国家一级保护动物白头叶猴观光旅游线路等，这些村落有很好的文化遗产和生态资源，可以利用这些独特资源打造文化旅游、品牌创造、村民致富的乡村振兴目标。

### 5. 干栏木构建筑的"现代化"与现代建筑的"干栏化"

任何一种传统建筑都不可能属于静态的，都会随着时代的发展而呈现出当代的特征，壮族干栏木构建筑技艺必然在发展进程中受时代影响，新材料、新技术的介入使干栏木构建筑构造方面发生改变，新的生活方式和行为特点也需要干栏木构建筑克服传统缺陷的制约，变得更加牢固、更加明亮，也更加符合现代人生活的需求。所以要实现壮族干栏木构建筑的现代化就不仅仅要把干栏木构建筑置于过去的时代中观察，而是把当前社会生活需求置于干栏文化的体系中审视，虽然现代生活与传统干栏文化的契合需要时间和积累，但是令人高兴的是，我们看到传统村落中干栏文化的创新已经结出硕果。我们有理由相信，干栏文化能够在技术上和思想上与现代生活相交融，呈现出壮族干栏文化的现代特征。

随着时代的不断发展，人们既渴望看到具有时代先锋文化特征的建筑出现，又希望看到传统建筑文化得以延续，实现传统文化的可持续发展。现代建筑"干栏化"是一种意象的表达和抽象的继承。在目前的广西城市建设中已经看到现代建筑完全可以与传统干栏文化同向并轨，实现现代建筑与干栏文化的共融，传统技术与高新技术的共生以及新旧材料的并置等等。此外当代对"美"的理解已上升到文化内涵的追求，对文化意境的塑造也上升到体现建筑附加值的境界当中，完成了从物质层面到精神层面的转移，这也是干栏文化追求的最终目标。当代地域性建筑是时代需求的产物，也必然紧跟时代发展的步伐，掌握好传统文化与现代文化之间的动态关系，才能营造出符合时代要求的广西"现代干栏"建筑新样式。

# 参考文献

## 学术期刊

［1］覃彩銮. 关于壮族干栏文化研究的几个问题［J］. 广西民族研究，1998（02）：48-53.

［2］覃彩銮. 壮族干栏装饰艺术［J］. 民族艺术，1998（02）：154-161.

［3］覃彩銮. 论壮族干栏文化的现代化［J］. 广西民族学院学报（哲学社会科学版），2000（01）：47-53.

［4］陈丽琴. 那坡壮族干栏木构建筑的生态研究［C］. 中国艺术人类学学会、玉溪师范学院. 2011年中国艺术人类学论坛暨国际学术会议——艺术活态传承与文化共享论文集. 中国艺术人类学学会、玉溪师范学院：中国艺术人类学学会，2011：249-255.

［5］唐虹. 壮族干栏木构建筑"宜"态审美价值探析——以龙胜平安壮寨为例［J］. 广西民族大学学报（哲学社会科学版）2012，34（02）：105-108.

［6］李宏. 壮侗语族干栏木构建筑的形式美及其现代运用探析［J］. 广西民族大学学报（哲学社会科学版），2013，35（05）：115-120.

［7］黎烽. 桂西北少数民族村寨火灾防治对策［J］. 广西民族大学学报（自然科学版），2006（S1）：61-63.

［8］彭晓烈，高鑫. 乡村振兴视角下少数民族特色村寨建筑文化的传承与创新［J］. 中南民族大学学报（人文社会科学版），2018，38（03）：60-64.

［9］穆钧. 生土营建传统的发掘、更新与传承［J］. 建筑学报，2016（04）：1-7.

［10］廖君湘. 侗族村寨火灾及防火保护的生态人类学思考［J］. 吉首大学学报（社会科学版），2012，33（06）：110-116.

［11］黎柔含，褚冬竹. 当代建筑师乡村实践解读［J］. 城市建筑，2018（04）：19-25.

［12］李荣启. 对非遗传承人保护及传承机制建设的思考［J］. 中国文化研究，2016（02）：20-27.

［13］田婧. 非物质文化遗产中技艺的传承与保护研究——以侗族木构建筑技艺为例［J］. 现代
    装饰（理论），2016（12）：286-287.

［14］巫惠民. 壮族干栏木构建筑源流谈［J］. 广西民族研究，1989（01）：89-94.

［15］维基·理查森，吴晓. 历史视野中的乡土建筑——一种充满质疑的建筑［J］. 建筑师，
    2006（06）：37-46.

［16］庄艳. 融合创新——现代木构建筑的可持续发展［J］. 四川建筑科学研究，2010，36（04）：
    305-307.

［17］王丙赛，杜义明，赵雷，仲丽晨. 中国传统建筑文化的继承与发扬——对"新中式"建筑
    风格发展的思考［J］. 住宅与房地产，2017（23）：11.

［18］吴任平，叶坤杰，关瑞明. 南方传统生土建筑夯土墙的水稳定性及其加固保护技术［J］.
    华中建筑，2016，34（10）：59-62.

［19］熊晓庆. 古老黑衣壮干栏民居——广西木制建筑欣赏之二十四［J］. 广西林业，2016（09）：
    27-29.

［20］谢新华，郭娟娟. 农村住房建筑形式趋同现象研究［J］. 民族论坛，2010（9）：40-41.

［21］李淼，许大为，刘炳熙. 意大利历史建筑与街区保护浅析［J］. 山西建筑，2018，44（05）：
    8-10.

［22］廖荣昌，潘洌，李欢，颜莉莉，廖宇航. 广西客家民居生土技术的研究与应用［J］. 山西
    建筑，2014，40（21）：1-2.

［23］周大鸣，吕俊彪. 资源博弈中的乡村秩序——以广西龙脊一个壮族村寨为例［J］. 思想战
    线，2006（05）：44-51.

［24］黄丽玮，王万江. 现代夯土民居的增固策略研究［J］. 住宅科技，2018，38（01）：47-52.

［25］刘洪波. 新型城镇化进程中侗族木构建筑的保护与设计创新［J］. 江西建材，2016（07）：9-10.

［26］朱小军，聂碧纯，潮宇. 浅析乡村旧建筑再生存在的问题及建议——以江西南垣村为例
    ［J］. 山西农经，2018（14）：41-42.

［27］陆凯锐. 古镇木结构建筑群防火对策及改造技术研究［J］. 消防技术与产品信息，2018，
    31（08）：27-29+38.

## 学术著作

［1］广西壮族自治区编辑组. 广西壮族社会历史调查［M］. 北京：民族出版社，2009.

［2］广西壮族自治区统计局，广西壮族自治区人口普查办公室. 广西壮族自治区2010年人口普查
    资料1［M］. 北京：中国统计出版社，2012.

［3］赵巧艳. 空间实践与文化表达：侗族传统民居的象征人类学研究［M］. 北京：民族出版社，
    2009.

［4］雷翔. 广西民居［M］. 北京：中国建筑工业出版社，2009.

［5］熊伟. 广西传统乡土建筑文化研究［M］. 北京：中国建筑工业出版社，2013.

［6］谢辰生，中国大百科全书出版社编辑部译. 中国大百科全书（文物 博物馆）［M］. 北京：
中国大百科全书出版社，1993.

［7］石拓. 中国南方干栏及其变迁研究［M］. 广州：华南理工大学出版社，2016.

［8］章俊华. 日本景观设计师户田芳树［M］. 北京：中国建筑工业出版社，2002.

## 学位论文

［1］赵冶. 广西壮族传统聚落及民居研究［D］. 华南理工学，2012.

［2］刘迪恺. 传统建筑营造语境下的起屋落架［D］. 中国美术学院，2010.

［3］胡宝华. 侗族传统建筑技术文化解读［D］. 广西民族大学，2008.

［4］李燕. 壮族民居建筑的形态研究［D］. 南京艺术学院，2007.

［5］卢峰. 重庆地区建筑创作的地域性研究［D］. 重庆大学，2004.

［6］肖冠兰. 中国西南干栏木构建筑体系研究［D］. 重庆大学建筑城规学院，2015.

［7］祝家顺. 黔东南地区侗族村寨空间形态研究［D］. 西南交通大学，2011.

［8］贾君钰. 转变经济发展方式背景下民族村寨旅游转型升级研究［D］. 中南民族大学，2013.

［9］欧阳翎. 广西黑衣壮族村落与建筑研究［D］. 广东工业大学，2013.

# 后　记

《广西壮族干栏木构建筑技艺再造价值研究》项目的调研、实践，专著的撰写乃至完成是一个不断认知、不断深化的过程，也是一个艰辛的探索过程，其中的酸甜苦辣个中滋味，唯有自知。

有关广西壮族干栏木构建筑技艺的研究工作早在2011年就已经开始，2013年本人作为教育部全国青年骨干教师访问学者来到华南理工大学建筑学院何镜堂院士工作室访问学习一年，深受何老师严谨求实的治学态度和开明豁达的进取精神影响，先生开阔的学术视野、渊博的知识体系、谦和的人格魅力，成为我日后教学和研究工作中的标杆，使我在项目研究中不敢懈怠，经历五年多的时间，终于完成项目的研究和专著的撰写工作，为此倍感荣幸。

干栏木构建筑技艺的研究是一个涉及面广，需要多学科研究成果支撑的领域。项目的研究涉及自然环境、人文历史、艺术审美、科学技术、文物保护，以及特色旅游等内容，在研究中不仅开阔了视野，而且改变了过去就建筑而建筑的研究方式。本人及研究团队多年来20多次展开田野调查，深入地处偏远的壮族传统村落考察和测绘干栏木构建筑，并且先后主持与泰国艺术大学建筑学院、印度尼西亚玛拉拿达大学美术、设计学院联合举办的"中·泰联合实践工作营""中·印联合实践工作营"等有关广西少数民族木构建筑传承创新以及壮寨民宿改造设计的主题研究活动，借助于东盟建筑艺术教育平台使本项目的研究丰富多彩。

在此对广西艺术学院及广西艺术学院建筑艺术学院、广西建筑装饰协会的支持帮助表示感谢。同时感谢澳大利亚新南威尔士大学的徐放教授，徐教授多次到我校进行学术交流，在多次的接触中，深受徐教授学术观点和研究方法的影响，使本项目的研究思路得以开拓。感谢上海大学美术学院江滨教授、广西艺术学院叶雅欣老师在研究工作中提供宝贵的支持。感谢广西艺术学院书籍装帧设计专业硕士研究生黄淑娟同学对本项目研究工作的支持。感谢广西艺术学院西南民族传统建筑与现代环境设计研究、室内设计研究硕士研究生谢韵、韦卓秀、刘彦铭、宋梦如、黎雅蔓、徐卓、韦汉强、陈馨、刘耀辉、覃保翔、宫存颖、黄惠善、王恬、唐夏、张璐等同学先后多次到壮族传统村落进行田野调查和建筑测绘收集资料。有了他们对本项目研究工作的鼎力支持，本项目的研究工作和撰写工作得以顺利完成。

此次工作虽然尽了很大的努力，从政府部门对于新农村改造、乡村振兴战略及乡村旅游产业发展的研究，到文物保护法律法规的研究，我们力图全面、系统地揭示壮族传统干栏文化的面貌及发展途径。但由于精力有限、学识不足，尚存在诸多的不足之处，缺遗之处敬请指正。

（本著作系文化部文化艺术科学研究项目"广西壮族干栏木构建筑技艺再造价值研究"的成果之一）